烟叶烘烤
理论与实践

路晓崇　段卫东 ⊙ 主 编

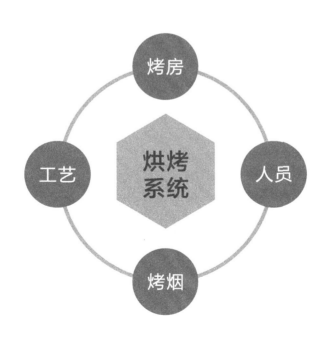

郑州大学出版社

内容提要

　　本书以烤烟、烤房、烘烤人员为研究对象,从理论知识、实操技术及应急预案三个层面分析烤烟烘烤系统,解决当前烤烟生产中的烘烤问题。本书以当下最新生产技术、理论研究成果和近十年的烘烤实践经验为依托,从烤烟成熟度的形成机制、烘烤过程中烤房内部环境变化、烘烤过程中烤烟的外观变化、烘烤过程中烤烟的生理生化变化、烤后烟的回潮技术、烘烤人员及实操技术六个方面层层递进,全面阐述烤烟烘烤系统的烤烟、烤房、烘烤人员三者之间的关系,一方面阐释烤烟成熟度的发育、烘烤环境和烘烤生化变化规律,另一方面分析烘烤中易出现的问题及其解决方案和烘烤人员思维问题,以了解烤烟,为顺利烘烤提供参考。本书可作为普通高等院校烟草专业课程教材,也可作为烟草科研单位和烟草生产与管理技术人员的参考书。

图书在版编目(CIP)数据

烟叶烘烤理论与实践 / 路晓崇,段卫东主编. -- 郑州 : 郑州大学出版社,2024.12
ISBN 978-7-5773-0297-3

Ⅰ.烟…　Ⅱ.①路…②段…　Ⅲ.①烟叶烘烤-研究　Ⅳ.①TS44

中国版本图书馆 CIP 数据核字(2024)第 076583 号

烟叶烘烤理论与实践
YANYE HONGKAO LILUN YU SHIJIAN

策划编辑	许久峰	封面设计	王笑笑
责任编辑	许久峰	版式设计	王笑笑
责任校对	姚国京	责任监制	李瑞卿

出版发行	郑州大学出版社	地　址	郑州市大学路 40 号(450052)
出 版 人	卢纪富	网　址	http://www.zzup.cn
经　销	全国新华书店	发行电话	0371-66966070
印　刷	郑州宁昌印务有限公司		
开　本	787mm×1 092mm　1 / 16		
印　张	13.25	字　数	437 千字
版　次	2024 年 12 月第 1 版	印　次	2024 年 12 月第 1 次印刷

书　号	ISBN 978-7-5773-0297-3	定　价	65.00 元

《烟叶烘烤理论与实践》
编委名单

前　言

　　烤烟的烘烤是一项系统工程,它涉及烤烟、烤房以及烘烤人员三者协调统一的问题,然而当前生产中受限于生态条件、设备维护不足、人员素质不一等问题,烤烟、烤房以及烘烤人员三者之间的关系几乎是相对独立的,烤烟烘烤系统的运行未能发挥应有的作用,给烤烟的生产带来较大的经济损失,不仅影响卷烟工业的原料供给,还影响农民种植烤烟的积极性。为此需要对烤烟烘烤系统三大因素进行全面的分析,使烤烟烘烤行为不再是头疼医头、脚疼医脚的被动行为。

　　本书是对作者从事烟叶烘烤十余年的学习、科研、教学以及实践工作的总结提炼,主要介绍了烤烟的成熟采收、烘烤过程中烤烟外观与内在变化,烘烤环境变化以及实操技术,旨在对烤烟烘烤进行较为全面的分析,让烘烤人员掌握理论分析与实操技术以及烘烤理念。本书既可作为烟草从业人员的生产指南,也可作为高校烟草专业研究生和本科生的教材。

　　本书共分为七章,其中第一章、第二章以及第七章由路晓崇编写;第三章第一节、第二节由宋朝鹏编写,第三节由肖庆礼编写;第四章第一节由裴晓东编写,第二节由魏硕编写,第三节由武圣江编写;第五章第一节由牛路路编写,第二节由王涛编写,第三节由肖庆礼与王涛编写,第四节由武圣江编写,第五节由裴晓东编写,第六章由段卫东编写。

　　在本书编写过程中,烟草行业"烟草调制与复烤加工学科带头人"宫长荣教授给予了高度关注并提出了宝贵意见,王建安、贺帆、路绪良、邋晋松等给予了大量的帮助,李生栋、蒋博文、陈二龙、李峥、吴飞跃、高娅北、潘飞龙、范宁波、郑小雨、魏光华等在读硕士研究生给予了大力支持,在此一并向他们表示衷心的感谢。

　　由于编写时间仓促,编写人员水平有限,本书难免有错误或疏漏之处,敬请广大读者批评指正。

编　者

2024 年 10 月

目　　录

第一章　烟叶烘烤概论 ……………………………………………………… 1

第一节　烟叶烘烤的概念 …………………………………………………… 1

第二节　人与烟叶烘烤的关系定位 ………………………………………… 1

第三节　烟叶烘烤系统构成及其分析 ……………………………………… 1

第二章　烤烟成熟度的形成机制 …………………………………………… 10

第一节　影响烤烟成熟度的外在因素——生态环境 ……………………… 10

第二节　影响烤烟成熟度的内在因素——外观性状 ……………………… 20

第三节　图像分析技术在烤烟成熟度研究中的应用 ……………………… 40

第四节　烤烟的烘烤特性 …………………………………………………… 47

第三章　密集烤房与烘烤环境 ……………………………………………… 50

第一节　密集烤房结构 ……………………………………………………… 50

第二节　烤烟烘烤环境的变化 ……………………………………………… 66

第三节　烘烤过程中叶片温度的变化 ……………………………………… 81

第四节　多功能智能流水线烤房 …………………………………………… 88

第四章　烤烟烘烤过程中外观形态变化 …………………………………… 99

第一节　烤烟烘烤过程中形态变化 ………………………………………… 99

第二节　烘烤过程中烤烟颜色的变化 ……………………………………… 106

第三节　烤烟烘烤过程中超微结构的变化 ………………………………… 120

第五章　烤烟烘烤过程中生理生化变化 …………………………………… 126

第一节　烘烤过程中水分的变化 …………………………………………… 126

第二节　烘烤过程中质体色素的变化 ……………………………………… 131

第三节　烘烤过程中化学成分的变化 ……………………………………… 138

第四节　烘烤过程中相关酶的变化 ………………………………………… 146

第五节　烘烤过程中烤烟质地的变化 ……………………………………… 154

第六章　烤烟回潮技术 ……………………………………………………… 159

第一节　回潮机在烤烟回潮中的应用 ……………………………………… 159

第二节　烤烟的回潮特性及其动力学模型 ………………………………… 163

第七章　烤烟烘烤人员与实操技术 ······················ 168

第一节　烤烟烘烤中存在的人员问题 ······················ 168

第二节　烤烟烘烤的意义与烤房问题处理 ·················· 175

第三节　烤烟实操技术与烘烤思维形成 ···················· 181

参考文献 ····································· 201

第一章　烟叶烘烤概论

第一节　烟叶烘烤的概念

烟叶烘烤的实质是在烤房内控制一定的环境条件(温度、湿度、风速、风压、空气浓度),实现烟叶脱水干燥的物理过程与生物化学变化的统一,核心是碳素与氮素代谢的程度及其与水分动态的协调性,向着有利于烟叶品质的方向发展。

烘烤过程中烟叶的变化包括烟叶的变黄和颜色的固定及香气的显露、品质的彰显。烟叶在烘烤过程中不但其组织内的水分不断地转移、蒸发和排出,而且各物质还进行复杂的化学变化和生物化学变化。其中水分是各种生理生化反应进行的基础物质。例如烟叶的变黄必须在停止生命活动前通过各种酶促反应实现,且黄色的固定是在变黄的基础之上干燥烟叶实现的。如果对烟叶的水分控制不当,会因酶促作用导致烟叶的褐变,从而影响烟叶的经济效益。因此烟叶的烘烤并非简单的水分干燥过程,而是与生理生化变化的有机统一,和农产品的干燥有着本质的区别。

第二节　人与烟叶烘烤的关系定位

人作为烟叶烘烤活动的重要参与者,不是唯一的参与者,对烟叶烘烤的效果有着影响,但并不是唯一的影响因素。在现行的烟叶烘烤中,对人的认识存在一定的误区,多数人认为烘烤人员是烟叶烘烤活动的主角,是烟叶烘烤的核心,是烟叶烘烤成败的关键,过分地夸大了烘烤人员的作用,他们认为烘烤人员可以化腐朽为神奇,可以将每片烟叶都烘烤成功;再者多数的烘烤人员也认为人是烟叶烘烤的主角,可以掌控烟叶烘烤的方方面面。其实烟叶烘烤的主角是烟叶,品质好坏的决定因素是烟叶,生理生化变化快慢多少的本源还是烟叶,那么人在烟叶烘烤过程中所处的地位是什么呢? 本人认为烘烤人所做的工作只是让烟叶以形成的品质不同程度地彰显出来,在烘烤过程中对烟叶质量的形成仅起到循循诱导与锦上添花的作用。

第三节　烟叶烘烤系统构成及其分析

烟叶烘烤是烟草农业生产过程中实现烟叶经济价值的重要环节,前人曾在烤房、烘烤原理、烘烤方式、烘烤工艺等方面进行了大量的研究,有效地提高了烟叶烘烤品质。尤其是近年来随着智能化技术的不断发展及其在烟叶烘烤中的运用,一定程度上促进了烟叶烘烤技术的提升。然而在全国范围内,我国烟叶生产在烘烤技术方面仍存在发展不平衡、不协调等矛盾,这在一定程度上限制了烟叶品质的进一步提高。我国烟叶种植区广泛,不同地域间的生产因素差异较大,烟叶的生态环境、烘烤环境等因素与烟叶的烘烤品质密切相关,这些因素共同组成了烟叶烘烤系统。为此利用模糊 DEMATEL(Decision Making Trial and Evaluation Laboratory)法对影响烟叶烘烤的因素进行了分析,以期在实际生产过程中有重点地解决烘烤问题,实现烟叶精准化烘烤。

一、烟叶烘烤系统构成

烟叶的烘烤是一种系统工程,包括系统运行的对象、主体和动力三大要素(图1-1)。其中烘烤行为的对象是烟叶,也是整个行为的主角,具体包括烟叶的品种与烟叶素质;而行使这一行为的主体是烘烤人员,具体来说烘烤人员是对烘烤工艺具体执行的人员;整个系统运行的动力便是烤房(图1-2),具体来说是烤房内的烘烤环境变化。只有保障三者的协调统一才能保障烘烤顺利进行,然而在生产中由于各方面的原因,三者之间的协调统一的实现是非常困难的,作为一名专业技术人员若想实现烟叶烘烤的成功需要做出多方面的考虑,达到因地制宜、灵活烘烤的水平。

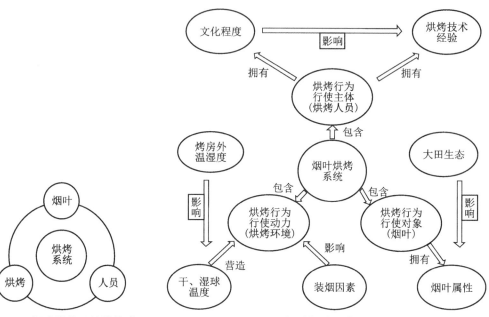

图1-1　烟叶烘烤系统的构成　　　　图1-2　烟叶烘烤因素的确定流程

二、模糊 DEMATEL 模型的实现步骤

三角模糊数 $\tilde{A}$ 用 (l,m,u) 定义,其中,$0 \leqslant l \leqslant m \leqslant u$,当且仅当 $l=m=u$ 时 $\tilde{A}$ 为一个白化的实数1,$\tilde{A}$ 的隶属度函数 $\mu_A(x)$ 定义为

$$\mu_A(x) = \begin{cases} 0, x \notin [l,u] \\ \dfrac{x-l}{m-l}, l \leqslant x \leqslant m \\ \dfrac{u-x}{u-m}, m \leqslant x \leqslant u \end{cases} \tag{1-1}$$

构建模糊 DEMATEL 模型所用的语言算子及对应的三角模糊数见表1-1。

表1-1　语言变量及其三角模糊数的取值

语言算子	三角模糊数	语言算子	三角模糊数
影响非常高(VH)	(0.75,1.00,1.00)	影响高(H)	(0.50,0.75,1.00)
影响小(L)	(0.25,0.50,0.75)	影响非常小(VL)	(0.00,0.25,0.50)
无影响(NO)	(0.00,0.00,0.25)		

利用表1-1中的语言算子及对应的三角模糊数,通过专家打分的方式,构建了各个因素对其他因素影响的三角模糊直接影响矩阵为

$$\tilde{Z} = \begin{bmatrix} 0 & \tilde{z}_{12} & \cdots & \tilde{z}_{1j} \\ \tilde{z}_{21} & 0 & \cdots & \tilde{z}_{2j} \\ \vdots & \vdots & \vdots & \vdots \\ \tilde{z}_{i1} & \tilde{z}_{i2} & \cdots & 0 \end{bmatrix} \qquad (1-2)$$

式中,$\tilde{Z}_{ij} = (l_{ij}, m_{ij}, u_{ij})$。然后将式(1-2)标准化:

$$\tilde{X} = \begin{bmatrix} 0 & \tilde{x}_{12} & \cdots & \tilde{x}_{1j} \\ \tilde{x}_{12} & 0 & \cdots & \tilde{x}_{2j} \\ \vdots & \vdots & \vdots & \vdots \\ \tilde{x}_{i1} & \tilde{x}_{i2} & \cdots & 0 \end{bmatrix} \qquad (1-3)$$

式中,$\tilde{x}_{ij} = \dfrac{\tilde{z}_{ij}}{\max_{i \leqslant j \leqslant n}\left(\sum\limits_{j=1}^{n} \tilde{z}_{ij} \right)}$。由于$\tilde{T} = \lim\limits_{k \to \infty} (\tilde{X}^1 + \tilde{X}^2 + \cdots + \tilde{X}^k) = \tilde{X}(1 - \tilde{X})^{-1}$,因此利用

$$\begin{cases} [l_{ij}^n] = X_l(1 - X_l)^{-1} \\ [m_{ij}^n] = X_m(1 - X_m)^{-1} \\ [u_{ij}^n] = X_u(1 - X_u)^{-1} \end{cases} \qquad (1-4)$$

通过矩阵间计算得到综合影响矩阵:

$$\tilde{T} = \begin{bmatrix} \tilde{t}_{11} & \tilde{t}_{12} & \cdots & \tilde{t}_{1j} \\ \tilde{t}_{21} & \tilde{t}_{22} & \cdots & \tilde{t}_{2j} \\ \vdots & \vdots & \vdots & \vdots \\ \tilde{t}_{i1} & \tilde{t}_{i1} & \cdots & \tilde{t}_{ij} \end{bmatrix} \qquad (1-5)$$

式中,$\tilde{t}_{ij} = (l_{ij}'', m_{ij}'', u_{ij}'')$。

将综合影响矩阵$\tilde{T}$中元素按行相加得到相应因素的影响度$\tilde{D}_i$,按列相加得到相应因素的被影响度$\tilde{R}_i$,再利用影响度$\tilde{D}_i$和被影响度$\tilde{R}_i$计算各因素的中心度$\tilde{D}_i + \tilde{R}_i$与原因度$\tilde{D}_i - \tilde{R}_i$。

$$\begin{cases} \tilde{D}_i = \left[\sum\limits_{i=1}^{n} l_{ij}^n, \sum\limits_{i=1}^{n} m_{ij}^n, \sum\limits_{i=1}^{n} u_{ij}^n \right] \\ \tilde{R}_i = \left[\sum\limits_{i=1}^{n} l_{ij}^n, \sum\limits_{i=1}^{n} m_{ij}^n, \sum\limits_{i=1}^{n} u_{ij}^n \right] \end{cases} \qquad (1-6)$$

然后对$\tilde{D}_i + \tilde{R}_i$与$\tilde{D}_i - \tilde{R}_i$进行反模糊化处理。当$\lambda = 0$,表示决策者不厌恶风险,即冒险型;$\lambda = 1$表示决策者厌恶风险;$\lambda = 1/2$表示决策者对待风险无所谓。取一定的$\lambda$值计算各因素综合影响的中心度$(\tilde{D}_i + \tilde{R}_i)^{\text{def}}$与原因度$(\tilde{D}_i - \tilde{R}_i)^{\text{def}}$。最后,以各影响因素的中心度为横坐标,原因度为纵坐标,建立坐标系,标出各影响因素在坐标系中的位置,分析各个因素的重要性,并对烟叶烘烤系统提出合理建议。

$$\begin{cases} (\tilde{D}_i + \tilde{R}_i)^{\text{def}} = \left[\lambda(\tilde{D}_i + \tilde{R}_i)_{ij}^l + (\tilde{D}_i + \tilde{R}_i)_{ij}^m + (1 - \lambda)(\tilde{D}_i + \tilde{R}_i)_{ij}^u \right]/2 \\ (\tilde{D}_i - \tilde{R}_i)^{\text{def}} = \left[\lambda(\tilde{D}_i - \tilde{R}_i)_{ij}^l + (\tilde{D}_i - \tilde{R}_i)_{ij}^m + (1 - \lambda)(\tilde{D}_i - \tilde{R}_i)_{ij}^u \right]/2 \end{cases} \qquad (1-7)$$

三、影响烤烟烘烤质量的因素确定

根据科学性和全面性的原则,以面向大范围烟区为目的,通过系统分析,调查归纳总结

（图 1-3），确定了影响烟叶烘烤的 5 类 17 个因素：烟叶的生态环境包括光照（A_1）、降雨量（A_2）、土壤类型（A_3）、大气温度（A_4）、土壤肥力（A_5），生态环境对烟叶属性的形成有很大影响，是烟叶烘烤的重要间接影响因素；烟叶的烘烤环境包括湿球温度（A_6）、干球温度（A_7）、烤房周围外界湿度（A_8）、烤房周围外界温度（A_9）；装烟因素包括装烟方式（A_{10}）、装烟量（A_{11}）；烟叶属性包括叶片部位（A_{12}）、成熟度（A_{13}）、品种（A_{14}）、烟叶素质（A_{15}）；人为因素包括烘烤人员的文化程度（A_{16}）和技术经验（A_{17}）。

四、烤烟烘烤因素影响程度确定

利用德尔菲法（Delphi Method），采用 10 分制（0~2 分无影响；2~4 分影响小；4~6 分影响较小；6~8 分影响较大；8~10 分影响非常大）对确定的影响烟叶烘烤系统运作的 17 个因素间的影响程度进行打分，见表 1-2。

表 1-2　各影响因素打分

因素	A_1	A_2	A_3	A_4	A_5	A_6	A_7	A_8	A_9
A_1	—	3.65	3.57	5.63	3.15	1.49	0.99	1.37	8.97
A_2	5.71	—	2.99	7.83	7.49	1.38	1.21	9.56	7.16
A_3	1.14	1.21	—	1.29	2.98	1.54	1.09	1.29	1.42
A_4	1.17	0.93	3.86	—	3.71	1.71	1.34	6.98	4.93
A_5	1.09	1.25	0.37	1.36	—	1.62	1.71	1.34	1.79
A_6	0.89	0.89	0.56	1.57	1.34	—	7.34	1.27	1.29
A_7	1.35	0.76	1.39	1.39	1.69	9.55	—	0.96	3.18
A_8	1.71	1.57	1.72	1.28	1.54	7.34	5.11	—	5.29
A_9	1.23	1.38	1.34	0.95	1.28	8.97	7.41	1.39	—
A_{10}	1.41	1.54	1.32	1.34	1.35	5.34	3.49	0.84	0.88
A_{11}	0.88	1.25	1.57	0.71	0.92	9.31	7.15	0.62	0.79
A_{12}	0.94	1.37	0.96	0.96	0.84	7.12	3.62	1.35	1.24
A_{13}	0.39	1.55	1.35	1.83	1.36	4.99	5.73	1.28	0.67
A_{14}	0.79	1.69	0.73	1.82	0.97	3.15	3.87	1.36	1.39
A_{15}	1.09	1.57	0.89	0.89	0.69	5.13	3.24	0.64	1.24
A_{16}	1.73	1.42	1.35	0.79	0.78	1.37	1.36	1.36	1.57
A_{17}	1.34	1.36	1.42	1.34	0.57	9.45	9.18	1.49	1.66
因素	A_{10}	A_{11}	A_{12}	A_{13}	A_{14}	A_{15}	A_{16}	A_{17}	
A_1	1.35	0.97	9.53	9.28	3.29	9.31	1.39	1.18	
A_2	1.29	7.53	9.47	9.37	3.16	9.47	1.51	1.07	
A_3	1.57	0.86	7.53	7.88	3.48	7.88	1.28	0.89	
A_4	1.63	0.48	8.96	8.96	3.27	8.96	1.41	0.96	

续表1-2

因素	A_{10}	A_{11}	A_{12}	A_{13}	A_{14}	A_{15}	A_{16}	A_{17}
A_5	1.49	5.11	7.35	9.14	3.09	8.39	1.35	1.37
A_6	1.36	1.37	1.29	1.26	1.17	1.14	0.77	1045
A_7	1.48	0.18	1.36	1.32	1.29	1.29	1.51	1.66
A_8	1.26	0.13	1.44	1.77	1.33	1.37	1.42	1.19
A_9	1.77	1.34	1.21	1.43	1.27	1.55	1.39	1.37
A_{10}	—	5.73	0.99	1.32	1.51	1.42	1.28	5.34
A_{11}	1.67	—	0.76	1.12	1.27	1.39	1.09	1.34
A_{12}	1.38	3.75	—	1.18	1.34	0.68	1.32	1.42
A_{13}	0.99	1.28	1.39	—	1.29	0.57	1.49	1.29
A_{14}	1.31	3.69	1.47	3.47	—	0.97	1.66	3.37
A_{15}	1.65	3.49	1.29	1.31	1.28	—	1.57	1.61
A_{16}	3.44	1.41	1.33	3.68	1.43	1.34	—	1.45
A_{17}	7.11	7.29	1.73	3.12	1.42	3.15	1.42	—

五、烤烟烘烤因素模糊 DEMATEL 分析

以"影响非常高、影响高、影响小、影响非常小、无影响"等模糊语义变量,表示评估指标 A_i 与 A_j 之间的相互影响程度,相同因素间无影响记作0,将表2中的打分转换为模糊语言,建立烤烟烘烤评估指标的直接影响模糊关系矩阵,并将语言算子转化为三角模糊数矩阵,见表1-3。

表1-3 语言算子转化为三角模糊数后原始模糊直接影响矩阵

指标	A_1	A_2	A_3	A_4	A_5	A_6
A_1	(0.00,0.00,0.00)	(0.00,0.25,0.50)	(0.00,0.25,0.50)	(0.25,0.50,0.75)	(0.00,0.25,0.50)	(0.50,0.75,1.00)
A_2	(0.25,0.50,0.75)	(0.00,0.00,0.00)	(0.00,0.25,0.50)	(0.50,0.75,1.00)	(0.50,0.75,1.00)	(0.75,1.00,1.00)
A_3	(0.00,0.00,0.25)	(0.00,0.00,0.25)	(0.00,0.00,0.00)	(0.00,0.00,0.25)	(0.00,0.25,0.50)	(0.00,0.00,0.25)
A_4	(0.00,0.00,0.25)	(0.00,0.00,0.25)	(0.00,0.25,0.50)	(0.00,0.00,0.00)	(0.25,0.50,0.75)	(0.75,1.00,1.00)
A_5	(0.00,0.00,0.25)	(0.00,0.00,0.25)	(0.00,0.00,0.25)	(0.00,0.00,0.25)	(0.00,0.00,0.25)	(0.00,0.00,0.25)
A_7	(0.00,0.00,0.25)	(0.00,0.00,0.25)	(0.00,0.00,0.25)	(0.00,0.00,0.25)	(0.00,0.00,0.25)	(0.00,0.00,0.00)
A_6	(0.00,0.00,0.25)	(0.00,0.00,0.25)	(0.00,0.00,0.25)	(0.00,0.00,0.25)	(0.00,0.00,0.25)	(0.75,1.00,1.00)
A_8	(0.00,0.00,0.25)	(0.00,0.00,0.25)	(0.00,0.00,0.25)	(0.00,0.00,0.25)	(0.00,0.00,0.25)	(0.50,0.75,1.00)
A_9	(0.00,0.00,0.25)	(0.00,0.00,0.25)	(0.00,0.00,0.25)	(0.00,0.00,0.25)	(0.00,0.00,0.25)	(0.75,1.00,1.00)
A_{10}	(0.00,0.00,0.25)	(0.00,0.00,0.25)	(0.00,0.00,0.25)	(0.00,0.00,0.25)	(0.00,0.00,0.25)	(0.25,0.50,0.75)
A_{11}	(0.00,0.00,0.25)	(0.00,0.00,0.25)	(0.00,0.00,0.25)	(0.00,0.00,0.25)	(0.00,0.00,0.25)	(0.75,1.00,1.00)
A_{12}	(0.00,0.00,0.25)	(0.00,0.00,0.25)	(0.00,0.00,0.25)	(0.00,0.00,0.25)	(0.00,0.00,0.25)	(0.50,0.75,1.00)
A_{13}	(0.00,0.00,0.25)	(0.00,0.00,0.25)	(0.00,0.00,0.25)	(0.00,0.00,0.25)	(0.00,0.00,0.25)	(0.25,0.50,0.75)
A_{14}	(0.00,0.00,0.25)	(0.00,0.00,0.25)	(0.00,0.00,0.25)	(0.00,0.00,0.25)	(0.00,0.00,0.25)	(0.00,0.25,0.50)
A_{15}	(0.00,0.00,0.25)	(0.00,0.00,0.25)	(0.00,0.00,0.25)	(0.00,0.00,0.25)	(0.00,0.00,0.25)	(0.25,0.50,0.75)
A_{16}	(0.00,0.00,0.25)	(0.00,0.00,0.25)	(0.00,0.00,0.25)	(0.00,0.00,0.25)	(0.00,0.00,0.25)	(0.00,0.00,0.25)
A_{17}	(0.00,0.00,0.25)	(0.00,0.00,0.25)	(0.00,0.00,0.25)	(0.00,0.00,0.25)	(0.00,0.00,0.25)	(0.75,1.00,1.00)

续表 1-3

指标	A_7	A_8	A_9	A_{10}	A_{11}	A_{12}
A_1	(0.50,0.75,1.00)	(0.00,0.00,0.25)	(0.75,1.00,1.00)	(0.00,0.00,0.25)	(0.00,0.00,0.25)	(0.75,1.00,1.00)
A_2	(0.75,1.00,1.00)	(0.75,1.00,1.00)	(0.50,0.75,1.00)	(0.00,0.00,0.25)	(0.50,0.75,1.00)	(0.75,1.00,1.00)
A_3	(0.00,0.00,0.25)	(0.00,0.00,0.25)	(0.00,0.00,0.25)	(0.00,0.00,0.25)	(0.00,0.00,0.25)	(0.50,0.75,1.00)
A_4	(0.75,1.00,1.00)	(0.50,0.75,1.00)	(0.00,0.25,0.50)	(0.00,0.00,0.25)	(0.00,0.00,0.25)	(0.75,1.00,1.00)
A_5	(0.00,0.00,0.25)	(0.00,0.00,0.25)	(0.00,0.00,0.25)	(0.00,0.00,0.25)	(0.25,0.50,0.75)	(0.50,0.75,1.00)
A_7	(0.50,0.75,1.00)	(0.00,0.00,0.25)	(0.00,0.00,0.25)	(0.00,0.00,0.25)	(0.00,0.00,0.25)	(0.00,0.00,0.25)
A_6	(0.00,0.00,0.00)	(0.00,0.00,0.25)	(0.00,0.00,0.25)	(0.00,0.00,0.25)	(0.00,0.00,0.25)	(0.00,0.00,0.25)
A_8	(0.25,0.50,0.75)	(0.00,0.00,0.00)	(0.25,0.50,0.75)	(0.00,0.00,0.25)	(0.00,0.00,0.25)	(0.00,0.00,0.25)
A_9	(0.50,0.75,1.00)	(0.00,0.00,0.25)	(0.00,0.00,0.25)	(0.00,0.00,0.25)	(0.00,0.00,0.25)	(0.00,0.00,0.25)
A_{10}	(0.00,0.25,0.50)	(0.00,0.00,0.25)	(0.00,0.00,0.25)	(0.00,0.00,0.00)	(0.25,0.50,0.75)	(0.00,0.00,0.25)
A_{11}	(0.50,0.75,1.00)	(0.00,0.00,0.25)	(0.00,0.00,0.25)	(0.00,0.00,0.25)	(0.00,0.00,0.00)	(0.00,0.00,0.25)
A_{12}	(0.00,0.25,0.50)	(0.00,0.00,0.25)	(0.00,0.00,0.25)	(0.00,0.00,0.25)	(0.00,0.25,0.50)	(0.00,0.00,0.00)
A_{13}	(0.25,0.50,0.75)	(0.00,0.00,0.25)	(0.00,0.00,0.25)	(0.00,0.00,0.25)	(0.00,0.00,0.25)	(0.00,0.00,0.25)
A_{14}	(0.00,0.25,0.50)	(0.00,0.00,0.25)	(0.00,0.00,0.25)	(0.00,0.00,0.25)	(0.00,0.25,0.50)	(0.00,0.00,0.25)
A_{15}	(0.00,0.25,0.50)	(0.00,0.00,0.25)	(0.00,0.00,0.25)	(0.00,0.00,0.25)	(0.00,0.25,0.50)	(0.00,0.00,0.25)
A_{16}	(0.00,0.00,0.25)	(0.00,0.00,0.25)	(0.00,0.00,0.25)	(0.00,0.25,0.50)	(0.00,0.00,0.25)	(0.00,0.00,0.25)
A_{17}	(0.75,1.00,1.00)	(0.00,0.00,0.25)	(0.00,0.00,0.25)	(0.50,0.75,1.00)	(0.50,0.75,1.00)	(0.00,0.00,0.25)

指标	A_{13}	A_{14}	A_{15}	A_{16}	A_{17}
A_2	(0.75,1.00,1.00)	(0.00,0.25,0.50)	(0.75,1.00,1.00)	(0.00,0.00,0.25)	(0.00,0.00,0.25)
A_3	(0.75,1.00,1.00)	(0.00,0.25,0.50)	(0.75,1.00,1.00)	(0.00,0.00,0.25)	(0.00,0.00,0.25)
A_4	(0.50,0.75,1.00)	(0.00,0.25,0.50)	(0.50,0.75,1.00)	(0.00,0.00,0.25)	(0.00,0.00,0.25)
A_5	(0.75,1.00,1.00)	(0.00,0.25,0.50)	(0.75,1.00,1.00)	(0.00,0.00,0.25)	(0.00,0.00,0.25)
A_7	(0.75,1.00,1.00)	(0.00,0.25,0.50)	(0.75,1.00,1.00)	(0.00,0.00,0.25)	(0.00,0.00,0.25)
A_6	(0.00,0.00,0.25)	(0.00,0.00,0.25)	(0.00,0.00,0.25)	(0.00,0.00,0.25)	(0.00,0.00,0.25)
A_8	(0.00,0.00,0.25)	(0.00,0.00,0.25)	(0.00,0.00,0.25)	(0.00,0.00,0.25)	(0.00,0.00,0.25)
A_9	(0.00,0.00,0.25)	(0.00,0.00,0.25)	(0.00,0.00,0.25)	(0.00,0.00,0.25)	(0.00,0.00,0.25)
A_{10}	(0.00,0.00,0.25)	(0.00,0.00,0.25)	(0.00,0.00,0.25)	(0.00,0.00,0.25)	(0.00,0.00,0.25)
A_{11}	(0.00,0.00,0.25)	(0.00,0.00,0.25)	(0.00,0.00,0.25)	(0.00,0.00,0.25)	(0.25,0.50,0.75)
A_{12}	(0.00,0.00,0.25)	(0.00,0.00,0.25)	(0.00,0.00,0.25)	(0.00,0.00,0.25)	(0.00,0.00,0.25)
A_{13}	(0.00,0.00,0.25)	(0.00,0.00,0.25)	(0.00,0.00,0.25)	(0.00,0.00,0.25)	(0.00,0.00,0.25)
A_{14}	(0.00,0.00,0.00)	(0.00,0.00,0.25)	(0.00,0.00,0.25)	(0.00,0.00,0.25)	(0.00,0.00,0.25)
A_{15}	(0.00,0.25,0.50)	(0.00,0.00,0.00)	(0.00,0.00,0.25)	(0.00,0.00,0.25)	(0.00,0.25,0.50)
A_{16}	(0.00,0.00,0.25)	(0.00,0.00,0.25)	(0.00,0.00,0.00)	(0.00,0.00,0.25)	(0.00,0.00,0.25)
A_{17}	(0.00,0.25,0.50)	(0.00,0.00,0.25)	(0.00,0.00,0.25)	(0.00,0.00,0.00)	(0.00,0.00,0.25)
A_1	(0.00,0.25,0.50)	(0.00,0.00,0.25)	(0.00,0.25,0.50)	(0.00,0.00,0.25)	(0.00,0.00,0.25)

计算出各影响因素的原因度和中心度,见表1-4。

表1-4 各因素综合影响的原因度与中心度值

因素	模糊中心度 $\tilde{D}_i + \tilde{R}_i$	模糊原因度 $\tilde{D}_i - \tilde{R}_i$	中心度 $(\tilde{D}_i + \tilde{R}_i)^{\text{def}}$	原因度 $(\tilde{D}_i - \tilde{R}_i)^{\text{def}}$
A_1	$(0.7720, 0.9672, 2.6204)$	$(0.6768, 0.8381, 0.7997)$	1.3317	0.7882
A_2	$(1.2607, 1.3671, 3.0753)$	$(1.2607, 1.3006, 1.3359)$	1.7676	1.2994
A_3	$(0.3093, 0.5110, 2.2857)$	$(0.3093, 0.3072, 0.3727)$	0.9043	0.3241
A_4	$(0.8215, 0.9672, 2.7058)$	$(0.5965, 0.6404, 0.6322)$	1.3654	0.6274
A_5	$(0.5867, 0.7484, 2.4977)$	$(0.3561, 0.2738, 0.2411)$	1.1453	0.2862
A_6	$(1.3780, 1.4458, 3.0926)$	$(-1.1600, -1.2324, -1.1770)$	1.8406	-1.2004
A_7	$(1.0269, 1.1292, 2.8510)$	$(-0.7376, -0.8525, -0.9355)$	1.5341	-0.8445
A_8	$(0.4041, 0.4909, 2.2253)$	$(-0.0171, 0.0145, 0.0499)$	0.9028	0.0240
A_9	$(0.5284, 0.6251, 2.3508)$	$(-0.0210, -0.1350, -0.1743)$	1.0323	-0.1163
A_{10}	$(0.2583, 0.4170, 2.1640)$	$(0.1042, 0.14689, 0.1608)$	0.8141	0.1396
A_{11}	$(0.4860, 0.7347, 2.5145)$	$(0.0214, -0.2446, -0.33802)$	1.1175	-0.2015
A_{12}	$(0.6030, 0.8052, 2.5350)$	$(-0.4102, -0.4487, -0.4397)$	1.1871	-0.4368
A_{13}	$(0.6506, 0.9085, 2.6193)$	$(-0.4452, -0.6279, -0.6168)$	1.2717	-0.5794
A_{14}	$(0.0000, 0.3694, 2.1083)$	$(0.0000, 0.0193, 0.0138)$	0.7118	0.0131
A_{15}	$(0.5961, 0.8439, 2.5361)$	$(-0.4997, -0.5566, -0.5278)$	1.2050	-0.5352
A_{16}	$(0.0000, 0.0757, 1.7470)$	$(0.0000, 0.0757, 0.0925)$	0.4746	0.0610
A_{17}	$(0.5800, 0.6966, 2.5229)$	$(0.5002, 0.4812, 0.5103)$	1.1240	0.4932

六、各影响因素原因度与中心度分析

1.原因度分析

由表1-4中的数据以中心度为横轴,以原因度为纵轴,绘制出影响因素的原因与结果图(图1-3)。由图1-3可知,烟叶的生长环境因素中光照(A_1)、降雨量(A_2)、大气温度(A_4)对烟叶烘烤影响较大,其中降雨量(A_2)是影响烤烟烘烤的最重要因素;降雨量、光照、大气温度等作为烟叶大田生长的主要生态环境因素,决定了各烟区烟叶的风格特色,使不同产区烟叶在烘烤过程中变黄失水特性有较大的差异。土壤类型(A_3)、土壤肥力(A_5)、烘烤人员的技术经验(A_{17})3个因素对结果有较大影响;土壤的类型与肥力与烟叶质量的形成有很大关系,烘烤人员作为行为的执行者,对烟叶采收的把握、装烟方式的了解、烘烤工艺的执行有着自主控制力,通过自身的烘烤经验与烘烤知识,根据烟叶的具体变化来调控烤房的干球温度与湿球温度。装烟方式(A_{10})与品种(A_{14})2个因素对其他因素的影响相对较小,可能是大气温度、成熟度等因素影响力过大,掩盖了装烟方式与品种对烘烤的影响。烤房周围外界湿度(A_8)与烘烤人员的文化程度(A_{16})对烟叶烘烤的影响较小,可能是由于干球温度与烘烤人员技术水平影响过大,掩盖了它们对烘烤的影响。再者湿球温度(A_6)、干球温度(A_7)受到其他因素影响较大,不同的温、湿度会使烤房内烟叶的变黄速率与变黄程度及烟叶内部生理生化变化差异较大,使烤后烟叶的等级比例有较大差异;叶片部位(A_{12})、成熟度(A_{13})、烟叶素质(A_{15})3个因素对烤烟烘烤有一定的影响作用,部位中等、成熟度适中、素质好的烟叶易烤性与耐烤性均较好,它们决定了烟叶的烘烤难易程度;烤房周围外界温度(A_9)、装烟量(A_{11})等因素对烤烟烘烤的效果直接影响作用较小,可能是由于降雨量的影响力较大将其对烘烤的影响力所掩盖。

2.中心度分析

中心度反映了影响因素对整个烘烤系统的影响程度。由图1-3可知,对烟叶烘烤影响最大的因素是烤房内的干球温度(A_7),中心度为1.8406,烟叶烘烤的实现最终是通过控制烤房的温湿度实现的,干球温度的高低对烟叶生理生化反应的快慢有着重要影响,对烟叶的烘烤效果有决定性的作用。其次是大田降雨量(A_2),大田降雨量对烟叶特色的形成有很大关系,尤其对烟叶含水量及蛋白质等化学成分的影响较大,从而使烟叶的烘烤特性有较大差异。湿球温度(A_6)、大气温度(A_4)、光照(A_1)和烟叶成熟度(A_{13})等对烟叶烘烤系统也有较大的影响。

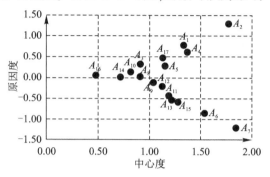

图1-3 不同影响因素的因果关系

烘烤过程中湿球温度与干球温度配合共同控制烟叶的烘烤环境;大气温度与光照主要通过影响烟叶风格特色的形成,进而影响整个烘烤系统;成熟度是烟叶采收的重要判断指标,成熟度好的烟叶化学成分适宜,烟叶的变黄失水协调,烘烤的难度系数降低。而其他影响因素,如装烟方式(A_{10})、品种(A_{14})等对烘烤系统的影响相对较小。

七、总结

降雨量、光照与大气温度等不仅对其他因素有较大影响,还对整个烘烤系统有较大的影响,其作为烟叶大田生长的主要生态环境,决定了各烟区烟叶所呈现出的风格特色,使不同烟区的烟叶外形、内含物质、变黄失水特性,对外界环境的适应能力与对逆境胁迫的抵抗能力等均有比较大的差异。

干球温度与湿球温度原因度较小,因此受到其他因素的影响较大,但其中心度较大,对整个烘烤系统的影响较大,在烤烟烘烤过程中若控制不好干球温度与湿球温度,会致使烤房内烟叶的变黄速率与变黄程度及烟叶内部生理生化变化差异较大,使烤后烟叶的等级比例有很大不同。

烘烤人员的技术水平有较大的原因度,表明对其他结果因素有较大影响。烘烤人员作为行为的执行者,不仅对烘烤烟叶采收进行把握,对装烟方式进行了解,还对烟叶的烘烤工艺的执行有着自主的控制力,通过自身的烘烤经验与烘烤知识,根据烟叶的具体变化来调控烤房的干球温度与湿球温度。

烟叶自身的属性中烟叶的成熟度与烟叶素质有较大的中心度,对整个烟叶烘烤系统有比较大的影响,两者决定了烟叶的烘烤难易程度。

其他影响因素对整个系统的影响较小,然而近年来为推进现代烟草农业建设,实现精益生产,在装烟方式及品种方面进行了大量的技术研发,本研究在装烟方式与品种对烘烤影响力的方面和一些研究有相悖之处。其主要原因是本研究立足于大范围烟区,一些影响因素由于影响力过大,从而掩盖了装烟方式与品种对烘烤的影响。

针对影响烤烟因素的模糊 DEMATEL 分析,为实现烤烟精益烘烤,科学高效地解决烘烤难题,提高烟叶质量,本研究提出的影响烘烤的关键因素主要有降雨量、光照与大气温度,干球温度与湿球温度,成熟度与烟叶素质,烘烤人员的技术水平等。今后着眼于这些关键因素,针对不同烟区、不同年份的烟叶生长期的生态环境情况,制定出适应地方烟叶的烘烤工艺,构建烘烤模型,简化烘烤操作,可实现精益、精准烘烤,彰显各产区风格特色。

第二章　烤烟成熟度的形成机制

烤烟成熟度作为烤烟生产的核心指标,不仅是保障彰显烤烟特色的重要前提,还是烘烤分级的重要基石。而烤烟成熟度的形成主要是大田生态环境(外因)与外观性状(内因)共同作用的结果,成熟度较差的烤烟不但烘烤难度较大,而且在品质特色方面稍显不足,尤其表现在上部叶。

近年来,国外卷烟对中国市场冲击不断,国内各卷烟企业积极变革生产方式,倾力研发核心技术,以图提高核心竞争力,故细支烟、爆珠烟及混合型卷烟层出不穷,这在一定程度上改善了当前不利的局面。卷烟问题归根结底是原料问题,原料质量满足产品需求,则产品质量便有保障。当前国内卷烟的原料多为中部叶,然而随着"降焦减害"的不断深入,中部叶的香气质与香气量不能满足卷烟产品的需求,而上部叶以其丰富香气质与香气量深受卷烟工业公司的青睐,尤其近年以湖南中烟与江苏中烟为首的工业公司提出了"高成熟"上部烤烟的概念,各大烟叶产区纷纷响应,均致力于高成熟度上部叶的培育。然而,上部叶因其独特的生态环境,多有生育期较长且成熟度不足,烤烟的烘烤难度较大,上中等烟的比例较低等问题。为此,本章以中部叶为参考,利用数理统计技术、图像处理技术及高光谱技术,着力研究生态因素与自身因素对上部叶成熟度形成的影响,以期挖掘上部叶的成熟机制,进而为上部叶的成熟度提高及上部叶的可用性增加提供参考。

第一节　影响烤烟成熟度的外在因素——生态环境

一、烤烟生育期生态环境的基本概况

烟草作为一种重要的经济作物,对国民经济的发展有较大的推动作用,然而由于中国烟草的种植分布比较广泛,且地理环境复杂,形成了不同特色的烟叶风格,主要表现在不同生态环境条件烤烟的外观形态、烘烤特性及感官质量存在较大差异,因此研究分析生态环境对烤烟特色的影响很有必要。国内外学者对烤烟生态环境进行了大量的研究,不同生态环境烤烟品种间的碳氮代谢关键酶活性差异明显,且对致香物质、感官评吸质量产生影响;生态环境中的温度、水分、光照、土壤、海拔等因素与烤烟质量风格形成关系密切。其中,海拔高度与总糖、还原糖含量呈正相关,达到显著水平,烟碱和总氮含量随海拔升高而降低,与海拔高度呈负相关。然而,即使是相同产区的烤烟不同部位的外观形态、烘烤特性及感官质量也存在较大差异,但目前关于不同部位烤烟的生态环境差异的研究鲜见报道。因此,本节着力于不同部位烤烟生育期内生态环境的差异研究,以进一步推进烟草现代农业发展,提高烟叶质量,降低经济损失,为烟草精益生产的实现提供一定的理论依据。

1.试验方法

供试烤烟品种为云烟87,试验以烤烟的中部叶与上部叶为对象,烤烟产区海拔1200 m以上,试验烤烟移栽密度为1100株/亩,试验田面积为15亩(1亩≈666.67 m²),土壤肥力中等,大田长势均匀,留叶数18~20片。其中,大田光照强度由Z-10型智能照度计测得;大田

气温、日降雨量、相对湿度及光照时数等数据由中国天气网获取。中部叶采收标准为烟叶基本色为黄绿色，叶面2/3以上落黄，主脉发白，支脉一半发白，叶尖、叶缘呈黄色，叶面时有黄色成熟斑，茎叶角度增大，叶龄60～70 d。由于施肥或天气原因导致烟叶成熟过程不正常情况下，参考叶龄采收。上部叶的采收标准为烟叶基本色为黄色，叶面充分落黄、发皱、成熟斑明显，叶尖下垂，叶边缘曲皱，茎叶角度明显增大，叶龄70～90 d。并采用ENVI5.31软件中的Raster Color Slices模块(图2-1)对各部位成熟采收烟叶的成熟特征进行分析。

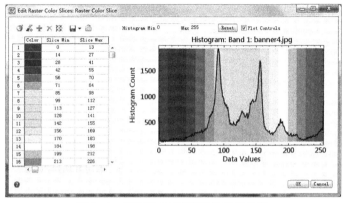

图2-1 ENVI5.31对烤烟的图像分割

2.不同部位烤烟成熟采收的外观对比

利用ENVI软件对不同烤烟的成熟特征进行分析得到图2-2。由图2-2可知，成熟采收的不同部位烤烟的外观有较大程度的差异，中部叶除叶基部与叶中小部分区域为欠熟或尚熟外，大部分区域表现为成熟；而上部叶大部分区域则表现为欠熟到尚熟，且叶尖与叶边缘的成熟度要显著高于叶中与叶基部。此外，中部叶叶片中部的支脉与主脉的夹角明显大于上部叶，表明中部叶的开片度优于中部叶。再者由于上部叶开片度较低，两支脉间的褶皱的曲折程度要大于中部叶，可见成熟采收上部叶的成熟度低于中部叶。

图2-2 不同部位成熟采烤烟叶片外观对比

3.不同部位烤烟生育期气温分析

试验自烤烟中部叶与上部叶出现时开始监测大田环境，指导烤烟成熟采收为止，对所采集的环境数据进行整理，分别获得不同部位烤烟大田生育期内的最高气温、最低气温、昼夜温差、光照强度、光照时数与相对湿度等环境参数。不同部位烟叶生长发育的生态环境有不同程度的差异，为此，对不同部位烤烟生育期生态环境进行了分析。由图2-3可知，烤烟生长过程中日最高气温均大体表现为先增加后降低的趋势。中部叶生育期内的最高气温在叶龄0～20 d保持在33 ℃左右，20 d后保持在37 ℃左右；上部叶生育期内的最高气温在叶龄60 d前保持在36 ℃左右，在叶龄60 d后保持在30 ℃左右。烤烟生长过程中的日最低气温也表现为先升高后降低的趋势，其中中部叶在生育期内的最低气温保持在22～25 ℃，而上部叶生育期内的日最低气温差异较大，在叶龄0～60 d保持在24 ℃左右，在叶龄60 d后保持在21 ℃左右。就日平均气温而言，中部叶生育期内的日平均气温保持在33 ℃左右，上部叶的日平均气温在叶龄60 d前保持在34 ℃左右，60 d后保持在26 ℃左右。就烤烟生育期内的昼夜温差而言，中部叶保持在12 ℃左右，上部叶在叶龄60 d前保持在12 ℃左右，在叶龄60 d后保持在7 ℃左右。综上可知，烤烟生育期内的最高气温、最低气温、日平均气温均表现为先增加后降低的趋势，而中部叶的昼夜温差变化为"厂"字形变化，上部叶的昼夜温差变化为逆"厂"字形变化。中部叶与上部叶生育期内气温的差异主要表现在幼叶生长期(叶龄10 d)及工艺成熟期(采收前10 d左右)。

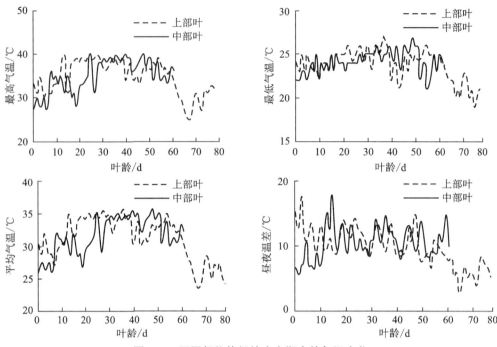

图 2-3　不同部位烤烟的生育期内的气温变化

4.不同部位烤烟生育期光照分析

由图 2-4 可知,烤烟的光照强度多数保持在 50 klx 以上,且在一些时期保持在 100 klx 以上。其中,中部叶的光照强度在叶龄 20 d 前保持在较低水平,在叶龄 20 d 后保持在较高水平,而上部叶的光照强度在叶龄 10 d 前保持在较低水平,在 10~62 d 保持在较高水平,约为 90 klx,在 62 d 后基本保持在 250 klx 左右。随着叶龄的增加,中部叶的光照时数大体表现为先增加后降低的趋势,上部叶的光照时数也表现为先增加后降低的趋势。由以上分析可知,中部叶与上部叶的光照强度及光照时数的差异主要表现在工艺成熟期(采收前约10 d),在工艺成熟期中部叶的光照强度及日光照时数均高于上部叶。

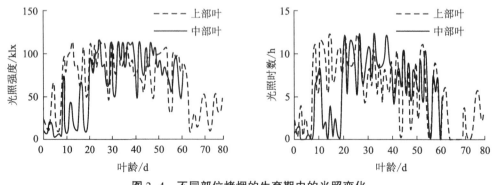

图 2-4　不同部位烤烟的生育期内的光照变化

5.不同部位烤烟生育期空气湿度分析

由图 2-5 可知,烤烟中部叶与上部叶大田生育期内的相对湿度均有较大幅度的变化,但随着叶龄的增长,中部叶生育期内的相对湿度在叶龄30~40 d相对较低,约为50%,其他时期基本保持在60%以上,且成熟期基本保持在70%~90%;而上部叶的生育期内空气相对湿度除在叶龄为18~28 d有持续相对较低的相对湿度外,其他时期基本保持在60%以上。综上可知,烤烟中部叶与上部叶在发育过程中空气相对湿度的变化基本一致,大部分时期保持在60%以上,中部叶与上部叶受到空气相对湿度的影响基本一致。由图2-6可知,中部叶生育期内的降雨量表现为前期多雨、中期与后期少雨的规律,而上部叶则表现为前期多雨、中期少雨、后期多雨的规律。不同部位的烤烟叶片生长过程中由发生到采收对水分有着不同的需求,烤烟生长过程中对水分的需求规律为生理成熟期(干物质积累达到最大值)前需要大量水分,生理成熟期到工艺成熟期(成熟采收)需要较低的水分。然而,中部叶生长过程中的降雨多集中在叶龄0~20 d,20 d到成熟采收阶段降雨较少,使中部叶片面较小、叶片较厚;而上部叶的降雨多集中在叶龄0~10 d及60 d后,因此上部叶的表现为叶片展开度较低,成熟落黄难,病害发生情况严重。

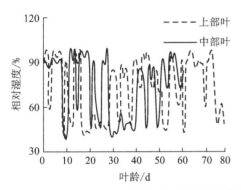 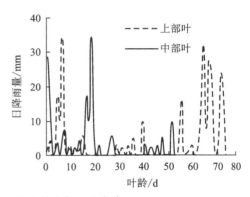

图2-5 不同部位烤烟生育期内的空气湿度变化

6.烤烟生育期生态环境的主成分分析

为了进一步研究生态环境指标对烤烟生长发育的影响力大小,采用Origin2017软件对烤烟生育期内每日的最高气温(x_1)、最低气温(x_2)、昼夜温差(x_3)、平均气温(x_4)、光照强度(x_5)、光照时数(x_6)、相对湿度(x_7)及日降雨量(x_8)进行主成分分析。由表2-1可知,根据特征值>0.5的原则提取了3个主成分,其特征值分别为4.78、1.09和0.69,且3个主成分的累计贡献率达到81.87%,即这3个主成分反映了原始数据提供信息总量的81.87%。因此,将这3个主成分作为评价所采集的138组烤烟生态环境的综合变量。由图2-6可知,绝大多数数据的因子得分都在95%置信区间内,表明数据的有效性较高。且由各生态环境指标的因子载荷矩阵可知,第1个主成分的方差贡献率最大,为45.82%,是最重要的影响因子,第1个主成分F_1与大多数原始变量之间的关系都较为密切,尤其是与最高气温(x_1)和平均气温(x_4)有较高

图2-6 烤烟生育期生态环境的主成分分析

的载荷系数,该主成分主要反映了烤烟大田生态环境中的气温,可以认为F_1是烤烟大田环境中的气温因子。第2个主成分F_2的贡献率为13.6%,是次重要的影响因子,与光照强度(x_5)有较高的载荷系数,该主成分主要反映了烤烟大田生态环境中的光照,可以认为F_2是烤烟大田环境中的光照因子。第3个主成分F_3的贡献率为8.6%,是再次重要的影响因子。由于该主成分载荷最大的一项是日降雨量(x_8),可以认为F_3是烤烟大田生态环境中的水分因子。综合以上分析可知,影响烤烟生长的生态环境因子的表现为:气温因子>光照因子>水分因子。生态环境作为烟草的大田生长发育的重要场所,对烟草质量的形成有极大影响,因不同部位烟叶的发生时

间有先后,因此不同的生育期与不同的生态环境相适宜。本研究结果表明,随着叶龄的增长,中部叶与上部叶的生态环境中降雨、气温、光照的差异主要表现在幼叶期(叶龄约 10 d)与工艺成熟期(采收前约10 d),中间时期差异不明显;由于上部叶发育较晚,当叶片快速生长需要适宜的光、温、水条件时,因降雨较少,气温过高(>35 ℃),光照强度过大,使上部叶的生长受到抑制,开片度较低,再者因生长发育中期昼夜温差大,单位面积的干物质积累量迅速增加,即使到后期光、温、水条件适宜,因受到叶龄与组织结构限制,依旧不能得到有效生长发育,故而导致生育期延迟,采收后烘烤难度大,烤坏烟概率增加,经济效益较差。而中部叶在生长发育过程中虽然也面临相对较差的生态环境,但是中部叶生长的前期生态环境适宜,叶片得到快速生长,当干旱、高温等环境出现时,干物质的积累量迅速达到一定的需求量,再者在工艺成熟期,因相对高温的环境,细胞呼吸强度增加,大分子物质的降解转化速率增加,烤烟的成熟度很快达到采收要求。由于生态环境的差异,烤烟的外观特征差异较大,烤烟的质量也会有较大差异,本研究结果表明,其中的重要影响因子为温度因子,次要影响因子为光照因子,再次要影响因子为水分因子。因此,在农事生产中需要采取一定的技术措施降低环境因素的影响,如改良技术,促进烟叶早生快发,改善烘烤设备与烘烤工艺,降低经济损失。

表 2-1 主成分分析的因子载荷矩阵

指标	F_1	F_2	F_3
最高气温(x_1)	0.4216	0.0933	0.0679
最低气温(x_2)	0.3438	0.4157	0.3615
昼夜温差(x_3)	0.3723	-0.2302	0.4152
平均气温(x_4)	0.4241	0.1974	0.1641
光照强度(x_5)	0.2374	0.6151	-0.2534
光照时数(x_6)	0.3654	-0.3505	0.0484
相对湿度(x_7)	-0.3522	0.4281	0.3949
日降雨量(x_8)	-0.3196	0.2099	0.4479
特征值	4.78	1.09	0.69
累计贡献率/%	59.73	73.30	81.87

二、上部叶烤烟的生态环境匹配度分析

烟叶大田生长是烟草农业生产过程中实现烟叶经济价值的基础,数十年来国内外学者在移栽期、施肥技术、打顶技术及采烤技术等方面均进行了大量的技术研发,在一定程度上增加了上等烟的比例,提高了烟叶的经济效益。尤其是近年来,随着新技术的不断发展,国内外专家力图将智能设备运用到烟叶生产中,并取得了一定的成绩,然而技术成果没有得到全面的推广与应用,再者现代烟草农业的实施,推进了烟叶生产方式的转变,提升了烟叶生产力水平,但我国烟叶生产仍存在不平衡、不协调、不可持续的矛盾和问题,因此需要引入精益生产的理念,推行烟叶精益生产。由于国内烟叶的种植区域广泛,不同区域间的气候差异较大,烟叶属性有很大差异,烟叶生长的生态环境等因素均与烟叶的质量形成息息相关,这些环境因素共同组成了烟叶生产的复杂系统,针对此复杂的系统需要运用相应的方法进行分析。模糊 DEMATEL 决策试验与评价实验室法,通过专家的定性判断,用模糊语义变量衡量因素之间的影响程度,将模糊语言变量赋予三角模糊数,对复杂系统中因素之间的逻辑关

系及相互影响程度进行分析,找出系统的内在因果关系及关键因素,剖析影响系统运作的主要因素与次要因素。本节运用模糊 DEMATEL 分析研究烟叶烘烤的主要影响因素,并利用模糊 DEMATEL 分析结果以中部叶为参考,依据烤烟发育的生长规律,将烤烟叶片的生长分为 4 个时期(幼叶生长期 S_1、快速生长期 S_2、生理成熟期 S_3 与工艺成熟期 S_4),研究不同部位烤烟各生育期的生态匹配度,并在实际生产过程中重点解决相应问题,实现烟叶的精益生产,以提高烟叶质量,彰显地方烟叶特色。

1.试验方法

大田光照强度由 Z-10 型智能照度计测得,大田气温、日降雨量、相对湿度及光照时数等数据由中国天气网获取。试验自烤烟中部叶与上部叶出现时开始监测大田环境,直到烤烟成熟采收为止,对所采集的环境数据进行整理,分别获得不同部位烤烟大田生育期内的最高气温、最低气温、昼夜温差、光照强度、光照时数与相对湿度等环境参数。

2.烤烟烘烤关键影响因素的模糊 DEMATEL 过程的实现

通过系统分析、调查归纳总结,确定出影响烟叶烘烤的 3 类 8 个因素:气温因素有最高气温(A_1)、最低气温(A_2)、平均气温(A_3)、昼夜温差(A_4);光照因素有光照强度(A_5)、光照时数(A_6);水分因素有相对湿度(A_7)、降雨量(A_8)。利用德尔菲法(Delphi Method),采用 10 分制(0~2 分无影响,2~4 分影响小,4~6 分影响较小,6~8 分影响较大,8~10 分影响非常大)对确定的影响烟叶烘烤系统运作的 17 个因素间的影响程度进行打分,见表 2-2。原始模糊直接影响矩阵见表 2-3。

表 2-2　各影响因素打分

因素	A_1	A_2	A_3	A_4	A_5	A_6	A_7	A_8
A_1	—	5.31	9.34	9.41	2.78	1.49	0.99	1.37
A_2	4.89	—	8.78	9.27	3.11	1.38	1.21	1.56
A_3	2.73	3.22	—	7.45	1.98	1.54	1.09	1.29
A_4	4.34	5.21	5.43	—	1.71	1.71	1.34	1.98
A_5	8.76	7.33	9.14	9.33	—	1.62	1.71	1.34
A_6	9.78	3.34	9.07	7.43	1.34	—	1.34	1.27
A_7	1.35	0.76	6.39	7.39	8.69	9.55	—	0.96
A_8	9.71	8.57	4.72	8.28	8.54	9.34	8.11	—

表 2-3　原始模糊直接影响矩阵

因素	A_1	A_2	A_3	A_4	A_5	A_6	A_7	A_8
A_1	0	L	VH	VH	VL	NO	NO	NO
A_2	L	0	VH	VH	VL	NO	NO	NO
A_3	VL	VL	0	H	NO	NO	NO	NO
A_4	L	L	L	0	NO	NO	NO	NO
A_5	VH	H	VH	VH	0	NO	NO	NO
A_6	VH	VL	VH	H	NO	0	NO	NO
A_7	NO	NO	H	H	VH	VH	0	NO
A_8	VH	VH	L	VH	VH	VH	VH	0

将语言算子转化为三角模糊数矩阵(表 2-4)。

表2-4　语言算子转化三角模糊数后原始模糊直接影响矩阵

因素	A_1	A_2	A_3	A_4
A_1	(0.00,0.00,0.00)	(0.25,0.50,0.75)	(0.75,1.00,1.00)	(0.75,1.00,1.00)
A_2	(0.25,0.50,0.75)	(0.00,0.00,0.00)	(0.75,1.00,1.00)	(0.75,1.00,1.00)
A_3	(0.00,0.25,0.50)	(0.50,0.75,1.00)	(0.00,0.00,0.00)	(0.50,0.75,1.00)
A_4	(0.25,0.50,0.75)	(0.25,0.50,0.75)	(0.25,0.50,0.75)	(0.00,0.00,0.00)
A_5	(0.75,1.00,1.00)	(0.50,0.75,1.00)	(0.75,1.00,1.00)	(0.75,1.00,1.00)
A_6	(0.75,1.00,1.00)	(0.00,0.25,0.50)	(0.75,1.00,1.00)	(0.50,0.75,1.00)
A_7	(0.00,0.00,0.25)	(0.00,0.00,0.25)	(0.50,0.75,1.00)	(0.50,0.75,1.00)
A_8	(0.75,1.00,1.00)	(0.75,1.00,1.00)	(0.25,0.50,0.75)	(0.75,1.00,1.00)
因素	A_5	A_6	A_7	A_8
A_1	(0.00,0.25,0.50)	(0.00,0.00,0.25)	(0.00,0.00,0.25)	(0.00,0.00,0.25)
A_2	(0.00,0.25,0.50)	(0.00,0.00,0.25)	(0.00,0.00,0.25)	(0.00,0.00,0.25)
A_3	(0.00,0.00,0.25)	(0.00,0.00,0.25)	(0.00,0.00,0.25)	(0.00,0.00,0.25)
A_4	(0.00,0.00,0.25)	(0.00,0.00,0.25)	(0.00,0.00,0.25)	(0.00,0.00,0.25)
A_5	(0.00,0.00,0.00)	(0.00,0.00,0.25)	(0.00,0.00,0.25)	(0.00,0.00,0.25)
A_6	(0.00,0.00,0.25)	(0.00,0.00,0.00)	(0.00,0.00,0.25)	(0.00,0.00,0.25)
A_7	(0.75,1.00,1.00)	(0.75,1.00,1.00)	(0.00,0.00,0.00)	(0.00,0.00,0.25)
A_8	(0.75,1.00,1.00)	(0.75,1.00,1.00)	(0.75,1.00,1.00)	(0.00,0.00,0.00)

将 λ 取值为 1/2，计算出各影响因素的原因度和中心度（表2-5）。

表2-5　因素综合影响 $\widetilde{D}_i+\widetilde{R}_i$,$\widetilde{D}_i-\widetilde{R}_i$,$(\widetilde{D}_i+\widetilde{R}_i)^{\text{def}}$ 和 $(\widetilde{D}_i-\widetilde{R}_i)^{\text{def}}$ 的值

因素	模糊中心度 $\widetilde{D}_i+\widetilde{R}_i$	模糊原因度 $\widetilde{D}_i-\widetilde{R}_i$	中心度 $(\widetilde{D}_i+\widetilde{R}_i)^{\text{def}}$	原因度 $(\widetilde{D}_i-\widetilde{R}_i)^{\text{def}}$
A_1	(1.437 5,1.656 1,3.448 2)	(−0.217,−0.414,−0.493)	2.049 5	−0.384
A_2	(1.588 8,1.636 3,3.535 8)	(−0.369,−0.394,−0.58)	2.099 3	−0.434
A_3	(3.634 3,1.871 3,3.727 7)	(−2.777,−1.059,−1.108)	2.776 1	−1.501
A_4	(2.009 3,1.933 9,3.824 2)	(−1.342,−1.219,−1.354)	2.425 3	−1.283
A_5	(1.468,1.347 5,3.053)	(0.786 5,0.375 1,0.414 8)	1.804	0.488
A_6	(1.124 3,1.015 8,2.661)	(0.442 8,0.353,0.453 1)	1.454 2	0.400
A_7	(1.362 9,1.017 9,2.670 1)	(1.047 1,0.710 2,0.869 5)	1.517 2	0.834
A_8	(2.427 8,1.647 7,3.231 3)	(2.427 8,1.647 7,1.797 9)	2.238 6	1.880

3.模糊 DEMATEL 结果分析

由表2-6绘制影响因素的原因-结果图(图2-7),中心度$(\widetilde{D}_i+\widetilde{R}_i)^{\text{def}}$反映了各影响因素的影响程度,从左到右,$(\widetilde{D}_i+\widetilde{R}_i)^{\text{def}}$数值越大,表明该因素对生态系统的影响程度越大;原因度反映了各因素之间的影响关系,$(\widetilde{D}_i-\widetilde{R}_i)^{\text{def}}>0$,表明该因素对其他因素影响较大,称为原因因素;如果$(\widetilde{D}_i-\widetilde{R}_i)^{\text{def}}<0$,表明该因素受其他因素影响大,称为结果因素。原因因素是烤烟大田生态系统的重要表征,其自身不仅能起到显著的影响作用,而且能对其他因素产生影响,是制定烤烟农艺措施、提高烟叶烘烤质量重点考虑的因素。由图2-7可知,烟叶的生长环境因素中降雨量(A_8)、相对湿度(A_7)、光照强度(A_5)是烤烟大田的生长发育影响的原因因素,其中降雨量(A_8)是影响烤烟生长发育的最重要因素,相对湿度(A_7)对其他因素有比较大的影响,光照强度(A_5)及光照时数(A_6)两个因素对其他因素的影响相对较小。结果因素是最直接影响烟叶烘烤效果的因素,是影响因素对烤烟烘烤产生影响的媒介,容易因受到外界影响而发生改变,因此是短

期影响因素中影响最大的两个因素,对烤烟的生长发育有较大的直接影响;最高气温(A_1)与最低气温(A_2)两个因素对烤烟的生长有一定的影响作用。通过对原因度的分析可知,烟草大田生长的降雨量是影响烤烟生长的根本因素,大田日均温度与昼夜温差是影响烤烟生长发育的直接因素。中心度越大,说明该因素对整个系统的影响越大。由图2-7可知,对烤烟生长发育影响最大的指标首先是大田内的平均气温(A_3),其次是大田昼夜温差(A_4),再次是大田内的降雨量(A_8)、最低气温(A_2)、最高气温(A_1),最后是大田的光照强度,其他因素对系统的影响相对较小。

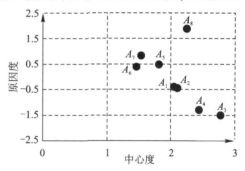

图2-7 不同影响因素的因果关系

4.不同部位烤烟各生育期生态环境变化

为了进一步挖掘不同部位烤烟大田生态环境潜在规律,由图2-8可知,烤烟大田生育期不同部位烤烟的日均最高气温均表现为先升高后降低的趋势,且上部叶在幼叶生长期与快速生长期的日均最高温度明显高于中部叶,而在生理成熟期与工艺成熟期明显低于中部叶。与日均最低气温相比,不同部位烤烟的日均最低气温的变化趋势也表现为先升高后降低的趋势,且上部叶在幼叶生长期与快速生长期的日均最低气温明显高于中部叶,但在工艺成熟期明显低于中部叶的日均最低气温。不同部位烤烟的日均平均温度的变化趋势与日均最高气温变化的趋势基本一致。上部叶烤烟日均最低气温随着生育期推进逐渐降低,而中部叶的日均昼夜温差,随着生育期的推进表现为先快速增加后小幅度降低的趋势。不同部位烤烟的日均光照强度表现为先增加后降低的趋势,且上部叶在幼叶生长期与快速生长期的日均光照强度明显高于中部叶,而在生理成熟期与工艺成熟期明显低于中部叶。不同部位烤烟的日均光照时数也表现为先增加后降低的趋势,且上部叶在幼叶生长期与快速生长期的日均光照时数明显高于中部叶,而在生理成熟期与工艺成熟期明显低于中部叶。不同部位烤烟的日均相对湿度表现为先降低后增加的趋势,且上部叶在幼叶生长期、快速生长期及工艺成熟期的日均相对湿度略高于中部叶,而在生理成熟期明显低于中部叶。不同部位烤烟的日均降雨量表现为先降低后增加的趋势,且上部叶在幼叶生长期的日均相对湿度略高于中部叶,而在快速生长期的日均降雨量明显高于中部叶,上部叶的日均降雨量在生理成熟期与工艺成熟期明显低于中部叶。

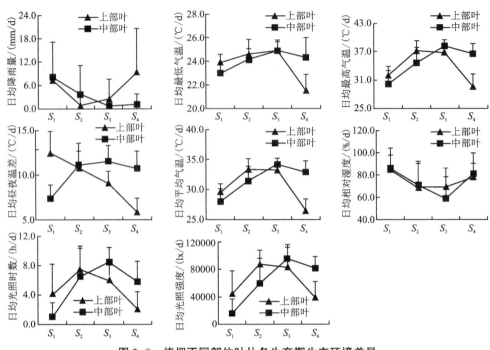

图 2-8　烤烟不同部位叶片各生育期生态环境差异

5.大田生态环境适宜性匹配度模型构建

（1）大田生态环境适宜性评价模型匹配度权重赋予。DEMETEL 生态系统评价的中心度代表某一项生态指标对整个评价系统的影响,因此以中心度为标准对各环境参数进行权重赋予(表2-6),赋权规则按照式(1)进行,各生育期外观指标的匹配度按照式(2)~(7)进行,单项指标的综合匹配度按照式(3)进行,各生育期的综合匹配度按照式(4)进行,综合匹配度按照式(5)进行,单项指标匹配损失率按照式(6)进行,综合匹配度损失率按照式(7)进行。

表 2-6　生态环境适宜性匹配度权重赋予

项目	公式	
指标权重获取	$w_i = \dfrac{a_i}{\sum\limits_{i=1}^{8} a_i}$ （a_i 为各环境参数的中心度,$i=1,2,3,4,5,6,7,8$）	（1）
各生育期单项指标匹配度	$S_j = \left\| 1 - \left\| \dfrac{x_j - y_j}{y_j} \right\| \right\| \times 100\%$ （x_j 为上部叶某生长阶段的参数值,y_j 为上部叶某生长阶段的参数值。当 $\left\| \dfrac{x_j - y_j}{y_j} \right\| \geq 2$ 时,则定义 $\left\| \dfrac{x_j - y_j}{y_j} \right\| = 1$,$j = 1,2,3,4$）	（2）
单项指标匹配度	$F_j = \sum\limits_{j=1}^{4} S_j / 4$	（3）
各生育期综合匹配度	$F_a = \sum\limits_{i=1}^{8} S_j w_i \times 100\%$	（4）
综合匹配度	$F_z = \sum\limits_{i=1}^{8} F_j w_i \times 100\%$	（5）
单项指标匹配损失率	$M_j = 100 - F_j$	（6）
综合匹配度损失率	$M_z = 100 - F_z$	（7）

（2）大田生态环境匹配度模型结果与分析。由表 2-7 可知,不同烟叶生育期的生态匹配度存在较大差异,除光照时数与相对湿度外,其余各生态指标在工艺成熟期(S_4)上部叶与中部叶的匹配度最低,其中光照强度与降雨量的匹配度为 0;所有生育期中除光照强度、光照时数与相对湿度外其余各生态指标在幼叶生长期(S_1)的匹配度最高,且营养积累期的总匹配度比工艺成熟期高 56.4%,表明烤烟大田生育期上部叶与中部叶的生态差异主要发生在工艺成熟期。由结果可知,平均气温的匹配度最高,最高气温的匹配度最低,光照强度与光照时数的匹配度保持在较低水平;各指标的综合匹配度仅为 53.04%,综合匹配度损失率达到 46.95%,各指标的匹配度损失率表现为:最高气温>降雨量>光照强度>光照时数>昼夜温差>相对湿度>最低气温>平均气温。由此可知,烤烟大田生育期的最高气温、降雨量及光照强度是影响不同部位烤烟生长发育的最重要因素,在烟草生产过程中为提高上部叶的质量,降低上部叶的烘烤难度,需要改善移栽技术与施肥技术,充分利用最高气温、光照强度与降雨量等环境指标。

表 2-7　烤烟匹配度模型汇总

生态环境	W_i	烤烟叶片生育期				F_j	M
		S_1	S_2	S_3	S_4		
最高气温/℃	0.125	25.504	10.104	1.800	3.800	10.304	89.696
最低气温/℃	0.128	93.703	92.602	96.297	81.000	90.898	9.102
平均气温/℃	0.170	96.000	98.200	99.900	88.400	95.624	4.376
昼夜温差/℃	0.148	74.101	59.297	46.601	30.203	52.547	47.453
光照强度/℃	0.110	15.500	24.100	75.100	0.000	28.673	71.327
光照时数/℃	0.089	25.000	33.404	34.798	40.697	33.472	66.528
相对湿度/℃	0.093	31.204	96.699	78.398	54.301	65.151	34.849
降雨量/mm	0.137	89.299	24.401	0.000	0.000	28.423	71.577
F_a/%		61.534	56.545	55.081	39.013		
F_z/%	53.043	46.957					

三、总结

烤烟的生态环境是烤烟质量形成的基础,本研究结果表明,中部叶叶片中部的支脉与主脉的夹角明显大于上部叶,中部叶除叶基部与叶中部小部分区域表现为欠熟或尚熟,大部分区域表现为成熟;而中部叶大部分区域则表现为欠熟到尚熟,且叶尖与叶边缘的成熟要显著高于叶中与叶基部。中部叶与上部叶生育期的最高气温、最低气温均大体表现为先增加后降低的趋势,而中部叶的昼夜温差为"厂"字形变化,上部叶生育期昼夜温差的变化为逆"厂"字形变化。中部叶的光照强度在叶龄 20 d 前保持在较低水平,在叶龄 20 d 后保持在较高水平,而上部叶的光照强度在叶龄 10 d 前保持在较低水平,在 10~62 d 保持在较高水平,中部叶与上部叶的相对湿度差异不明显;中部叶生育期内的降雨量表现为前期多雨、中期与后期少雨的规律,而上部叶则表现为前期多雨、中期少雨、后期多雨的规律;影响烤烟生长的生态环境因子的表现为气温因子>光照因子>水分因子。由于不同部位烟叶的生态环境差异主要发生在生育期的两端,因此可采取相应的技术手段提高烟叶质量。

生态匹配度分析表明降雨量是影响烤烟烘烤的最重要因素,相对湿度对其他因素有比较大的影响,光照强度及光照时数两个因素对其他因素的影响相对较小,日均温、昼夜温差是受到外界因素影响最大的两个因素,对烤烟的生长发育有较大的直接影响;最高气温与最低气温两个因素对烤烟的生长有一定的影响作用。烟草大田生长的降雨量是影响烤烟烘烤效果的根本因素,大田日均温度与昼夜温差是影响烤烟生长发育的直接因素。对烤烟生长发育影响最大的是大田内的日均温,其次是大田昼夜温差,然后是大田内的降雨、最低温度、最高温度,最后是大田的光照强度,其他因素对系统的影响相对较小。这对制定出适应特定烟区烟叶生产技术有一定的参考价值,以便提高烟叶质量,彰显地方烟叶风格特征,实现烤烟精益生产。

第二节　影响烤烟成熟度的内在因素——外观性状

当前烤烟的生产收购还远不能达到像工业生产那般智能化与精细化,更多的是经验化的生产方式,因此对外观的判断则成为烤烟农业生产最主要的方式,无论是大田的长势长相与成熟采收还是调制分级与收购调拨,烤烟的外观特征一直扮演着重要角色,甚至在20世纪80、90年代,高档卷烟生产的原料选取通过与金戒指颜色对比实现。烤烟的外观主要包括烤烟的大小、长短、厚薄(农艺性状),颜色深浅(颜色特征),沟壑褶皱(纹理特性)。烟农在生产中主要通过对这些特征的判断进行烤烟的采收。为此本节立足于烟叶外观,对烤烟农艺性状、颜色特征及纹理特征进行研究,将烟草生产研究成果向实战化推进,丰富完善烤烟生产中的经验,实现科研技术的落地。

一、不同部位烤烟农艺性状的研究

烤烟农艺性状是烟株大田表现及质量形成的重要前提,因此研究烤烟大田生长过程中生态环境与农艺性状的关系非常有必要。为此国内学者就烤烟的生态环境和农艺性状分别进行了大量的研究。赖平等研究了生态环境对烤烟质量风格形成的影响,结果表明生态环境与烤烟质量风格形成关系密切;汪璇等对山地烟的生态适宜性进行分析,结果表明黔江烤烟种植生态最适宜面积约占评价总面积的27.03%,适宜和次适宜面积约占全区总面积的40.18%;刘建香等研究了翻压绿肥对烟草农艺的影响,分析结果表明翻压绿肥改善了烟草养分供给,促进了烟草生长,增强了烟草抗逆性;李小龙等研究了纳米碳增效肥料对烤烟农艺性状的影响,结果表明纳米碳可优化烟草田间农艺性状,合理增加烟叶单叶重和产量,提高中上等和上等烟比例。然而,目前关于烤烟大田生育期的生态环境与农艺性状的研究鲜见报道。因此,本章主要研究不同部位烤烟生育期内生态环境的差异对农艺性状的影响,以进一步推进烟草现代农业发展,提高烟叶质量,降低经济损失,为烟草精益生产的实现提供一定的理论依据。

1.试验方法

大田光照强度由Z-10型智能照度计测得,大田气温、日降雨量、相对湿度及光照时数等数据由中国天气网获取;农艺性状的测量采用定株定叶片全程跟踪时测量的方式进行,不同部位烟叶的最大叶长、最大叶宽及主脉周长采用软尺测得,长宽比由烤烟中部叶与上部叶出现时开始监测大田环境,直到烤烟成熟采收为止,对所采集的环境数据进行整理,分别获得不同部位烤烟大田生育期内的最高气温、最低气温、昼夜温差、光照强度、光照时数与相对湿度等环境参数;并自中部叶与上部叶有效叶片形成之日起,每隔5 d采用软尺及螺旋测微仪对不同部位烤烟的叶长、叶宽、长宽比、叶片厚度及主脉周长等农艺性状进行测量(图2-9)。

图2-9　烤烟农艺性状的测量

2.不同部位烤烟生育期生态环境分析

由图2-10可知,烤烟生长过程中最高气温、最低气温及平均气温均大体表现为先增加后降低的规律,且生育期内中部叶生长的最高气温绝大多数时间保持在30 ℃以上,最低气温保持在23 ℃左右,平均气温保持在30 ℃左右;上部叶生育期内除成熟期(生育期最后15 d左右)较低外,最高气温多数保持在35 ℃以上,最低气温保持在23 ℃左右,平均气温保持在32 ℃左右。中部叶生育期的昼夜温差基本保持在10 ℃左右,上部叶的昼夜温差呈下降趋势。中部叶生育期的降雨量在叶龄15 d后除个别时段有较大降雨量外,多数保持在较低水平,上部叶生育期的降雨量在叶龄60 d前除个别时段保持在较低水平,在成熟期降雨量较多。不同部位烤烟相对湿度的变化表现为先降后升的趋势,多数在80%左右浮动。光照强度与光照时数大体表现为先增加后降低的趋势,但上部叶成熟期的下降幅度明显高于中部叶,且光照强度多数保持在80000 lx以上,光照时数多数保持在6 h以上,就不同部位烟叶生长发育而言,各叶龄时期,误差均保持在较高水平,表明生育期内大田环境的变化幅度较大。不同部位的烤烟由于叶片发生有早晚,因此不同叶龄期的生态环境存在较大的差异。本研究结果表明,烤烟生育期内中部叶生长的平均气温保持在30 ℃左右,昼夜温差大,且降雨量较少,光照充足,尤其是成熟期,光温适宜,降雨较少有利于烤烟大分子物质的降解转化,成熟度适宜,采收烟叶的素质一致,烘烤过程中烤烟的变黄与失水协调,烘烤难度系数降低,烤后烟的等级多表现为上等烟。而上部叶生育期内平均气温保持在32 ℃左右,但在成熟期气温较低,昼夜温差小,降雨量大,再者由于太阳向南半球转移,光照强度与光照时数逐渐降低,因此就造成了部分高山烟区上部叶成熟度普遍较差的问题。再者生育期内大田环境的变化幅度较大。因此在烟草的农事生产中需要充分考虑环境因素,采取相适宜的种植采收技术进行生产,最大程度彰显地方烤烟的风格特色。

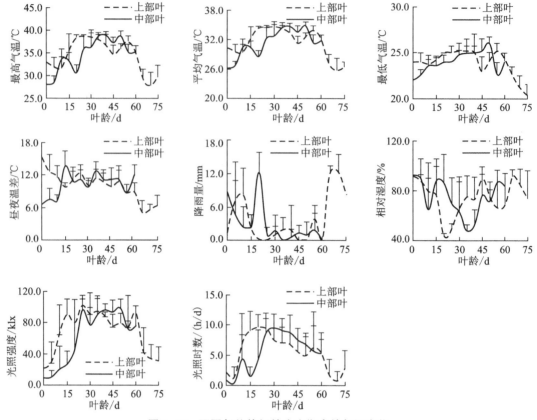

图 2-10　不同部位烤烟的生育期内的气温变化

3.不同部位烤烟生育期内农艺性状变化

由图 2-11 可知,烟叶的最大叶长在生育期内表现为先快速增加后慢速增加的趋势,其中上部叶的拐点出现在叶龄 25 d,后增加幅度较小,而中部叶的拐点则出现在叶龄 30 d 处,后有较大幅度的增加,且中部叶的叶长明显高于上部叶,由此可知在叶片的纵向生长方面,上部叶要迟于中部叶;不同部位叶片宽度的生长发育规律与最大叶长基本一致,但两者之间的差异较大,定型后中部叶的最大叶宽保持在 20 cm 左右,而上部叶的叶宽保持在 15 cm 左右;由不同部位烟叶的长宽比可知,各部位烟叶的长宽比在叶龄为 5 d 左右基本定型,上部叶的长宽比保持在 4∶1左右,而中部叶长宽比保持在 3∶2左右;不同部位烤烟叶片厚度随着叶龄的增加逐渐增加,且在成熟期上部叶的叶片厚度明显大于中部叶;不同部位的叶脉周长表现为逐渐增加的趋势,且中部叶的叶脉周长明显高于中部叶。

农艺性状是烟草生长发育过程中的重要外在表现,是研究烟草质量形成的重要因素之一。本研究结果表明,烟叶的叶长与叶宽在生育期内表现为先快速增加后慢速增加的趋势,其中上部叶的拐点出现在叶龄 25 d,后增加幅度较小,而上部叶的拐点则出现在叶龄 30 d 处,后有较大幅度的增加,且中部叶的叶长明显高于上部叶,由此可知大田生育期前期,烟草叶片的纵向生长已经基本完成,后可能主要进行大分子物质的积累与转化过程;由不同部位烟叶的长宽比可知,各部位烟叶的长宽比在叶龄为 5 d 左右基本定型,上部叶的长宽比保持在 4∶1左右,而中部叶长宽比保持在 3∶2左右,可见烟草叶片生长过程中纵向发育与横向发育基本同步;不同部位烤烟叶片厚度随着叶龄的增加逐渐增加,且在成熟期上部叶的叶片厚度明显大于中部叶,可见叶片物质的积累贯穿于整个生育期。

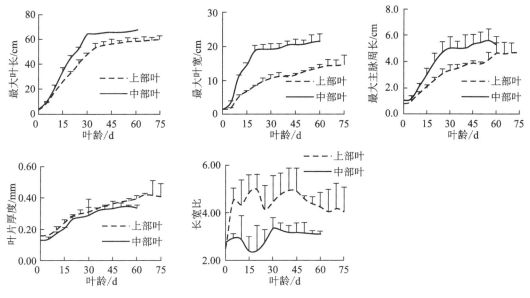

图 2-11　烤烟大田生育期不同部位农艺性状变化

4.烤烟大田生育期生态环境与农艺性状的典型相关分析

为了进一步分析烟叶生长过程中生态环境对烤烟农艺性状的综合影响,将采集该叶龄前 5 d 的生态环境参数的均值作为该叶龄所对应的环境参数,采用 SPSS22 对烤烟生育期内每日的最高气温(x_1)、最低气温(x_2)、昼夜温差(x_3)、平均气温(x_4)、光照强度(x_5)、光照时数(x_6)、相对湿度(x_7)及日降雨量(x_8)的环境参数与叶长(y_1)、叶宽(y_2)、长宽比(y_3)、叶片厚度(y_4)及主脉周长(y_5)等农艺性状进行典型相关分析(表 2-8)。结果表明,有 2 组典型相关变量关系达到了显著或极显著水平,其中第 1 组典型变量的相关系数为 0.964,达到极显著水平,得典型变量为 $u_1 = 4.277x_1 + 0.552x_2 - 4.834x_3 - 0.608x_4 - 0.113x_5 - 0.287x_6 + 0.879x_7 - 0.489x_8$,$v_1 = 1.293y_1 - 1.738y_2 - 0.250y_3 + 0.719y_4 + 0.493y_5$,在典型变量($u_1, v_1$)中,$u_1$ 代表了烤烟生态环境的综合性状,由 u_1 与原始数据的相关系数可知,u_1 与烤烟大田生育期生态环境中的平均气温(x_3)存在较高的正相关,相关系数为 0.816,因此 u_1 可以描述为烤烟大田生育期生态环境中气温的变化,即随着气温的升高,u_1 呈降低趋势。再者 v_1 与叶片厚度(y_2)之间存在较高的正相关,相关系数为 0.950,因此 v_1 可以理解为主要描述了烤烟大田生育期叶片厚度的变化综合性状,即随着叶片厚度不断增加呈现增加趋势。这一线性组合说明了大田生育期气温对烤烟的叶片厚度有非常大的影响,气温越高烟叶叶片厚度越厚。

第 2 组典型变量的相关系数为 0.873,达到显著水平,得典型变量为 $u_2 = 2.746x_1 + 1.018x_2 - 3.112x_3 + 0.166x_4 + 0.136x_5 + 0.232x_6 + 0.808x_7 - 0.122x_8$,$v_2 = 3.541y_1 - 0.076y_2 + 0.444y_3 - 1.423y_4 - 2.092y_5$,在典型变量($u_2, v_2$)中,$u_2$ 代表了烤烟生态环境的综合性状,由 u_2 与原始数据的相关系数可知,u_2 与烤烟大田生育期生态环境中的光照强度(x_5)存在较高的负相关,相关系数为 -0.838,因此 u_2 可以描述为烤烟大田生育期生态环境中的光照强度的变化,即随着光照强度的增加 u_2 呈降低趋势。再者 v_2 与叶长(y_1)与叶宽(y_2)之间存在较高的正相关,典型相关系数分别为 0.767 与 0.738,因此 v_2 可以理解为主要描述了烤烟大田生育叶长与叶宽的变化综合性状,即随着叶长与叶宽的不断增加呈增加趋势。这一线性组合说明了大田生育期光照强度对烤烟的叶长与叶宽有非常大的影响,在一定范围内光照强度越高,烟叶的叶长与叶宽越小。典型相关分析表明气温变化对烤烟叶片厚度的变化有较大程度的影响,温度越高叶片越厚;而光照强度对叶长与叶宽的变化有较大程度的影响,在一定范围光照强度越高烟叶的叶长与叶宽越小。

表2-8   烤烟大田生育期生态环境与农艺性状的典型相关分析

指标	典型相关变量1		典型相关变量2		典型相关变量3		典型相关变量4		典型相关变量5	
	λ	r	λ	r	λ	r	λ	r	λ	r
x_1	4.277	0.045	2.746	0.677	8.671	−0.409	6.546	−0.240	−5.504	−0.001
x_2	0.552	−0.251	1.018	0.643	1.362	−0.317	2.491	0.343	−1.334	−0.033
x_3	−4.834	−0.028	−3.112	0.752	−10.559	−0.436	−8.076	−0.166	5.379	0.000
x_4	−0.608	0.816	0.166	0.415	0.766	0.035	−0.020	−0.129	0.910	0.445
x_5	−0.113	−0.302	0.136	−0.285	0.384	0.225	−0.191	0.156	0.205	−0.297
x_6	−0.287	−0.386	0.232	−0.073	0.532	0.495	−0.337	−0.034	−0.931	−0.600
x_7	0.879	0.348	0.808	−0.838	1.346	−0.109	−0.226	−0.322	1.005	0.203
x_8	−0.489	0.029	−0.122	0.534	−0.697	−0.207	−0.631	−0.509	−0.798	0.191
y_1	1.293	0.698	3.541	0.767	0.250	0.078	7.537	−0.472	−7.762	−0.255
y_2	−1.738	0.444	0.076	0.738	2.708	0.156	−5.359	−0.670	6.120	−0.372
y_3	−0.250	0.596	0.444	0.225	−0.277	−0.162	−1.381	0.433	2.596	0.617
y_4	0.719	0.950	−1.423	0.072	1.698	0.208	−0.337	−0.220	0.506	−0.016
y_5	0.493	0.679	−2.092	0.327	−4.166	−0.038	−2.566	−0.582	0.996	−0.304
p	0.000		0.042		0.901		0.922		0.929	
R	0.964**		0.873*		0.488		0.395		0.065	

二、不同部位烤烟的颜色研究

1.颜色空间的基本概念

颜色空间又称作色域,色彩学中,人们建立了多种色彩模型,以一维、二维、三维甚至四维空间坐标来表示某一色彩,这种坐标系统所能定义的色彩范围即颜色空间(图2-12)。经常用到的颜色空间主要有 RGB、CMYK、Lab 等。色彩模型是描述使用一组值(通常使用三个、四个值或颜色成分)表示颜色方法的抽象数学模型。例如,三原色光模式(RGB)和印刷四分色模式(CMYK)都是色彩模型。但是,一个与绝对色彩空间没有函数映射关系的色彩模型或多

图 2-12   色彩轮廓

或少地都是与特定应用要求几乎没有关系的任意色彩系统。

（1）RGB 颜色空间。RGB 颜色空间以 R（Red 红）、G（Green 绿）、B（Blue 蓝）三种基本色为基础（图2-13），进行不同程度的叠加，产生丰富而广泛的颜色，俗称三基色模式。在大自然中有无穷多种不同的颜色，而人眼只能分辨有限种不同的颜色，RGB模式可表示1600多万种不同的颜色，在人眼看来它非常接近大自然的颜色，故又称为自然色彩模式。红、绿、蓝代表可见光谱中的三种基本颜色或称为三原色，每一种颜色按其亮度的不同分为 256 个等级。当色光三原色重叠时，由于不同的混色比例能产生各种中间色，例如，三原色相加可产生白色。因此，RGB 模式是加色过程。屏幕显示的基础是 RGB 模式，彩色印刷品却无法用RGB 模式来产生各种彩色。

图2-13 RGB颜色空间

（2）CIE-$L*a*b*$（或 $L*a+b$ 或 $L*a*b$）颜色空间（图2-14）。同 RGB 颜色空间相比，Lab 是一种不常用的色彩空间。Lab 模式既不依赖光线，也不依赖颜料，是 CIE 组织确定的一个理论上包括了人眼可以看见的所有色彩的色彩模式。Lab 模式是在弥补了 RGB 和CMYK 两种颜色度量国际标准的基础上建立起来的，1976 年，经修改后被正式命名为 CIE-Lab。它是一种与设备无关的颜色系统，也是一种基于生理特征的颜色系统。这也就意味着，它是用数字化的方法来描述人的视觉感应。Lab 颜色空间中的 L 分量用于表示像素的亮度，取值范围是 $[0,100]$，表示从纯黑到纯白；a 表示从红色到绿色的范围，取值范围是 $[127,-128]$；b表示从黄色到蓝色的范围，取值范围是 $[-127,128]$。

图2-14 CIE—$L*a*b*$颜色空间

（3）HSV 颜色空间。HSV 颜色空间的模型对应于圆柱坐标系中的一个圆锥形子集，圆锥的顶面对应于 $V=1$。它包含 RGB 模型中的 $R=1,G=1,B=1$ 三个面，所代表的颜色较亮。色彩 H 由绕 V 轴的旋转角给定。红色对应于角度 0°，绿色对应于角度120°，蓝色对应于角度240°（图2-15）。在 HSV 颜色模型中，每一种颜色和它的补色相差180°。饱和度 S 取值从 0 到 1，故圆锥顶面的半径为1。HSV颜色模型所代表的颜色域是 CIE 色度图的一个子集，这个模型中饱和度为百分之百的颜色，其纯度一般小于100%。在圆锥的顶点（原点）处，$V=0$，H和 S 无定义，代表黑色。圆锥的顶面中心处 $S=0,V=1,H$ 无定义，代表白色。从该点到原点代表亮度渐暗的灰色，即具有不同灰度的灰色。对于这些点，$S=0,H$ 的值无定义。也可以说，HSV 模型中的 V 轴对应于 RGB 颜色空间中的主对角线。在圆锥顶面的圆周上的颜色，$V=1,S=1$，这种颜色是纯色。HSV 模型对应于画家配色的方法。画家用改变色浓和色深的方法从某种纯色获得不同色调的颜色，在一种纯色中加入白色以改变色浓，加入黑色以改变色深，同时加入不同比例的白色、黑色即可获得各种不同的色调。

图2-15 HSV颜色空间

（4）YCbCr 颜色空间。YCbCr（或 Y′CBCR）是色彩空间的一种（图2-16），通常会用于影片中的影像连续处理，或是数字摄影系统中。Y′为颜色的亮度成分，而 Cb 和 Cr 则为蓝色和红色的浓度偏移量成分。Y′和 Y 是不同的，而 Y 就是所谓的流明，表示光的浓度且为非线性，使用伽马修正编码处理。

图2-16 YCbCr颜色空间

（5）HSI 颜色空间。HSI 颜色空间是从人的视觉系统出发，用色调、饱和度和亮度来描述色彩（图2-17）。HSI 颜色空间可以用一个颜色饱和度的变化情形表现得很清楚。通常把色调和饱和度通称为色度，用来表示颜色的类别与深浅程度。由于人的视觉对亮度的敏感程度远强于对颜色浓淡的敏感程度,为了便于色彩处理和识别,人的视觉系统经常采用 HSI 颜色空间,它比 RGB 颜色空间更符合人的视觉特性。在图像处理和计算机视觉中的大量算法都可在 HSI 颜色空间中方便地使用,它们可以分开处理而且是相互独立的。因此,HSI 颜色空间可以大大简化图像分析和处理的工作量。HSI 颜色空间用锥空间模型来描述,该模型相当复杂,却能把色调、亮度准确地描述出来。

图 2-17　HSI 颜色空间

2.烤烟在不同颜色空间中的表现

颜色作为事物最直接有效的表观特征之一,是烟草大田生产及加工过程中的重要依据。有学者为了了解烟叶颜色特征对感官质量的影响,构建了反向传播神经网络预测模型对其进行分析,结果表明拟合效果较好。在烟叶质量评估中可利用烟叶的颜色特征值对烟叶的感官质量进行预测评价。张军刚等对烤烟成熟过程中鲜烟颜色值与色素含量进行了分析,结果表明成熟过程中烤烟叶片颜色值与色素含量关系密切,叶片颜色值变化可以指示烟叶各色素含量的变化,可以将色差进一步应用到烟草现代农业中,提高烟叶质量,降低经济损失,为烟草精益生产的实现提供一定的理论依据。在 Matlab2018b Color Threshold 工具箱中提供了 4 种颜色空间的分析,本研究基于此工具箱对烤烟的叶片颜色特征进行分析。

图 2-18　烤烟在不同颜色空间中的表现

由图 2-18 可知,同一片烟叶在不同的颜色空间中有较大差异的表现,RGB、HSV 及 YCbCr 3 个颜色空间的区分性较强,而 $L*a*b*$ 颜色空间对整体的表现性更强,符合人眼观察事物的逻辑性,因此本研究主要基于 $L*a*b*$ 颜色空间对烤烟的颜色特征进行分析。

3.试验方法

自中部叶与上部叶有效叶片形成之日起,每隔 5 d 采用 Nikon D850 相机采集相应烤烟的图像,采用 Matlab2018b Color Threshold 工具计算烤烟 L^*、a^*、b^*,再依据式(1)与式(2)计算烟叶颜色的饱和度 C^* 与色相角 H^*。

$$C^* = \sqrt{a^{*2} + b^{*2}} \tag{1}$$

$$H^* = \arctan(b^*/a^*) \tag{2}$$

4.不同部位烤烟生育期颜色特征变化

由图 2-19 可知,烤烟在生育期内亮度(L^*)不断增加,且成熟采收期中部叶的亮度明显高于上部叶;而 a^* 均表现为先降低后增加的趋势,a^* 表示从绿色至洋红色的范围,其值越高,烟叶的绿色程度越小,其中中部叶在成熟期有较低幅度的升高,上部叶在采收时有较高幅度的升高,表明成熟采收时中部叶的绿色要重于上部叶;b^* 值表现为逐渐增加的趋势,b^* 表示从蓝色至黄色的范围,其中中部叶在成熟期明显高于上部叶,表明上部叶在采收时黄色程度要重于中部叶;C^* 为颜色的饱和度,其值越大,颜色的浓度越大,不同部位烤烟在生育期内的饱和度随着叶龄的增加逐渐增加,且在生长的中后期中部叶颜色的饱和度要高于上部叶;H^* 代表了颜色的色相,色相主要反映人眼对某种颜色产生的感觉,其值越大则此种颜色的纯度越高,不同部位烤烟生育期内色相基本保持在 1.2 左右,可知烟叶在生长发育过程中颜色变化比较均匀一致。

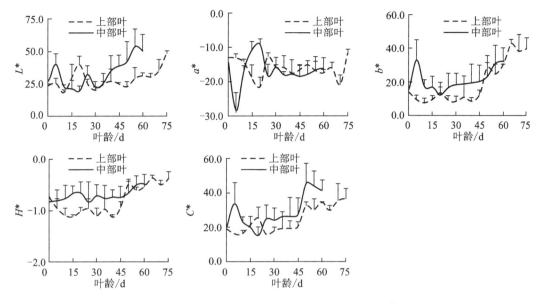

图 2-19 烤烟大田生育期不同部位烟叶颜色变化

颜色不仅是烟叶分级中的重要参考指标,还是成熟烤烟采收的重要判断依据。本研究结果表明烤烟在生育期内亮度(L^*)不断增加,且成熟采收期中部叶的亮度明显高于上部叶,主要是由于随着烟叶的不断成长,油分不断积累,对光线反射量逐渐增加,但上部叶的油分显著低于中部叶。a^* 表现为先降低后增加的趋势且成熟采收时中部叶的绿色要重于上部叶。b^* 表现为逐渐增加的趋势,且上部叶在采收时黄色程度要重于中部叶。不同部位烤烟在生育期内的饱和度随着叶龄的增加逐渐增加,且在生长的中后期中部叶颜色的饱和度要高于上部叶,但各部位烟叶在生长发育过程中颜色变化比较均匀一致,由于中部叶与上部叶的生态环境及烘烤过程中变化特性有所差异,且不同部位烟叶采收的标准有一定的差异,导致上部叶采收的颜色为黄绿色。

5.烤烟大田生育期生态环境与颜色变化的典型相关分析

为了进一步分析烟叶生长过程中生态环境对颜色体系的综合影响,将采集该叶龄前 5 d 的生态环境参数的均值作为该叶龄所对应的环境参数,采用 SPSS22 工具对烤烟生育期内每日的最高气温(x_1)、最低气温(x_2)、昼夜温差(x_3)、平均气温(x_4)、光照强度(x_5)、光照时数(x_6)、相对湿度(x_7)及日降雨量(x_8)的环境参数与 L^*(y_1)、a^*(y_2)、b^*(y_3)、C^*(y_4)及 H^*(y_5)等颜色参数进行典型相关分析(表 2-9)。结果表明,有 2 组典型相关变量关系达到了显著或极显著水平,其中第 1 组典型变量的相关系数为 0.952,达到极显著水平,典型变量为 $u_1=-0.687x_1-0.692x_2+0.118x_3+0.609x_4+0.305x_5-0.341x_6+0.869x_7-0.796x_8$,$v_1=-0.648y_1+0.263y_2-0.690y_3+0.369y_4+0.782y_5$。在典型变量($u_1$,$v_1$)中,$u_1$ 代表了烤烟生态环境的综合性状。由 u_1 与原始数据的相关系数可知,u_1 与烤烟大田生育期生态环境中的最高气温(x_1)、最低气温(x_2)、平均气温(x_3)存在较高的负相关,相关系数分别为-0.799、-0.843 及-0.815,因此 u_1 可以描述为烤烟大田生育期生态环境中的气温的变化,即随着气温的升高 u_1 呈降低趋势。再者 v_1 与 a^*(y_2)之间存在较高的正相关,相关系数为 0.815,因此 v_1 可以理解为主要描述了烤烟大田生育期 a^* 的变化综合性状,即随着绿色的不断降低而呈现降低趋势。这一线性组合说明了大田生育期温度对烤烟的绿色有非常大的影响,气温越高,烟叶的绿色越少,换言之,大田生育期中,气温越高,烟叶绿色越浅,在成熟期叶绿素的降解速率越高,烟叶成熟越早。

表2-9　烤烟大田生育期生态环境与颜色变化的典型相关分析

指标	典型相关变量1		典型相关变量2		典型相关变量3		典型相关变量4		典型相关变量5	
	λ	r	λ	r	λ	r	λ	r	λ	r
x_1	-0.687	-0.799	-1.409	0.048	0.314	0.092	-0.941	0.175	1.662	0.2
x_2	-0.692	-0.843	0.959	0.158	-1.861	-0.037	0.351	0.315	-1.562	0.154
x_3	0.118	-0.815	0.898	0.074	0.261	0.068	0.001	0.217	0.024	0.195
x_4	0.609	-0.382	-0.033	0.036	0.437	0.303	1.14	0.587	0.073	-0.139
x_5	0.305	-0.06	-0.294	-0.704	-0.218	-0.292	0.897	0.521	0.527	0.432
x_6	-0.341	-0.587	-0.224	0.081	1.252	0.341	-0.223	0.254	0.192	0.439
x_7	0.869	-0.293	-0.261	-0.529	0.508	0.325	0.466	0.007	0.695	-0.167
x_8	-0.796	-0.358	-0.176	-0.176	0.194	0.296	-0.152	0.134	-1.197	-0.617
y_1	-0.648	-0.658	-0.150	-0.002	-0.133	0.198	-0.693	-0.499	-1.439	0.262
y_2	0.263	0.815	-0.758	-0.199	4.522	0.220	0.591	0.355	0.618	-0.187
y_3	-0.690	-0.419	1.413	0.741	-9.551	0.092	3.998	-0.397	1.926	0.813
y_4	0.695	-0.596	-1.711	0.084	12.829	0.070	-2.990	-0.433	0.576	0.686
y_5	0.782	0.638	-0.055	-0.133	-0.215	0.090	-1.603	-0.469	-0.308	0.523
p	0.000		0.041		0.426		0.543		0.961	
R	0.952**		0.814*		0.594		0.560		0.166	

第2组典型变量的相关系数为0.814,达到显著水平,典型变量为$u_2=-1.409x_1+0.959x_2+0.898x_3-0.033x_4-0.294x_5-0.224x_6-0.261x_7-176x_8$,$v_2=-0.150y_1-0.758y_2+1.413y_3-1.711y_4-0.055y_5$。在典型变量$(u_2,v_2)$中,$u_2$代表了烤烟生态环境的综合性状。由$u_2$与原始数据的相关系数可知,$u_2$与烤烟大田生育期生态环境中的降雨量$(x_8)$存在较高的负相关,相关系数为-0.704,因此$u_2$可以描述为烤烟大田生育期生态环境中的降雨的变化,即随着降雨量的增加u_2呈降低趋势。再者,v_2与$a^*(y_3)$之间存在较高的正相关,典型相关系数为0.741,因此v_2可以理解为主要描述了烤烟大田生育期b^*的变化综合性状,即随着黄色的不断增加呈现增加趋势。这一线性组合说明了大田生育期降雨量对烤烟的黄色有非常大的影响,降雨量越高,烟叶的黄色越浅,换言之,大田生育期中,降雨量越低,烟叶黄色越浓,在成熟期叶绿素的降解速率越高,烟叶成熟越早。

典型相关分析表明,气温与降雨量的变化对烤烟颜色的变化有较大程度的影响:气温越高,烟叶绿色越浅,在成熟期叶绿素的降解速率越高,烟叶的成熟越早;降雨量越低,烟叶黄色越浓,在成熟期叶绿素的降解速率越高,烟叶的成熟越早。因此,在生产中需要提前移栽期,促进烟苗早生快发,减少成熟后期因气温较低、降雨较多对烟叶成熟采收和质量形成带来的不利影响。

三、不同部位烤烟的纹理特征研究

随着数字化技术的不断发展,图像处理技术通过采集物体颜色与纹理特征进行表征,在产品分类病害检测及烟草的工业加工及农业生产方面有着普遍的运用,一些学者利用图像处理技术对叶丝宽度测量装置进行研发,结果表明其能够满足切丝宽度的工艺指标要求,有效提高了叶丝宽度的测量效率。图像处理技术在烟草青枯病害诊断方面也有着广泛的应用,通过对烟草青枯病害叶片的图像识别及与正常叶片的图像特征相比,可以达到识别病害症状的目的;图像处理技术在烤烟的成熟度方面还有着一定的应用,有结果表明计算出的成熟度指数与人工感官识别的烟叶经验成熟度有很好的关联度。另外,图像处理技术可以实现烘烤过程中水分的无损检测。因此,利用图像处理技术采集烟叶大田生育期纹理特征参数,对不同部位烤烟的成熟度的形成进行研究,以期为烤烟成熟度的研究提供理论依据,对成熟采收标准及烘烤技术的提出提供一定的理论支撑。

1.纹理特征的基本概念

纹理特征是一种全局特征,它也描述了图像或图像区域所对应景物的表面性质。但由于纹理只是一种物体表面的特性,并不能完全反映出物体的本质属性,所以仅仅利用纹理特征是无法获得高层次图像内容的。与颜色特征不同,纹理特征不是基于像素点的特征,它需要在包含多个像素点的区域中进行统计计算。在模式匹配中,这种区域性的特征具有较大的优越性,不会由于局部的偏差而匹配不成功。作为一种统计特征,纹理特征常具有旋转不变性,并且对于噪声有较强的抵抗能力。但是,纹理特征也有其缺点,一个很明显的缺点是当图像的分辨率变化的时候,所计算出来的纹理可能会有较大偏差。另外,由于有可能受到光照、反射情况的影响,从二维图像中反映出来的纹理不一定是三维物体表面真实的纹理。

(1)常用的特征提取与描述方法分类。

1)统计方法。统计方法是基于像元及其邻域的灰度属性,研究纹理区域中的统计特性,或像元及其邻域内的灰度的一阶、二阶或高阶统计特性。统计方法的典型代表是一种称为灰度共生矩阵(Gray-Level Co-occurrenoe Matrix, GLCM)的纹理特征分析方法。Gotlieb 和 Kreyszig 等在研究共生矩阵中各种统计特征基础上,通过实验,得出灰度共生矩阵的四个关键特征:能量、惯性矩、熵和相关度。统计方法中另一种典型方法则是从图像的自相关函数(图像的能量谱函数)提取纹理特征,即通过对图像的能量谱函数的计算,提取纹理的粗细度及方向性等特征参数。还有半方差图法,该方法是一种基于变差函数的方法,由于变差函数反映图像数据的随机性和结构性,因而能很好地表达纹理图像的特征。

2)几何法。所谓几何法,是建立在纹理基元(基本的纹理元素)理论基础上的一种纹理特征分析方法。纹理基元理论认为,复杂的纹理可以由若干简单的纹理基元以一定的有规律的形式重复排列构成。在几何法中,比较有影响的算法有 Voronio 棋盘格特征法。几何方法的应用和发展极其受限,且后续研究很少。

3)模型法。在模型法中,假设纹理是以某种参数控制的分布模型方式形成的,从纹理图像的实现来估计计算模型参数,以参数为特征或采用某种分类策略进行图像分割,因此模型参数的估计是该家族方法的核心问题。典型的方法是随机场模型法,如马尔可夫随机场(Markov Random Field, MRF)模型法、分形模型和自回归模型等。

4)信号处理法。信号处理的方法是建立在时、频分析与多尺度分析基础之上,对纹理图像中某个区域内实行某种变换后,再提取保持相对平稳的特征值,以此特征值作为特征表示区域内的一致性及区域间的相异性。纹理特征的提取与匹配方法主要有灰度共生矩阵(GLCM)、自回归纹理模型、小波变换等。

5)结构方法。结构分析方法认为纹理是由纹理基元的类型、数目及基元之间的"重复性"的空间组织结构和排列规则来描述,且纹理基元几乎具有规范的关系,假设纹理图像的基元可以分离出来,以基元特征和排列规则进行纹理分割。显然,确定与抽取基本的纹理基元及研究存在于纹理基元之间的"重复性"结构关系是结构方法要解决的问题。由于结构方法强调纹理的规律性,较适用于分析人造纹理,而真实世界的大量自然纹理通常是不规则的,且结构的变化是频繁的,因此对该类方法的应用受到很大程度的限制。典型算法有句法纹理描述算法和数学形态学方法。

(2)方法比较。纹理特征提取一般都是通过设定一定大小的窗口取得纹理特征窗口的选择,存在着相互矛盾的要求:一方面,纹理是一个区域概念,它必须通过空间上的一致性来体现,观察窗口取的越大,能检测出同一性的能力愈强,反之,能力愈弱;另一方面,由于不同纹理的边界对应于区域纹理同一性的跃变,因此,为了准确地定位边界,要求将观察窗口取的小一些。窗口太小会在同一种纹理内部出现误分割,而分析窗太大则会在纹理边界区域出现许多误分割。这也是各大家族方法共同的难点。

1)统计方法的优势与不足。优势:方法简单,易于实现,尤其是GLCM方法,它是公认的有效方法,具有较强的适应能力和鲁棒性。不足:①与人类视觉模型脱节,缺少全局信息的利用,难以研究纹理尺度间像素的遗传或依赖关系;②缺乏理论支撑;③计算复杂度很高,制约了其实际应用。

2)模型方法的优势与不足。优势:模型家族的方法能够兼顾纹理局部的随机性和整体上的规律性,并且具有很大的灵活性;采用随机场模型法对遥感影像纹理特征进行描述并在此基础上进行分割,在很大程度上符合或反映了地学规律;MRF的主要优点是提供了一种一般而自然的用来表达空间上相关随机变量之间的相互作用的模型。它注意到纹理的多分辨率特性,结合图像的分层理论,发展了分层MRF方法、多分辨率MRF方法等,不但可以提高处理效率,而且研究纹理尺度间像素的遗传或依赖关系以取得纹理特征。不足:①由于主要是通过模型系数来标识纹理特征,模型系数的求解有难度;②由于基于MRF模型的纹理图像分割是一个迭代的优化过程,它由局部到全局的收敛速度很慢(即使条件迭代模式能加速寻找解),因而需要很大的计算量,通常需要迭代数百次才能收敛;③参数调节不方便,模型不宜复杂。

3)信号处理方法的优势与不足。优势:①对纹理进行多分辨表示,能在更精细的尺度上分析纹理;②小波符合人类视觉特征,由此提取的特征也是有利于纹理图像分割的;③能够空间/频域结合分析纹理特征。不足:正交小波变换的多分辨分解只是将低频部分进行进一步的分解,而对高频部分不予考虑,而真实图像的纹理信息往往也存在于高频部分,小波分析虽然克服了这一缺点,但对非规则纹理又似乎无能为力,小波多应用于标准或规则纹理图像,而对于背景更复杂的自然图像,由于存在噪声干扰,或某一纹理区域内的像素并非处处相似,因此往往效果不佳。另外,也存在计算量大的问题。

2.试验方法

（1）烤烟图像的采集。自中部叶与上部叶有效叶片形成之日起，每隔 5 d 采用 Nikon D850 采集相应烤烟的图像，用 Matlab2018b 软件获取烤烟叶片的纹理特征值。图像的灰度共生矩阵可以提取的特征值有几十个，考虑到

图2-20　烟叶灰度共生矩阵的获取

实时性，本书选用最常用的能量、熵、惯性矩、相关度这 4 个特征值，利用 Matlab2018b 软件中的 Simulink 工具箱获取采集的烟叶灰度共生矩阵法（图2-20），计算图像的 4 个纹理特征值如下：

纹理能量：

$$E_{ner} = \sum_{i=1}^{N} \sum_{j=1}^{N} (p_{ij})^2 \tag{2-1}$$

纹理熵：

$$E_{ntr} = \sum_{i=1}^{N} \sum_{j=1}^{N} p_{ij} \log p_{ij} \tag{2-2}$$

纹理惯性矩：

$$F = \sum_{i=1}^{N} \sum_{j=1}^{N} (i-j)^2 p_{ij} \tag{2-3}$$

相关度：

$$Cor = \frac{\sum_{i=1}^{N} \sum_{j=1}^{N} ij p_{ij} - \mu_1 \mu_2}{\sigma_1 \sigma_2} \tag{2-4}$$

式中，μ 表示灰度共生矩阵所有元素的均值；σ 表示灰度共生矩阵所有元素的方差；N 表示图像灰度级数；p_{ij} 表示归一化后的灰度共生矩阵元素，$i,j=0,1,\cdots,N-1$。

纹理特征值 Matlab 程序

（2）纹理特征值 Matlab 程序（扫描所附二维码进行查阅）。

3.不同部位烤烟生育期内纹理特征变化

纹理特征值中纹理能量反映了图像灰度分布均匀程度和纹理粗细度，较大的值代表一种较均匀和规则变化的纹理模式。由图2-21可知，烤烟在生育期内纹理能量表现为先快速降低后逐渐平稳的趋势，且中部叶的纹理能量明显高于上部叶，且中部叶在叶龄 20 d 后纹理能量值基本稳定；而上部叶的纹理能量值在叶龄 40 d 后逐渐保持稳定，表明与中部叶相比上部叶的纹理要复杂得多。纹理熵是图像所具有的信息量的度量，表示了图像中纹理的非均匀程度或复杂程度，值越大，纹理越混乱。由图2-21可知，大田生育期不同部位烤烟的纹理熵逐渐增加，且在成熟期基本保持稳定，表明在烤烟达到成熟期前叶面纹理一直发生着复杂变化。惯性反映了图像灰度复杂度，其值越大，图像沟纹越明显。由图2-21可知，纹理惯性矩随着叶龄的增加逐渐增大，且在成熟基本保持稳定。纹理相关度反映了图像纹理的一致性，值越大，一致性越好，由图2-21可知纹理相关度随着叶龄的增加逐渐减小，且在成熟基本保持稳定。纹理特征不仅是区分不同部位烟叶的重要表征，还是烤烟成熟采收的重要判断依据。本研究结果表明烤烟在生育期内纹理能量值不断减少，不同部位烤烟的纹理熵逐渐增加，纹理惯性矩随着叶龄的增加逐渐增大，且在成熟期基本保持稳定，纹理相关度随着叶龄的增加逐渐变小，且在成熟期基本保持稳定，表明不同部位烤烟在大田生育期内叶面的复杂程度逐渐增加。这在一定程度说明，烤烟内部的化学物质的分布是不均匀的，在采收烘烤过程中需要针对不同部位，采取有针对性的采收烘烤技术。

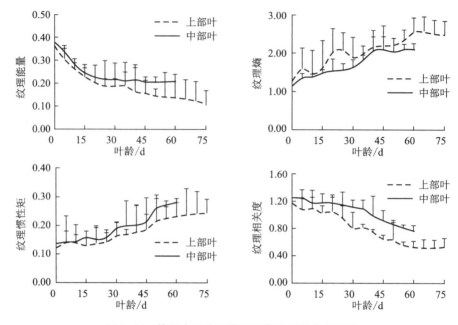

图 2-21　烤烟大田生育期不同部位烟叶颜色变化

4.烤烟大田生育期生态环境与纹理特征值的典型相关分析

采用 SPSS22 工具对烤烟生育期内每日的最高气温(x_1)、最低气温(x_2)、昼夜温差(x_3)、平均气温(x_4)、光照强度(x_5)、光照时数(x_6)、相对湿度(x_7)及日降雨量(x_8)的环境参数与纹理特征值(y_1)、纹理熵(y_2)、纹理惯性矩(y_3)及纹理相关度(y_4)等纹理特征参数进行典型相关分析。由表 2-11 可知,烘烤环境与烟叶形态的纹理特征值的典型相关分析中有 2 组典型相关变量达到显著相关,相关系数分别为 0.973 与 0.783。第 1 组典型相关变量为 $u_1 = -0.032x_1 + 3.060x_2 + 1.771x_3 - 0.121x_4 - 3.682x_5 - 0.181x_6 + 0.018x_7 + 0.173x_8$, $v_1 = 0.099y_1 + 0.926y_2 - 0.123y_3 + 0.675y_4$。在典型相关变量 1 中,$u_1$ 与最低气温(x_2)、昼夜温差(x_3)及光照强度(x_5)相关系数较大,相关系数分别达到 0.925、0.983 和 0.948。因此,u_1 可以表述为气温与光照强度综合指标,v_1 可以表述为与纹理熵(y_2)及有高度的相关度,相关系数达到 0.765,因此 v_1 主要描述纹理熵的综合指标,由于 v_1 与 u_1 极显著相关,因此气温与光照强度对纹理熵影响较大,在一定范围内随着温度的升高、光照强度的增加,烟叶纹理熵不断增加,烟叶的混乱程度逐渐增加。

第 2 组典型相关变量为 $u_2 = -0.078x_1 - 11.815x_2 - 3.550x_3 + 0.422x_4 + 15.178x_5 - 1.233x_6 + 0.368x_7 + 0.404x_8$, $v_2 = 1.378y_1 - 0.484y_2 + 0.128y_3 - 0.696y_4$。在典型相关变量 2 中,$u_2$ 与最高气温(x_1)和降雨量(x_8)相关系数较大,因此 u_2 可以表述为最高气温(x_1)和降雨量(x_8)综合指标,v_2 可以表述为与纹理能量有高度的相关关系,v_2 为主要描述纹理能量的综合指标。由于 v_2 与 u_2 显著相关,因此最高气温和降雨量对纹理惯性值等影响较大,在一定范围内随着最高气温增加、降雨量的减少,纹理能量不断降低,烟叶表面纹理的复杂程度越大。典型相关分析表明在一定范围内随着温度的升高、光照强度的增加,烟叶纹理熵不断增加,烟叶的混乱程度逐渐增加;在一定范围内随着最高气温增加、降雨量的减少,纹理能量不断降低,烟叶表面纹理的复杂程度越大。根据上述分析得出以下结论:不同部位的烤烟在生育期内的限制环境因素有所不同,在移栽期与施肥技术方面需要充分利用生态环境,促进烟株的早生快发,尽量将上部叶的成熟期提前,减少与中部叶的差距。

表 2-11　烤烟大田生育期生态环境与纹理特征变化的典型相关分析

指标	典型相关变量 1		典型相关变量 2		典型相关变量 3		典型相关变量 4	
	λ	r	λ	r	λ	r	λ	r
x_1	−0.032	0.075	−0.078	0.712	−0.417	0.121	0.349	0.107
x_2	3.060	0.925	−11.815	−0.105	3.656	−0.060	6.312	0.150
x_3	1.771	0.983	−3.550	0.034	0.588	−0.035	−1.482	−0.041
x_4	−0.121	0.581	0.422	0.269	−0.768	−0.539	0.002	0.041
x_5	−3.682	0.948	15.178	−0.066	−3.409	−0.062	−5.590	0.106
x_6	−0.181	0.448	−1.233	−0.440	−0.313	−0.441	0.295	0.159
x_7	0.018	0.555	0.368	0.344	0.202	0.280	1.146	0.380
x_8	0.173	0.353	0.404	−0.757	−0.633	−0.743	0.341	0.183
y_1	0.099	0.485	1.378	−0.862	1.675	−0.148	−0.632	−0.020
y_2	0.926	−0.765	−0.484	−0.583	0.422	0.463	−1.568	0.060
y_3	−0.123	0.546	0.128	−0.373	0.095	0.489	1.877	0.569
y_4	0.675	−0.597	−0.696	0.606	−1.917	−0.525	0.543	0.024
p	0.0001		0.0199		0.2444		0.7826	
R	0.9731**		0.7835*		0.6526		0.3218	

四、烤烟上部叶外观性状匹配度分析

烟叶大田生长的外观特征是判断烤烟生长采烤的重要因素,近年来国内外专家力图将智能设备运用到烟叶生产中,并取得了一定的成绩,然而技术成果没有得到全面的推广与应用,由此,尽管现代烟草农业的实施,推进了烟叶生产方式的转变,提升了烟叶生产力水平,但我国烟叶生产仍存在不平衡、不协调、不可持续的矛盾和问题,因此需要引入精益生产的理念,推行烟叶精益生产。由于国内烟叶的种植区域广泛,图像处理技术通过采集物体颜色与纹理特征进行表征,在产品分类、病害检测及烟草的工业加工及农业生产方面有着普遍的运用。韩立群等采集不同等级烟叶的外观特征并建立神经网络模型,结果表明:利用所建系统进行烟叶分级试验的结果与分级专家分级结果的平均一致率可达到85%。烘烤过程中烟叶颜色与形态变化对烟叶生理生化变化有着重要影响,霍开玲等对烘烤过程中烟叶颜色的变化进行了研究,结果表明:烟叶颜色参数和色素含量的相关性明显。然而烘烤环境对烟叶颜色与纹理特征的影响鲜见报道,因此利用图像处理技术采集烟叶烘烤过程中颜色特征与纹理特征参数,这些外观因素共同组成了烟叶生产的复杂系统,针对此复杂的系统需要运用相应的方法进行分析。运用模糊 DEMATEL 分析研究影响烤烟质量形成的主要影响因素,并利用模糊 DEMATEL 分析结果,对烤烟发育的幼叶生长期(S_1)、快速生长期(S_2)、生理成熟期(S_3)与工艺成熟期(S_4)进行外观匹配度分析。以期在实际生产过程中重点解决相应问题,实现烟叶的精益生产,提高烟叶质量,彰显地方烟叶特色。

1.试验方法

供试烤烟品种为云烟87,试验以烤烟的中部叶与上部叶为对象,烤烟产区海拔 1 200 m以上。采用软尺对不同部位烤烟的叶长、叶宽及主脉周长进行测量,采用螺旋测微仪对不同部位烤烟的厚度进行测量,采用 MA−T6/12 型色差计对不同部位烤烟的颜色参数进行测量,采用 Nikon D850 采集相应烤烟的图像,利用 Matlab2018b 软件中 Simulink 工具箱获取采集的烟叶灰度共生矩阵法,并计算图像的 4 个纹理特征值,试验自烤烟中部叶与上部叶出现时开始每隔5 d采集不同部位烤烟的外观参数,直到烤烟成熟采收为止,对所采集的环境数据进行整理,分别获得不同部位烤烟大田生育期烤烟的叶片长度、叶片宽度、叶片厚度、主脉周长、叶片厚度、L^*、a^*、b^*、C^*、H^*、纹理能量、纹理熵、纹理惯性矩、纹理相关度等外观参数。

2.影响烤烟成熟度因素的模糊DEMATEL过程的实现

根据科学性和全面性的原则,以面向大范围烟区为目的,通过系统分析、调查、归纳、总结,确定出影响烟叶成熟度的3类14个外观因素:农艺性状因素——叶片长度(A_1)、叶片宽度(A_2)、叶片厚度(A_3)、主脉周长(A_4)、长宽比(A_5);颜色因素——L^*(A_6)、a^*(A_7)、b^*(A_8)、C^*(A_9)、H^*(A_{10});纹理因素——纹理能量(A_{11})、纹理熵(A_{12})、纹理惯性矩(A_{13})、纹理相关度(A_{14})。利用德尔菲法(Delphi Method),采用10分制对确定的影响烟叶烘烤系统运作的14个因素间的影响程度进行打分(表2-12)。建立烤烟烘烤评估指标的直接影响模糊关系矩阵(表2-13),并将语言算子转化为三角模糊数矩阵(表2-14)。

表2-12　各影响因素打分

指标	A_1	A_2	A_3	A_4	A_5	A_6	A_7	A_8	A_9	A_{10}	A_{11}	A_{12}	A_{13}	A_{14}
A_1	—	7.35	1.73	1.82	9.35	1.45	1.75	1.78	1.32	1.41	3.23	3.54	3.73	3.41
A_2	7.21	—	1.22	1.25	9.23	1.25	1.34	1.51	1.26	1.35	3.43	4.22	4.31	4.36
A_3	1.43	1.52	—	3.12	1.45	1.32	1.81	1.35	1.43	1.52	5.34	5.34	5.31	5.26
A_4	3.11	3.14	3.22	—	1.25	1.31	1.42	1.54	1.51	1.43	1.55	1.34	1.53	1.46
A_5	1.41	1.52	1.33	1.34	—	1.28	1.35	1.36	1.27	1.39	3.26	3.45	3.19	3.44
A_6	1.45	1.25	1.34	1.51	1.62	—	7.32	7.25	7.34	7.36	1.38	1.42	1.47	1.35
A_7	1.71	1.41	1.52	1.67	1.43	9.35	—	9.31	9.46	9.34	2.31	3.21	3.44	3.46
A_8	1.34	1.57	1.67	1.33	1.28	7.47	7.88	—	9.45	9.36	3.41	3.69	3.75	3.23
A_9	1.56	1.73	1.38	1.55	1.87	9.34	7.35	7.33	—	7.34	3.44	3.26	3.44	3.31
A_{10}	1.66	1.57	1.68	1.34	9.48	9.36	9.34	9.56	8.89	—	3.34	3.41	3.92	3.73
A_{11}	5.63	7.36	1.71	3.21	7.34	5.62	5.16	5.34	5.37	5.62	—	9.35	9.47	9.35
A_{12}	5.12	7.35	7.26	3.34	7.34	5.34	5.78	5.92	5.34	5.16	9.36	—	9.48	9.62
A_{13}	5.34	7.35	7.31	3.42	7.66	5.31	5.74	5.68	5.16	5.34	9.71	9.35	—	9.46
A_{14}	5.36	7.34	7.56	7.43	7.61	5.77	5.79	5.18	5.34	5.49	9.34	9.31	9.38	—

表2-13　原始模糊直接影响矩阵

指标	A_1	A_2	A_3	A_4	A_5	A_6	A_7	A_8	A_9	A_{10}	A_{11}	A_{12}	A_{13}	A_{14}
A_1	0	H	NO	NO	NO	VH	NO	NO	NO	NO	VL	VL	VL	VL
A_2	H	0	NO	NO	VH	NO	NO	NO	NO	NO	VL	VL	VL	VL
A_3	NO	NO	0	VL	NO	NO	NO	NO	NO	NO	L	L	L	L
A_4	VL	VL	VL	0	NO	NO	NO	NO	NO	NO	NO	NO	NO	NO
A_5	NO	NO	NO	NO	0	NO	NO	NO	NO	NO	VL	VL	VL	VL
A_6	NO	NO	NO	NO	NO	0	H	H	H	H	NO	NO	NO	NO
A_7	NO	NO	NO	NO	NO	VH	0	VH	VH	VH	VL	VL	VL	VL
A_8	NO	NO	NO	NO	NO	H	H	0	VH	VH	VL	VL	VL	VL
A_9	NO	NO	NO	NO	NO	H	H	H	0	H	VL	VL	VL	VL
A_{10}	NO	NO	NO	NO	VH	VH	VH	VH	VH	0	VL	VL	VL	VL
A_{11}	L	H	NO	VL	H	L	L	L	L	L	0	VH	VH	VH
A_{12}	L	H	L	VL	H	L	L	L	L	L	VH	0	VH	VH
A_{13}	L	H	L	VL	H	L	L	L	L	L	VH	VH	0	VH
A_{14}	L	H	H	H	H	L	L	L	L	L	VH	VH	VH	0

表 2-14　语言算子转化三角模糊数后原始模糊直接影响矩阵

指标	A_1	A_2	A_3	A_4	A_5
A_1	(0.00,0.00,0.00)	(0.50,0.75,1.00)	(0.00,0.00,0.25)	(0.00,0.00,0.25)	(0.00,0.00,0.25)
A_2	(0.50,0.75,1.00)	(0.00,0.00,0.00)	(0.00,0.00,0.25)	(0.00,0.00,0.25)	(0.75,1.00,1.00)
A_3	(0.00,0.00,0.25)	(0.00,0.00,0.25)	(0.00,0.00,0.00)	(0.00,0.25,0.50)	(0.00,0.00,0.25)
A_4	(0.00,0.25,0.50)	(0.00,0.25,0.50)	(0.00,0.25,0.50)	(0.00,0.00,0.00)	(0.00,0.00,0.25)
A_5	(0.00,0.00,0.25)	(0.00,0.00,0.25)	(0.00,0.00,0.25)	(0.00,0.00,0.25)	(0.00,0.00,0.00)
A_6	(0.00,0.00,0.25)	(0.00,0.00,0.25)	(0.00,0.00,0.25)	(0.00,0.00,0.25)	(0.00,0.00,0.25)
A_7	(0.00,0.00,0.25)	(0.00,0.00,0.25)	(0.00,0.00,0.25)	(0.00,0.00,0.25)	(0.00,0.00,0.25)
A_8	(0.00,0.00,0.25)	(0.00,0.00,0.25)	(0.00,0.00,0.25)	(0.00,0.00,0.25)	(0.00,0.00,0.25)
A_9	(0.00,0.00,0.25)	(0.00,0.00,0.25)	(0.00,0.00,0.25)	(0.00,0.00,0.25)	(0.75,1.00,1.00)
A_{10}	(0.00,0.00,0.25)	(0.00,0.00,0.25)	(0.00,0.00,0.25)	(0.00,0.00,0.25)	(0.75,1.00,1.00)
A_{11}	(0.25,0.50,0.75)	(0.50,0.75,1.00)	(0.00,0.00,0.25)	(0.00,0.25,0.50)	(0.50,0.75,1.00)
A_{12}	(0.25,0.50,0.75)	(0.50,0.75,1.00)	(0.50,0.75,1.00)	(0.00,0.25,0.50)	(0.50,0.75,1.00)
A_{13}	(0.25,0.50,0.75)	(0.50,0.75,1.00)	(0.50,0.75,1.00)	(0.00,0.25,0.50)	(0.50,0.75,1.00)
A_{14}	(0.25,0.50,0.75)	(0.50,0.75,1.00)	(0.50,0.75,1.00)	(0.50,0.75,1.00)	(0.50,0.75,1.00)

指标	A_6	A_7	A_8	A_9	A_{10}
A_1	(0.75,1.00,1.00)	(0.00,0.00,0.25)	(0.00,0.00,0.25)	(0.00,0.00,0.25)	(0.00,0.00,0.25)
A_2	(0.00,0.00,0.25)	(0.00,0.00,0.25)	(0.00,0.00,0.25)	(0.00,0.00,0.25)	(0.00,0.00,0.25)
A_3	(0.00,0.00,0.25)	(0.00,0.00,0.25)	(0.00,0.00,0.25)	(0.00,0.00,0.25)	(0.00,0.00,0.25)
A_4	(0.00,0.00,0.25)	(0.00,0.00,0.25)	(0.00,0.00,0.25)	(0.00,0.00,0.25)	(0.00,0.00,0.25)
A_5	(0.00,0.00,0.25)	(0.00,0.00,0.25)	(0.00,0.00,0.25)	(0.00,0.00,0.25)	(0.00,0.00,0.25)
A_6	(0.00,0.00,0.00)	(0.50,0.75,1.00)	(0.50,0.75,1.00)	(0.50,0.75,1.00)	(0.50,0.75,1.00)
A_7	(0.75,1.00,1.00)	(0.00,0.00,0.00)	(0.75,1.00,1.00)	(0.75,1.00,1.00)	(0.75,1.00,1.00)
A_8	(0.50,0.75,1.00)	(0.50,0.75,1.00)	(0.00,0.00,0.25)	(0.75,1.00,1.00)	(0.75,1.00,1.00)
A_9	(0.75,1.00,1.00)	(0.50,0.75,1.00)	(0.50,0.75,1.00)	(0.00,0.00,0.00)	(0.50,0.75,1.00)
A_{10}	(0.75,1.00,1.00)	(0.75,1.00,1.00)	(0.75,1.00,1.00)	(0.75,1.00,1.00)	(0.00,0.00,0.00)
A_{11}	(0.25,0.50,0.75)	(0.25,0.50,0.75)	(0.25,0.50,0.75)	(0.25,0.50,0.75)	(0.25,0.50,0.75)
A_{12}	(0.25,0.50,0.75)	(0.25,0.50,0.75)	(0.25,0.50,0.75)	(0.25,0.50,0.75)	(0.25,0.50,0.75)
A_{13}	(0.25,0.50,0.75)	(0.25,0.50,0.75)	(0.25,0.50,0.75)	(0.25,0.50,0.75)	(0.25,0.50,0.75)
A_{14}	(0.25,0.50,0.75)	(0.25,0.50,0.75)	(0.25,0.50,0.75)	(0.25,0.50,0.75)	(0.25,0.50,0.75)

指标	A_{11}	A_{12}	A_{13}	A_{14}
A_1	(0.00,0.25,0.50)	(0.00,0.25,0.50)	(0.00,0.25,0.50)	(0.00,0.25,0.50)
A_2	(0.00,0.25,0.50)	(0.00,0.25,0.50)	(0.00,0.25,0.50)	(0.00,0.25,0.50)
A_3	(0.25,0.50,0.75)	(0.25,0.50,0.75)	(0.25,0.50,0.75)	(0.25,0.50,0.75)
A_4	(0.00,0.00,0.25)	(0.00,0.00,0.25)	(0.00,0.00,0.25)	(0.00,0.00,0.25)
A_5	(0.00,0.25,0.50)	(0.00,0.25,0.50)	(0.00,0.25,0.50)	(0.00,0.25,0.50)
A_6	(0.00,0.00,0.25)	(0.00,0.00,0.25)	(0.00,0.00,0.25)	(0.00,0.00,0.25)
A_7	(0.00,0.25,0.50)	(0.00,0.25,0.50)	(0.00,0.25,0.50)	(0.00,0.25,0.50)
A_8	(0.00,0.25,0.50)	(0.00,0.25,0.50)	(0.00,0.25,0.50)	(0.00,0.25,0.50)
A_9	(0.00,0.25,0.50)	(0.00,0.25,0.50)	(0.00,0.25,0.50)	(0.00,0.25,0.50)
A_{10}	(0.00,0.25,0.50)	(0.00,0.25,0.50)	(0.00,0.25,0.50)	(0.00,0.25,0.50)
A_{11}	(0.00,0.00,0.00)	(0.75,1.00,1.00)	(0.75,1.00,1.00)	(0.75,1.00,1.00)
A_{12}	(0.75,1.00,1.00)	(0.00,0.00,0.00)	(0.75,1.00,1.00)	(0.75,1.00,1.00)
A_{13}	(0.75,1.00,1.00)	(0.75,1.00,1.00)	(0.00,0.00,0.00)	(0.75,1.00,1.00)
A_{14}	(0.75,1.00,1.00)	(0.75,1.00,1.00)	(0.75,1.00,1.00)	(0.00,0.00,0.00)

将 λ 取值为 1/2，计算出各影响因素的原因度和中心度（表 2-15）。

表 2-15　因素综合影响 $\tilde{D}_i+\tilde{R}_i$，$\tilde{D}_i-\tilde{R}_i$，$(\tilde{D}_i+\tilde{R}_i)^{\mathrm{def}}$ 和 $(\tilde{D}_i-\tilde{R}_i)^{\mathrm{def}}$ 的值

指标	$\tilde{D}_i+\tilde{R}_i$	$\tilde{D}_i-\tilde{R}_i$	$(\tilde{D}_i+\tilde{R}_i)^{\mathrm{def}}$	$(\tilde{D}_i-\tilde{R}_i)^{\mathrm{def}}$
A_1	$(-0.262,0.020,0.542)$	$(0.384,0.393,0.807)$	1.148	-0.828
A_2	$(-0.587,0.108,0.570)$	$(0.571,0.510,0.896)$	1.343	-1.143
A_3	$(0.594,0.771,0.841)$	$(0.421,0.417,0.692)$	2.462	0.516
A_4	$(0.000,-0.130,0.384)$	$(0.140,0.294,0.603)$	0.727	-0.603
A_5	$(0.000,0.461,0.637)$	$(0.798,0.733,0.909)$	2.365	-0.807
A_6	$(0.651,0.306,0.561)$	$(0.435,0.471,0.665)$	1.933	-0.109
A_7	$(0.837,0.588,0.721)$	$(0.408,0.506,0.604)$	2.379	0.354
A_8	$(0.728,0.594,0.721)$	$(0.416,0.511,0.604)$	2.340	0.298
A_9	$(0.516,0.539,0.718)$	$(0.424,0.516,0.604)$	2.186	0.125
A_{10}	$(0.680,0.581,0.718)$	$(0.416,0.511,0.604)$	2.301	0.260
A_{11}	$(0.936,0.888,0.926)$	$(0.646,0.679,0.822)$	3.232	0.407
A_{12}	$(1.647,1.599,1.822)$	$(0.356,0.241,0.178)$	3.333	0.508
A_{13}	$(1.747,1.679,1.712)$	$(0.456,0.321,0.068)$	3.408	0.583
A_{14}	$(0.897,0.849,0.935)$	$(0.646,0.679,0.822)$	3.178	0.353

3.模糊 DEMATEL 原因-结果分析

由图 2-22 可知,烤烟外观指标中纹理惯性矩(A_{13})、叶片厚度(A_3)、纹理熵(A_{12})纹理能量(A_{11})、纹理相关度(A_{14})、a^*(A_7)、b^*(A_8)、C^*(A_9)、H^*(A_{10})是烤烟成熟度影响的原因因素,其中纹理惯性矩(A_{13})是影响烤烟成熟度的最重要因素;叶片厚度(A_3)与纹理熵(A_{12})对其他因素有比较大的影响;纹理能量(A_{11})、纹理相关度(A_{14})、a^*(A_7)、b^*(A_8)、C^*(A_9)、H^*(A_{10})等 6 个因素对其他因素的影响相对较小。结果因素是影响烟叶成熟度的最直接的因素,是影响因素对烤烟成熟度影响的媒介,容易因受到外界影响而发生改变,因此是短期内影响效果最明显的因素。由图 2-23 可知,烤烟大田生育期的叶片长度(A_1)、叶片宽度(A_2)、长宽比(A_5)等因素是受到外界因素影响较大的几个因素,对烤烟的成熟度有较大的直接影响;主脉周长(A_4)与 L^*(A_6)两个因素对烤烟的成熟度有一定的影响作用。通过对原因度的分析可知,烟草纹理惯性矩是影响烤烟外观特征的根本因素,烤烟叶片长度(A_1)、叶片宽度(A_2)、长宽比(A_5)等因素是影响烤烟成熟度形成的直接因素。中心度越大说明该因素对整个系统的影响较大,再者对烤烟外观形成影响最大的指标是烤烟的纹理惯性矩,其次是纹理熵,再者是纹理能量、纹理相关度、叶片厚度、长宽比、a^*、b^*、C^* 及 H^*,再其次是 L^*,其他因素对烤烟成熟度系统的影响相对较小。

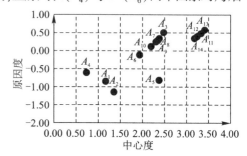

图 2-22　不同影响因素的因果关系

4.不同部位烤烟各生育期外观特性变化

由图 2-23 可知,烤烟大田生育期不同部位烤烟的平均叶长表现为先快速增加后逐渐平稳趋势,且上部叶的平均叶长的发育明显低于中部叶;与平均叶长相比,不同部位烤烟的平均叶宽的变化趋势也表现为先快速增加后逐渐平稳趋势,且上部叶的平均叶宽在整个生育期日均

最低气温明显高于中部叶;不同部位烤烟的平均叶片厚度的变化趋势与日均最高气温变化的趋势基本一致,但整个生育期上部叶的平均叶片厚度明显大于中部叶。烤烟上部叶的平均主脉周长的变化趋势表现为逐渐增加的趋势,而中部叶的平均叶脉周长则表现为直线增加的趋势,但整个生育期上部叶的平均叶脉周长明显小于中部叶;不同部位烤烟的长宽比在整个生育期基本保持不变,且上部叶的长宽比明显大于中部叶。不同部位烤烟叶片的亮度值 L^* 随着叶片的生长发育逐渐增加,且整个生育期上部叶的叶片亮度明显低于中部叶;不同部位烤烟叶片的绿度 a^* 随着叶片的生长发育表现为先降低后增加的趋势,绿色表现为先变浓后变淡的趋势,且整个生育期上部叶的叶片 a^* 明显低于中部叶,表明上部叶绿色的浓度高于中部叶;不同部位烤烟叶片的黄度 b^* 随着叶片的生长发育表现为逐渐增加的趋势,则黄色浓度表现为逐渐增加的趋势,且在快速生长期与幼叶生长期上部叶的叶片 b^* 明显高于中部叶,在工艺成熟期与生理成熟期明显低于中部叶;不同部位烤烟叶片的颜色饱和度 C^* 随着叶片的生长发育表现为逐渐增加的趋势;烤烟中部叶叶片颜色色相角 H^* 随着叶片的生长发.育表现为先降低后增加的趋势,上部叶叶片的色相角则表现为先增加后降低的趋势,在快速生长期与幼叶生长期上部叶叶片颜色的色相角低于中部叶,生理成熟期与工艺成熟期中部叶的色相角低于上部叶;不同部位烤烟叶片的纹理能量随着叶片的生长发育表现为逐渐降低的趋势,且整个生育期上部叶的纹理能量明显低于中部叶;且整个生育期上部叶的纹理能量明显高于中部叶;不同部位烤烟叶片的纹理惯性矩随着叶片的生长发育表现为逐渐增加的趋势,且在工艺成熟期上部叶的纹理惯性矩明显低于中部叶;不同部位烤烟叶片的纹理相关度随着叶片的生长发育表现为降低的趋势,且整个生育期上部叶的纹理能量明显高于中部叶。

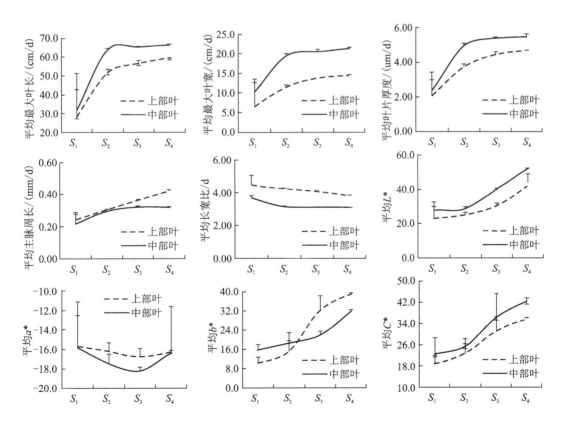

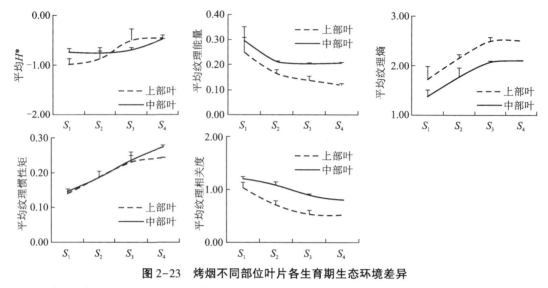

图2-23　烤烟不同部位叶片各生育期生态环境差异

5.烤烟外观匹配度模型分析

由表2-16可知,烤烟上部叶的不同外观指标的匹配度存在较大差异,其中叶片长度、叶片厚度、L^*及纹理能量的匹配度最差的时期出现在快速生长期(S_1),叶片厚度、b^*、C^*及纹理惯性矩的匹配度最差的时期出现在幼叶生长期(S_2),叶片宽度与长宽比的匹配度最差的时期出现在生理成熟期(S_3),a^*、H^*与纹理熵的匹配度最差的时期出现在工艺成熟期(S_4)。由各时期烤烟上部叶与中部叶的综合匹配度来看快速生长期的匹配度最差,幼叶生长期的外观匹配度次之,工艺成熟期的外观匹配度再之,生理成熟期的外观匹配度最好。由各指标的匹配度可知,叶片宽度的匹配度最高,长宽比的匹配度次之,纹理相关度高于b^*的匹配度也保持在较高水平;a^*与纹理惯性矩的匹配度最低,匹配损失率达95%;叶片长度、叶片厚度、主脉周长、L^*、C^*及纹理相关度的匹配度基本保持在10%~15%范围内,H^*与纹理熵的匹配度保持在21%左右,各指标的匹配度损失率表现为a^*>纹理惯性矩>C^*>L^*>叶片长度>主脉周长>叶片厚度>H^*>纹理熵>纹理能量>b^*>纹理相关度>长宽比>叶片宽度。各外观指标的综合匹配度仅为20.349%,综合匹配度损失率达到79.651%。

表2-16　烤烟匹配度模型汇总

生态环境	W_i	烤烟叶片生育期				F_j	M
		S_1	S_2	S_3	S_4		
叶片长度	0.035	11.244	19.092	13.627	10.616	13.645	86.3550
叶片宽度	0.041	36.785	40.818	33.172	32.329	35.776	64.2241
叶片厚度	0.076	11.517	24.706	17.695	14.590	17.127	82.8730
主脉周长	0.022	11.240	2.820	13.962	31.455	14.869	85.1306
长宽比	0.073	27.729	36.718	29.275	32.120	31.461	68.5394
L^*	0.060	1.280	12.596	24.892	19.413	14.545	85.4547
a^*	0.073	1.191	7.416	7.662	0.590	4.215	95.785 3
b^*	0.072	34.636	19.227	47.002	22.031	30.724	69.2759
C^*	0.067	16.450	10.597	13.942	15.490	14.120	85.8803
H^*	0.071	34.165	16.043	28.173	6.651	21.258	78.7421
纹理能量	0.100	15.667	23.149	32.488	42.835	28.535	71.4655

续表 2-16

生态环境	W_i	烤烟叶片生育期				F_j	M
		S_1	S_2	S_3	S_4		
纹理熵	0.105	24.297	21.236	20.727	19.117	21.344	78.656 0
纹理惯性矩	0.107	4.692	0.246	2.686	11.613	4.809	95.190 8
纹理相关度	0.098	15.134	34.595	39.978	33.646	30.838	69.161 6
F_a		17.337	19.454	23.628	20.977		
F_z				20.349	79.651		

五、总结

通过分析烤烟大田生育期的生态环境对农艺性状的综合影响表明,生育期内中部叶生长的平均气温保持在 30 ℃左右;上部叶生育期内除成熟期(生育期最后约 15 d)较低外,平均气温保持在 32 ℃左右;中部叶生育期的昼夜温差基本保持在 10 ℃左右,上部叶的昼夜温差呈下降趋势;中部叶生育期的降雨量在叶龄 15 d 后除个别时段有较大降雨量外多数保持在较低水平,上部叶生育期的降雨量前低后高,相对湿度多数在 80%左右浮动,光照强度多数保持在 80000 lx 以上,光照时数多数保持在 6 h 以上。烟叶的最大叶长与最大叶宽在生育期内表现为先快速增加后慢速增加的趋势,且中部叶的最大叶长明显高于上部叶;各部位烟叶的长宽比在叶龄为 5 d 左右基本定型,上部叶的长宽比保持在 4∶1 左右,而中部叶长宽比保持在 3∶2 左右,不同部位烤烟叶片厚度随着叶龄的增加逐渐增加,且在成熟期上部叶的叶片厚明显大于中部叶;不同部位的最大叶脉周长表现为逐渐增加的趋势,且中部的叶面明显高于中部叶。典型相关分析表明在一定范围内气温越高,叶片越厚,光照强度越高,烟叶的最大叶长与最大叶宽越小。

通过分析烤烟大田生育期的生态环境对颜色的综合影响表明,烤烟在生育期内亮度(L^*)不断增加,且成熟采收期中部叶的亮度明显高于上部叶;而 a^* 均表现为先降低后增加的趋势,上部叶在采收时有较大幅度的升高;b^* 值表现为逐渐增加的趋势,其中中部叶在成熟期明显高于上部叶;不同部位烤烟在生育期内的饱和度随着叶龄的增加逐渐增加,且在生长的中后期中部叶颜色的饱和度要高于上部叶。典型相关分析表明,气温与降雨量的变化低对烤烟颜色的变化有较大程度的影响,降雨量越低,烟叶黄色越浓。

通过分析烤烟大田生育期的生态环境对纹理特征的综合影响表明,烤烟在生育期内纹理能量值不断减少,不同部位烤烟的纹理熵逐渐增加,纹理惯性矩随着叶龄的增加逐渐增大,且在成熟期基本保持稳定,纹理相关度随着叶龄的增加逐渐较小,且在成熟期基本保持稳定。典型相关分析表明,在一定范围内随着温度的升高、光照强度增加,烟叶纹理熵不断增加,烟叶的混乱程度逐渐增加,在一定范围内随着最高气温增加、降雨量减少,纹理能量不断降低,烟叶表面纹理的复杂程度越大。

通过对不同部位烤烟发育过程中外观特点分析表明,烟草纹理惯性矩是影响烤烟外观特征的根本因素,烤烟叶片长度、叶片宽度、长宽比等因素是影响烤烟成熟度形成的直接因素。烤烟外观形成影响最大的指标是烤烟的纹理惯性矩,其次是纹理熵,再者是纹理能量、纹理相关度、叶片厚度、长宽比、a^*、b^*、C^* 及 H^*,再其次是 L^*,其他因素对烤烟成熟度系统的影响相对较小。烤烟大田生育期不同部位烤烟的平均叶长与平均叶宽表现为先快速增加后逐渐平稳趋势,且上部叶的平均叶长的发育明显低于中部叶;但整个生育期上部叶的平均叶片厚度明显大于中部叶。整个生育期上部叶的平均叶脉周长明显小于中部叶;不同部位烤烟的长宽比在整个生育期基本保持不变,且上部叶的长宽比明显大于中部叶。不同部位烤烟叶片的亮度值 L^* 随着叶片的生长发育逐渐增加,且整个生育期上部叶的叶片亮度明显低于中部叶;不同部位烤烟叶片的绿度 a^* 随着叶片的生长发育表现为先降低后增加的趋势,绿色表现为先变浓后变淡的趋势,且整个生育期上部叶的叶片 a^* 明显低于中部叶,不同部位烤烟叶片的黄度 b^* 随着叶片的生长发育表现为逐渐增加的趋势,不同部位烤烟叶片的颜色饱和度 C^* 随着叶片的生长发育表现为逐渐增加的趋势且整个生育期上部叶的叶片的饱和度明显低于中部叶;烤烟中部叶叶片颜色色相角 H^* 随着叶片的生长发育表现为先降低后增加的趋势;不同部位烤烟叶片的纹理能量随着叶片的生长发育表现为逐渐降低的趋势,且整个生育期上部叶的纹理能量明显低于中部叶;不同部位烤烟叶片的纹理上随着叶片的生长发育表现为逐渐增加的趋势,且整个生育期上部叶的纹理能量明显高于中部叶;不同部位烤烟叶片的纹理惯性矩随着叶片的生长发育表现为逐渐增加的趋势,且在工艺成熟期上部叶的纹理惯性矩明显低于中部叶;不同部位烤烟叶片的纹理相关度随着叶片的生长发育表现为降低的趋势,且整个生育期上部叶的纹理能量明显高于中部叶。

烤烟上部叶的不同外观指标的匹配度存在较大差异,其中叶片长度、叶片厚度、L^* 及纹理能量的匹配度最差的时期出现在快速生长期(S_1),叶片厚度、b^*、C^* 及纹理惯性矩的匹配度最差的时期出现在幼叶生长期(S_2),叶片宽度与长宽比的匹配度最差的时期出现在生理成熟期(S_3),a^*、H^* 与纹理熵的匹配度最差的时期出现在工艺成熟期(S_4)。快速生长期的匹配度最差,幼叶生长期的外观匹配度次之,工艺成熟期的外观匹配度再次之,生理成熟期的外观匹配度最好。叶片宽度的匹配度最高,长宽比的匹配度次之,纹理相关度与 b^* 的匹配度也保持在较高水平;a^* 与纹理惯性矩的匹配度最低,匹配损失率达95%;叶片长度、叶片厚度、主脉周长、L^*、C^* 及纹理相关度的匹配度基本保持在 10%~15% 范围内,H^* 与纹理熵的匹配度保持在21%左右。

由此可知,烤烟大田生育期的烤烟叶片的绿度、纹理惯性矩及烟叶饱和度是影响不同部位烤烟成熟度的最重要因素,在烟草生产过程中为提高上部叶的成熟度,降低上部叶的烘烤难度,需要改善移栽技术与施肥技术,充分利用不同部位烤烟外观差异。

第三节　图像分析技术在烤烟成熟度研究中的应用

一、神经网络技术的在烤烟成熟度判断中的应用

当前烟叶采收主要通过经验进行采烤,在烤烟成熟度的准确率与效率方面有很大不足。高宪辉等研究了通过颜色值指标鉴别烟叶成熟度,准确率为95.60%。汪强等基于计算机视觉技术建立了土壤作物分析仪器开发(Soil and Plant Analyzer Development, SPAD)值与烟叶成熟度的关系模型。史龙飞等研究了基于机器视觉技术鉴别烟叶成熟度,准确率为93.67%。王杰等研究了基于极限学习机鉴别烟叶成熟度,准确率为96.43%。李青山等指出成熟度与部分高光谱参数存在规律性变化,确定了基于高光谱参数鉴别烟叶成熟度的可行性。而当前的研究方式主要通过将样本通过采样箱带回实验室再对烤烟的图像进行采集,由固定光源拍摄,本研究中的烟叶图像均在种植现场植株上直接拍摄,通过提取颜色特征和纹理特征,建立基于神经网络的烟叶成熟度鉴别模型,以期将烤烟的成熟采收技术尽可能与实际生产连接。

1.神经网络介绍

人工神经网络是一种应用类似于大脑神经突触连接的结构进行信息处理的数学模型,在工程与学术界也常直接简称为神经网络或类神经网络。神经网络是一种运算模型,由大量的节点(或称神经元)及其相互连接构成(图2-24)。每个节点代表一种特定的输出函数,称为激励函数。每两个节点间的连接都代表一个对于通过该连接信号的加权值,称为权重,这相当于人工神经网络的记忆。网络的输出则依网络的连接方式、权重值和激励函数的不同而不同。而网络自身通常都是对自然界某种算法或函数的逼近,也可能是对一种逻辑策略的表达。它的构筑理念是受到生物(人或其他动物)神经网络功能的运作启发而产生的。人工神经网络通常是通过一个基于数学统计学类型的学习方法得以优化,因此人工神经网络也是数学统计学方法的一种实际应用,通过统计学的标准数学方法我们能够得到大量的可以用函数来表达的局部结构空间。另外,在人工智能学的人工感知领域,我们通过数学统计学的应用可以来做人工感知方面的决定问题(也就是说通过统计学的方法,人工神经网络能够类似人一样具有简单的决定能力和简单的判断能力),这种方法比起正式的逻辑学推理演算更具有优势。

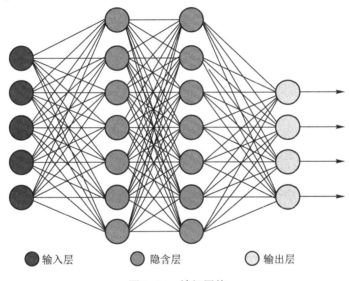

输入层　　隐含层　　输出层

图2-24　神经网络

(1)神经网络的发展历史。1943年,心理学家 W.S.McCulloch 和数理逻辑学家 W.Pitts 建立了神经网络和数学模型,称为 MP 模型。他们通过 MP 模型提出了神经元的形式化数学描述和网络结构方法,证明了单个神经元能执行逻辑功能,从而开创了人工神经网络研究的时代。1949年,心理学家提出了突触联系强度可变的设想。

20世纪60年代,人工神经网络得到了进一步发展,更完善的神经网络模型被提出,其中包括感知器和自适应线性元件等。M.Minsky 等仔细分析了以感知器为代表的神经网络系统的功能及局限后,于1969年出版了 *Perceptron* 一书,指出感知器不能解决高阶谓词问题。他们的论点极大地影响了神经网络的研究,加之当时串行计算机和人工智能所取得的成就,掩盖了发展新型计算机和人工智能新途径的必要性和迫切性,使人工神经网络的研究处于低潮。在此期间,一些人工神经网络的研究者仍然致力于这一研究,提出了适应谐振理论、自组织映射、认知机网络,同时进行了神经网络数学理论的研究。以上研究为神经网络的研究和发展奠定了基础。

1982年，美国加州工学院物理学家J.J.Hopfield提出了Hopfield神经网格模型，引入了"计算能量"概念，给出了网络稳定性判断。

1984年，他又提出了连续时间Hopfield神经网络模型，为神经计算机的研究做了开拓性的工作，开创了神经网络用于联想记忆和优化计算的新途径，有力地推动了神经网络的研究；1985年，又有学者提出了波耳兹曼模型，在学习中采用统计热力学模拟退火技术，保证整个系统趋于全局稳定点。

1986年进行认知微观结构研究，提出了并行分布处理的理论。人工神经网络的研究受到了各个发达国家的重视，美国国会通过决议将1990年1月5日开始的十年定为"脑的十年"，国际研究组织号召它的成员国将"脑的十年"变为全球行为。在日本的"真实世界计算（RWC）"项目中，人工智能的研究成了一个重要的组成部分。

（2）折叠特点和优越性。人工神经网络的特点和优越性，主要表现在三个方面：第一，具有自学习功能。例如实现图像识别时，只在先把许多不同的图像样板和对应的应识别的结果输入人工神经网络，网络就会通过自学习功能，慢慢学会识别类似的图像。自学习功能对于预测有特别重要的意义。预期未来的人工神经网络计算机将为人类提供经济预测、市场预测、效益预测，其应用前途是很远大的。第二，具有联想存储功能。用人工神经网络的反馈网络就可以实现这种联想。第三，具有高速寻找优化解的能力。寻找一个复杂问题的优化解，往往需要很大的计算量，利用一个针对某问题而设计的反馈型人工神经网络，发挥计算机的高速运算能力，可能很快找到优化解。

（3）基本结构。一种常见的多层结构的前馈网络由三部分组成：①输入层，众多神经元接受大量非线性输入信息。输入的信息称为输入向量。②输出层，信息在神经元链接中传输、分析、权衡，形成输出结果。输出的信息称为输出向量。③隐藏层，简称隐层，是输入层和输出层之间众多神经元和链接组成的各个层面。隐层可以有多层，习惯上会用一层。隐层的节点（神经元）数目不定，但数目越多神经网络的非线性越显著，从而神经网络的强健性（控制系统在一定结构、大小等的参数摄动下维持某些性能的特性）更显著。习惯上会选输入节点1.2~1.5倍的节点。

（4）具体分类。神经网络的类型已经演变出很多种，这种分层的结构也并不是对所有的神经网络都适用。人工神经网络分类为以下两种：

1）按学习策略分类。主要有监督式学习网络、无监督式学习网络、混合式学习网络、联想式学习网络、最适化学习网络。

2）按网络架构分类。主要有前向式架构、回馈式架构、强化式架构。

2.试验方法

供试品种为云烟87，中部叶图像的采集叶位为倒数第9叶位，上部叶的图像采集叶位为倒数第4叶位，为避免光照强度太强会对图像质量造成影响，图像采集时间为早晨5:30—8:30及下午5:00—7:00，采集烟株选取方案为选区能代表当地种植水平的烟田330 m²，以行为单位，从田边第一行第一株起到最后一株止，舍弃没有烘烤价值的病叶、衰老叶，由河南农业大学专业烘烤老师鉴别烟叶成熟度，记录结果。采用Nikon D850型相机对不同成熟度上部叶烤烟的图像进行采集（图2-25）。其中上部叶共采集图像样本364份，中部叶

图2-25　烤烟图像采集

共采集图像样品 408 份。最终统计,上部叶欠熟样本 117 份,尚熟样本 180 份,适熟样本 68 份;中部叶欠熟样本 55 份,尚熟样本 86 份,适熟样本 260 份,过熟样本 38 份。采用 Matlab 2018b 软件对采集图像的颜色特征与纹理特征进行采集。将欠熟烤烟定义为"1",尚熟烤烟定义为"2",适熟样本定义为"3",过熟样本定义为"4"。将不同部位的烤烟颜色特征与纹理特征及成熟度,随机选取总样本的 70% 作为训练集,余下 15% 作为测试集,最后 15% 为验证集,建立神经网络模型。

3. 不同成熟度烤烟颜色特征的差异

（1）上部叶颜色特征的差异。由图 2-26 可知,不同成熟度烤烟的颜色特征值均表现为适熟>尚熟>欠熟,其中上部叶欠熟烟叶的 L^* 值保持为 38.6~39.8,a^* 值保持为 -7.3~-6,b^* 值保持为 42.7~43.8,C^* 值保持为 29.7~30.8,H^* 值基本保持为 -0.28~-0.22;而尚熟烟叶的 L^* 值保持为 39.6~41.1,a^* 保持为 -6.3~-4.9,b^* 值保持为 43.6~44.7,C^* 值保持为 30.7~32.1,H^* 值保持为 -2.0~-0.12;适熟烟叶的 L^* 值基本保持为 40.7~41.2,a^* 值基本保持为 -2.2~-4,b^* 值基本保持为 43.7~45,C^* 值基本保持为 31.8~32.8,H^* 值保持为 -0.16~-0.6。可见,不同成熟度间的各颜色参数的区别度较高,这充分表明随着烤烟成熟度的提升,烤烟的颜色特征有着较大差异的变化。

图 2-26　上部叶不同成熟度烤烟的色度值差异

（2）中部叶颜色特征的差异。与上部叶相比,不同成熟度中部叶的各颜色参数均表现为过熟>适熟>尚熟>欠熟（图 2-27）,且中部叶相同成熟度的各颜色特征值略低于上部叶,这主要是上部叶采收成熟度对颜色的要求要高于中部叶。其中,欠熟烟叶的 L^* 值保持为 40.8~41.7,a^* 值保持为 -10~-8.8,b^* 值保持为 38.9~39.6,C^* 值保持为 28.4~29.8,H^* 值保持为 -0.26~-0.18;尚熟烟叶 L^* 值保持为 41.5~42.7,a^* 值保持为 -9.3~-7.8,b^* 保持为 39.4~41.8,C^* 值保持为 28.6~30.9,H^* 值保持为 -0.19~-0.11;适熟烟 L^* 值保持为 42.5~43.9,a^* 值保持为 -8.3~-6.8,b^* 保持为 41.7~41.9,C^* 值保持为 43.7~44.8,H^* 值保持为 -0.15~-0.06;过熟烟 L^* 值保持为 30.7~32.0,a^* 值保持为 -7.3~-6.1,b^* 值保持为 41.8~42.7,C^* 值保持为 31.9~32.8,H^* 值保持为 -0.09~-0.18。不同成熟度烤烟的颜色特征值虽然有一定程度的交叉,但总体而言中部叶不同成熟度烤烟的颜色特征值区分度较高。

图 2-27　中部叶不同成熟度烤烟的色度值差异

4. 不同成熟度烤烟纹理特征分析

（1）上部叶纹理特征差异分析。由图 2-28 可知,上部叶的纹理能量、纹理惯性矩及纹理相关度均表现为适熟>尚熟>欠熟,而纹理熵则表现为欠熟>尚熟>适熟。欠熟烟叶的纹理能量基本保持为 0.14~0.17,纹理惯性矩基本保持为 0.14~0.17,纹理相关度基本保持为 0.283~0.302,纹理熵基本保持为 2.78~3.42;尚熟烟叶的纹理能量保持为 0.16~0.19,纹理惯性矩保持为 0.16~0.19,纹理相关度保持为 0.301~0.324,纹理熵保持为 2.43~3.21;适熟烟叶的纹理能量保持为 0.18~0.22,纹理惯性矩保持为 0.18~0.22;纹理相关度保持为 0.322~0.346,纹理熵保持为 1.73~2.83。且各成熟度烤烟纹理特征值均有一定程度的交叉,表明各成熟度间的纹理特征有一定的相似之处,但总体上各成熟度纹理特征的区分度较好。

图 2-28　上部叶不同成熟度烤烟的纹理特征值差异

（2）纹理熵的差异分析。由图 2-29 可知,与上部叶相比,中部叶的纹理能量、纹理惯性矩及纹理相关度同样均表现为过熟>适熟>尚熟>欠熟,而纹理熵则表现为欠熟>尚熟>适熟>过熟,且纹理能量、纹理惯性矩及纹理相关度略高于上部叶,而纹理熵略低于中部叶,这主要是上部叶的纹理特征与中部叶差异较大所致。其中,中部叶的欠熟烟叶的纹理能量保持为0.16~0.19,纹理惯性矩保持为0.16~0.19,纹理相关度保持为0.426~0.453,纹理熵的相关度保持为2.74~2.72;尚熟烟叶的纹理能量保持为0.19~0.22,纹理惯性矩保持为0.19~0.22,纹理相关度保持为0.443~0.469,纹理熵保持为2.19~2.64;适熟烟的纹理能量保持为0.21~0.24,纹理惯性矩保持为0.21~0.24,纹理相关度保持为0.452~0.489,纹理熵保持为1.84~2.24;过熟烟的纹理能量保持为0.23~0.26,纹理惯性矩保持为0.23~0.26,纹理相关度保持为0.483~0.512,纹理熵保持为1.66~2.05。中部叶各成熟度纹理特征有一定程度的差异,但总体区分度与上部叶相比表现更好,这主要是由于中部叶生态环境对其生长发育更加有利,达到成熟的时间较短,纹理特征更加明显。

图2-29 中部叶不同成熟度烤烟纹理特征值的变化

5.烤烟成熟度神经网络模型的构建

(1)神经网络的拓扑结构。为了进一步探究不同成熟度烤烟的颜色与纹理特征的综合区别,建立基于颜色与纹理特征的烤烟成熟度识别模式,以不同部位以烤烟颜色特征 L^*、a^*、b^*、C^*、H^* 等5个指标与纹理能量、纹理熵、纹理惯性矩、纹理相关度等4个纹理特征指标作为网络模型的输入值,以对应的烤烟成熟度作为输出。采用 Matlab 2018b 建立拓扑结构为9-10-1的反向传播(Back Propagation,BP)神经网络模型(图2-30)。

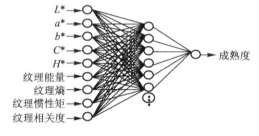

图2-30 烤烟成熟度神经网络模型拓扑结构

(2)神经网络的训练过程。经过反复训练将网络模型的隐含层的单元数确定为10。该模型的训练过程见图2-31。由图2-31可知,上部叶当迭代次数为7时,模型开始收敛,迭代误差保持在最低水平;而中部叶当迭代次数为2时,模型开始收敛,迭代误差保持在最低水平。

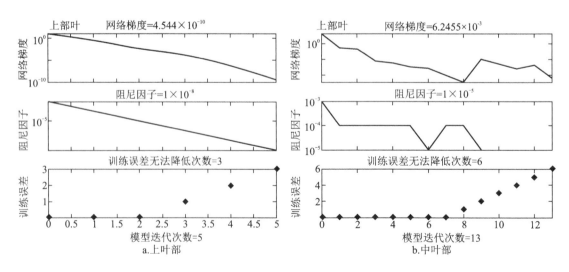

图2-31 烤烟成熟度BP神经网络模型训练过程

（3）神经网络的训练总体概况。由图 2-32 可知，中部叶的网络模型训练时间基本在瞬间完成，而上部叶的训练时间则为 3 s。上部叶的训练次数为 355 次，而中部叶的训练次数仅为 21 次；上部叶训练的均方误差最大值为 4.86×10^{-12}，而中部叶的均方误差最大值为 8.72×10^{-14}，少了两个数量级。

（4）神经网络的各训练数据误差分析。由图 2-33 可知，烤烟上部叶成熟度模型的训练数据、测试数据及验证数据的误差主要分布范围为 $-0.340\ 3 \sim 0.557$，且在 $0.027\ 17$ 时分布最广；而中部叶成熟度模型的误差主要分布在 -4.7×10^{-10}、-2.6×10^{-10} 及 1.2×10^{-10} 等 3 个误差范围，且在 -2.6×10^{-10} 时分布最广。通过对比两者的网络模型误差，可知中部叶的模型误差远小于上部叶的模型误差，但两者均保持在较低水平，表明所建立的网络模型能够科学有效地甄别不同成熟度烤烟。

（5）BP 神经网络模型模拟数据与真实数据对照。由图 2-34 可知，无论是上部叶与中部叶的训练值、测试值还是验证值的模拟值与实际值的相关系数均达到了 0.98 以上，表明所建立的网络模型能够很好地对烤烟的成熟度进行识别，在生长产中可以运用此网络模型对烤烟的成熟度进行鉴定与识别，最终实现烤烟成熟度的智能化采收与应用。

图 2-32 不同成熟度烤烟 BP　图 2-33 烤烟成熟度 BP　图 2-34 烤烟成熟度 BP 神经网络
神经网络模型训练结果　神经网络模型误差分析　模型模拟值与真实值对比

二、高光谱技术的应用

当前无论是在烤烟采收成熟度的判断，还是在烤烟烘烤过程中烟叶变化的判断及烟叶分级的判断都是通过实践经验去开展，然而通过经验去做出判断会因人员的差异而带来不同程度的误差，在一定程度上阻碍了烟叶生产的发展，近年来随着高光谱遥感技术的发展，无论在理论上、技术上和应用上均发生了重大的变化。利用高光谱技术可以直接对地物进行微弱光谱差异的定量分析，一次性光谱数据的采集可以分析多个生物学指标。因此，将高光谱图像技术应用到烤烟的生产无疑是较好的选择，烤烟在生长发育过程中，鲜烟叶颜色变化不仅可表征其营养状态，还是判断烟叶成熟与否的主要鉴别指标，更是烤后烟重要的分级因素。而实际生产中烤烟颜色、组织结构、叶脉及化学成分等叶片特征均有一定的规律变化，都会在反射光谱上得到一定反映。因此，本部分拟以不同部位、不同成熟度烤烟颜色与纹理特征的变化为载体，通过分析高光谱特征与烤烟颜色、纹理特征的关系，以期为烤烟成熟度的判断提供理论支撑。

1. 高光谱技术概况

光谱分辨率在 101 数量级范围内的光谱图像称为高光谱图像。遥感技术经过 20 世纪后半叶的发展，无论在理论上、技术上和应用上均发生了重大的变化。其中，高光谱图像技术的出现和快速发展无疑是这种变化中十分突出的一个方面。通过搭载在不同空间平台上的高光谱传感器，即成像光谱仪，在电磁波谱的紫外、可见光、近红外和中红外区域，以数十至数百个连续且细分的光谱波段对目标区域同时成像。在获得地表图像信息的同时，也获得其光谱信息，第一次真正做到了光谱与图像的结合。与多光谱遥感影像相比，高光谱影像在信息丰富程度方面有了极大的提高，在处理技术上，对该类光谱数据进行更为合理、有效的分析处理提供了可能。因而，高光谱图像技术所具有的影响及发展潜力,是以往技术的各个发展阶段所不可比拟的,不仅引起了遥感界的关注,还引起了其他领域(如医学、农学等)的极大兴趣。高光谱遥感的发展得益于成像光谱技术的发展与成熟(图2-35)。成像光谱技术是集探测器技术、精密光学机械、微弱信号检测、计算机技术、信息处理技术于一体的综合性技术。其最大特点是将成像技术与光谱探测技术结合,在对目标的空间特征成像的同时,对每个空间像元经过色散形成几十个乃至几百个窄波段以进行连续的光谱覆盖。这样形成的数据可以用"三维数据块"来形象地描述,x 和 y 表示二维平面像素信息坐标轴,第三维(λ 轴)是波长信息坐标轴。高光谱图像集样本的图像信息与光谱信息于一身。图像信息可以反映样本的大小、形状、缺陷等外部品质特征,由于不同成分对光谱吸收也不同,在某个特定波长下图像对某个缺陷会有较显著反映,而光谱信息能充分反映样品内部的物理结构、化学成分的差异。这些特点决定了高光谱图像技术在农产品内外部品质的检测方面的独特优势。

图 2-35 可提取的高光谱特征参数

2.试验方法

采用手持便携式地物光谱仪测定烟叶的光谱反射率,光谱有效范围为 350～1075 nm。光谱测定时选用与光谱仪配套的标准灯,测量时保证光谱仪距被测叶片距离不变的情况下,标准灯的高度和角度以校准光谱仪时 DN 值(数字量化值)在 4 万～5 万为准。每个小区按照处理的要求选择具有代表性的叶片进行测量,每个叶片在叶基部、中部、尖部分别选取距主脉 5 cm 左右两个点,每个点测量 6 次,取其平均值作为该叶片的光谱值(表 2-17)。烟叶光谱数据测量时要及时进行标准白板校正,保证标准白板的反射率为 0。

表 2-17 可提取的高光谱特征参数

项目	高光谱参数	定义	描述
位置 变量	ρ_g	绿峰反射率	波长 510～560 nm 范围内最大的波段反射率
	λ_g	绿峰位置	波长 510～560 nm 范围内最大反射率对应的波长
	D_b	蓝边幅值	波长 490～530 nm 内一阶导数光谱最大值
	λ_b	蓝边位置	波长 490～530 nm 内一阶导数光谱最大值对应的波长
	D_r	红边幅值	波长 680～760 nm 范围内一阶导数光谱最大值
	λ_r	红边位置	波长 680～760 nm 范围内一阶导数光谱最大值对应的波长
	D_y	黄边幅值	波长 560～640 nm 范围内一阶导数光谱最大值
	λ_y	黄边位置	波长 560～640 nm 范围内一阶导数光谱最大值对应的波长
	ρ_r	红谷反射率	波长 650～690 nm 范围内最小的波段反射率
	λ_o	红谷位置	波长 650～690 nm 范围内最小反射率对应的波长
面积 变量	SD_g	绿峰面积	波长 510～560 nm 之间原始光谱曲线所包围的面积
	SD_r	红边面积	波长 680～760 nm 内一阶导数光谱的积分
	SD_y	黄边面积	波长 560～640 nm 内一阶导数光谱的积分
	SD_b	蓝边面积	波长 490～530 nm 内一阶导数光谱的积分
植被 变量	SD_r/SD_b		红边面积与蓝边面积的比值
	SD_r/SD_y		红边面积与黄边面积的比值
	$(SD_r-SD_y)/(SD_r+SD_y)$		红边面积与黄边面积的归一化值
	$(SD_r-SD_b)/(SD_r+SD_b)$		红边面积与蓝边面积的归一化值
	R_g/R_r		绿峰反射率与红谷反射率的比值
	$(R_g-R_r)/(R_g+R_r)$		绿峰反射率与红谷反射率的归一化值

3.不同成熟度烤烟的高光谱反射率

由图2-36可知,不同成熟度烤烟在蓝、红光波段形成两个低反射区,从500 nm起反射率逐渐变大,在550 nm处形成一个小的反射峰,在700 nm左右反射率突然上升,在近红外区成为一个高反射平台,随着烤烟生育期的推进,烟叶逐渐成熟,表现出不同的落黄程度,各部位烟叶在480~680 nm的可见光范围内,成熟度越高则反射率越大;通过光谱曲线可知,500~660 nm(尤其是绿峰反射率)对于不同成熟度的烟叶有较好的区分效果。650~690 nm范围内的红谷反射率的变化规律同绿峰反射率一致,随成熟度提高呈不断后移的趋势。

4.反射率的一阶导数值

由图2-37可知,不同成熟度烟叶反射率的一阶导数值(480~800 nm)。烟叶的红边位置随生育期的推迟,不断前移,中部叶和上部叶的红边幅值不断增大,各部位烟叶蓝边幅值的变化趋势则一致,表现为不断增大。黄边位置则呈向后移的趋势,黄边幅值基本为零,保持稳定。

5.高光谱特征参数与成熟度的相关性分析

通过对不同部位烤烟高光谱特征参数与成熟度因子进行相关性分析,见图2-38,不同成熟度烟叶的大多数高光谱特征参数与成熟度相关度达到非常高的水平;ρ_g/ρ_r、$(\rho_g-\rho_r)/(\rho_g+\rho_r)$等部分高光谱特征参数与成熟度因子相关度较低。这说明烟叶高光谱特征参数能够反映不同成熟度的烤烟特征属性,随着部位不同,与成熟度差异有较高的识别能力。

图2-36 不同成熟度烤烟的高光谱反射率　　图2-37 不同成熟度烤烟高光谱反射率的一阶导数值　　图2-38 高光谱特征参数与成熟度因子的相关性分析

三、总结

通过对不同成熟度的颜色与纹理特征分析可知,不同成熟度中部叶与上部叶的颜色特征与纹理特征均有较高的差异性,通过建立神经网络模型,利用颜色与纹理特征能够行之有效地鉴别烤烟的成熟度,且中部叶所建立的模型效果更加优秀,针对当前的烤烟生产方式过于粗放,经济损失相对较大的现状有较好的应用前景。

通过对不同部位烤烟的高光谱参数进行分析可知,不同部位不同成熟度的烤烟在550~700 nm的光照条件下有较大差异,且成熟度越高则反射率越大,通过相关分析可知,多数的高光谱参数与成熟度均有较高的相关度,烟叶高光谱特征参数能够反映不同成熟度的烤烟特征。

第四节　烤烟的烘烤特性

烘烤特性是烟叶在农艺过程中获得的与烘烤技术和效果密切相关的自身所固有的素质特点,可以分为"易烤性"和"耐烤性"两个方面。"易烤性"反映烟叶在烘烤过程中变黄、脱水的难易程度。较易变黄、较易脱水的烟叶被描述为易烤,反之则不易烤。"耐烤性"主要是指烟叶在定色期间对烘烤环境变化的敏感性或耐受性。定色期(包括干筋期)对烘烤环境变化不敏感、不易褐变的烟叶被描述为耐烤,否则被描述为不耐烤。烟叶的易烤性和耐烤性是烟叶烘烤性的相互联系又相对独立的两个方面,有的烟叶较为易烤但不一定耐烤,有的烟叶较为耐烤但不一定易烤。通常,把那些既易烤又耐烤的烟叶称为烘烤特性好的烟叶,否则被称为烘烤特性差或较差的烟叶。暗箱条件下烟叶的变色特性反映了烟叶实际烘烤中的烘烤特性。烟叶变黄时间的长短反映了烟叶的变黄特性,烟叶完全变黄到开始褐变及褐变时间的长短反映了烟叶的耐烤性。通常变黄快而又能维持较长时间不变褐的烟叶,烘烤特性较好,既易烤又耐烤,容易烘烤,烤后黄烟率高,青杂烟少。本节以 K326 与 G80 为研究对象,以不同部位为研究方向,运用暗箱试验对烤烟的烘烤特性进行分析,以期为烤前烤烟素质检测提供一定的参考。

一、烤烟中部叶的烘烤特性

由图 2-39 可知,G80 鲜烟叶五六成黄,完全变黄(包括侧脉)时间为 36 h,主要是叶尖叶缘及叶面凸出的部位先变黄,基部叶耳处及较粗侧脉附近变黄相对较慢,总体变黄较快;此时叶片凋萎,失水量在 10% ~ 20% 之间,主脉发青,变化不明显。48 h 时叶基部靠上开始出现褐色斑点,叶尖叶边缘微卷,但直至 72 h 烟叶进一步褐变不明显,主脉略有失水,总体失水变化也不明显。综合变黄与开始变褐时间,G80 中部叶易烤性好,耐烤性较差,这种情况可能是由于当地烟叶大田期雨水多、光照少,导致烟叶组织疏松,有机物积累少,含水量大,从而降低了烟叶的耐烤性。由图 2-39 可知鲜烟叶落黄较差,24 h 时除叶基部较粗侧

图 2-39 烤烟中部叶的烘烤特性

脉附近未变黄外,其余基本变黄,直至 48 h 烟叶完全变黄(包括侧脉),同时也有个别褐色斑点,可能是鲜烟带有病斑引起的,此时凋萎程度较 G80 完全变黄时稍高,可能是时间稍长的缘故;60 h 时开始明显出现褐变现象,首先从叶尖叶缘开始,变褐程度达两三成,同时叶尖叶边缘微卷,72 h 进一步变褐达五成左右,变褐速度较快,叶片失水 30% ~ 40%。综合变黄与变褐情况,K326 中部叶易烤性好,耐烤性差。

二、上部叶的烘烤特性

由图 2-40 可知,鲜烟叶两三成黄,前 24 h 烟叶变化不大,变黄约五成,略有失水,接下来的 24 h,变化很快,到 48 h 时基本全黄,颜色稍淡,个别较粗侧脉未黄,完全变黄(包括侧脉)时间为 60 h,此时烟叶凋萎不明显,失水约 10%;个别由于病斑导致的褐色斑点出现较早,但直至 96 h,进一步褐变不明显,失水约 15%,变化不大;从 108 h 开始,变褐明显,褐变程度达三成,此时失水变化也较明显,叶尖叶边缘明显变干,接下来的 24 h,变褐速度很快,132 h 时达七八成褐。因此,推断烟叶的褐变与失水存在相关性,并且随着烟叶的失水速度加快,变褐速度也加快。综

图 2-40 烤烟上部叶的烘烤特性

合变黄与变褐时间,G80 上部叶易烤性好,耐烤性好。与中部叶的区别在于上部叶叶片较厚,组织相对致密,有机物积累相对较多,使烟叶的耐烤性明显增强。鲜烟叶两三成黄,前 24 h 烟叶变化不大,24 h 时变黄达四五成,从 24 h 至 48 h,变黄较快,到 48 h 时,叶片基本全黄,只剩基部较粗侧脉未黄,60 h 烟叶完全变黄(包括侧脉),此时失水约 10%;72 h 时开始出现褐变现象,部位在叶耳靠上处,此时失水变化不明显,直至

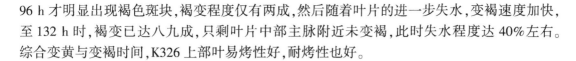

96 h才明显出现褐色斑块,褐变程度仅有两成,然后随着叶片的进一步失水,变褐速度加快,至132 h时,褐变已达八九成,只剩叶片中部主脉附近未变褐,此时失水程度达40%左右。综合变黄与变褐时间,K326上部叶易烤性好,耐烤性也好。

三、总结

烤烟烘烤特性是烤烟烘烤操作的重要参考,烘烤过程中参考烤烟的烘烤特性,有针对性提出不同品种、不同部位烤烟的烘烤工艺,以便降低烤坏烟概率,就本试验而言从烟叶的褐变速度与失水情况及G80烟叶的变化来看,在完全变黄的条件下,烟叶失水较快变褐也较快。依据变黄的时间及失水情况,可知上部叶暗箱试验与烘烤过程变黄阶段存在类似的特点,初期变黄较慢,叶片失去部分水分后,变黄速度才明显增快;同时,褐变也有类似特点,刚开始出现褐变现象时变化较慢,随着烟叶的明显失水,变褐速度加快。

第三章　密集烤房与烘烤环境

烟叶的烘烤是由烘烤环境、烟叶属性及人为因素共同作用的结果,然而在实际生产中烟叶种植地域环境基本上保持稳态,尤其是水、肥、气、热等烟叶的生长环境很少以人的意志为转移,因此为了提高烟叶质量,减少生产损失,国内外学者做了大量的研究,对烟叶生产作出突出贡献。然而烟叶环境是在人建造的设备内形成,依靠人的控制而变化的,在烟叶烘烤期间人的主观能动性发挥到了极致,但是由于操作人员文化水平、实践经验的差异,烘烤依旧是烟叶生产中难点,究其原因主要是烤房环境的控制与烟叶的变化不协调所致,烟叶的烘烤环境是复杂而多变的。究其来源主要有三:其一是烤房的加热设备与循环风机,负责烤房内的热量供给与湿热传动;其二是烤房外界,主要负责烤房内的干燥空气的补给与湿热空气的吸收;其三是烤房内的烟叶,负责热量的吸收、水汽的产生及气体成分的改变。具体而言,烟叶的烘烤环境主要有温度、湿度、风速、风压等构成。本章主要从烤烟烘烤的烘烤特性、烘烤环境及新型烤房入手研究烤房的烘烤环境变化,以期将烘烤环境的变化及影响因素进行剖析,为烘烤从事者提供一些操作参考。

第一节　密集烤房结构

密集烤房的研究始于 20 世纪 50 年代中期。美国北卡罗来纳州立大学琼森等以减少烟叶烘烤人工投入、提高烤烟质量为目的,进行了密集烘烤试验研究,从而引发了烟叶烘烤技术的一场革命。

我国最早在 20 世纪 60 年代开始进行密集烤房研究。1963 年,河南省烟草甜菜工业科学研究所进行了密集烤房试验研究,并于 1973—1974 年设计出了第一代以煤为燃料、土木结构的密集烤房,在河南、山东、吉林等省示范应用。但是最后由于当时的自然经济状况及农村生产组织形式等原因,没有大面积推广。

20 世纪 90 年代初期,河南、云南等省分别从国外引进了多种形式、型号、规格的密集烤房。这些密集烤房价格昂贵,烘烤成本很高,不适合我国烤烟生产的实际情况。进入 21 世纪后,随着烤烟规模化生产的发展,密集烤房的研究又一次形成热潮。2003 年,安徽省成功研制出悬浮式蜂窝煤炉的密集烤房,并在诸多地区大面积示范和推广,取得了良好的应用效果,引领了我国烟叶烘烤设备发展史上的一次革命。2004 年,贵州成功引进和研究了散叶烤房。随后,河南农业大学成功研究开发出了高效电热式温、湿度自控密集烤房。

随着我国烤烟规模化生产的发展,密集烤房成为我国烤烟烘烤设备的发展方向,2004 年中国烟草总公司实施了"烤烟适度规模种植配套烘烤设备的研究与应用"项目,密集烤房的研究又一次形成热潮。2009 年,国家烟草专卖局印发了《国家烟草专卖局办公室关于烤房设备招标采购管理办法和密集烤房技术规范(试行)修订版的通知》(国烟办综〔2009〕418号),规范了烤房设备招标采购行为,统一了密集烤房建设标准和规格,推广并排连体集群烤房建设,成为我国密集烤房建设史上的里程碑。

烤房是烤烟烘烤行为进行的场所,由 5 个部分组成:供热系统、动力系统、控制系统、回风排湿系统和装烟室。各个系统分工明确协调工作,保障各个系统的正常运作是保障烤烟烘烤顺利进行的基石(图3-1)。虽然近年来烤房的发展日新月异,如隔热涂料烤房、便携式烤房、新能源烤房、不同装烟方式烤房及大型流水线烤房均为烤烟质量的改善、用工成本的降低作出了很大贡献,但是内部烤房烘烤系统依旧不曾改变,只是在某种形式上做出了一些替代或改进,故此对于烤烟烘烤专业技术人员而言,充分了解烤房各部位运作原理,出现问题的表现及出现问题后的解决措施是烘烤成功的关键所在。烤烟烘烤两大任务是变黄与干燥,具体到实际操作便是在保障燃烧炉正常供热的前提下实现烤房的热风循环与排湿换气,密集烤房的烘烤主要是通过热空气的流动实现的(图3-2)。热风循环过程的实现步骤是:第一步,循环风机运转产生风速与风压,赋予空气动力,空气经过加热的燃烧炉散热器后被加热;第二步,空气被加热后通过进风口由加热室进入装烟室;第三步,进入加热室的热空气经过一系列的运动逐一穿过烟层;第四步,热空气穿过烟层后,通过回风后再一次进入加热室。排湿换气过程的实现:第一步,若烤房内热空气水分含量过高,不适宜烤烟的烘烤,则冷风门开启,外界空气进入加热室;第二步,外界空气在加热室加热后进入装烟室,在烤房内外大气压存在压差的作用下,排湿窗自行打开,湿热空气排出烤房。整个过程均有烤房自控仪进行控制。然而,当前针对烤房突发状况依旧存在应对不足的情况,为此本节主要针对烤房的各设备参数进行分析,以便从事烘烤的人员对烤房各设备有充分的了解,在使用过程中能够随机应变,做好维修与养护工作。

图3-1 密集烤房

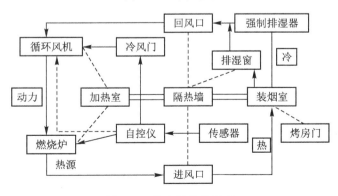

图3-2 烤房运作的原理

一、烤房群的建造参数

新建密集烤房要求多座连体集群建设。烤房群数量山区10座以上,坝区与平原区20座以上,烘烤工场原则上50座以上。烤房群要求2座以上连体建设,规划有编烟操作区等辅助设施,优化布局,节约用地。以5座并排连体建设为一组,建设10座烤房为例,布局规划见图3-3。鼓励在30座以上的烤房群配备集中供热和中央集群控制系统。中央集群控制系统网络拓扑采用终端匹配的总线型结构,用一条数据总线连接全部设备通信,其监视器显示内容与温湿度控制设备液晶显示器显示的信息内容一致,显示方式可在记录式显示、曲线式显示、图表式显示3种方式之间切换。显示界面可在单个温湿度控制设备运行状态参数显示和多个温湿度控制设备运行状态参数显示之间切换。具备远程监控功能,在具备互联网通信条件的地方,可随时察看每个温湿度控制设备的运行状态参数,并可对运行状态参数进行读取、记录和修改。适应连体集群建设,优化装烟室、加热室结构及通风排湿系统设置,统一土建结构、统一供热设备、统一风机电动机、统一温湿度控制设备,整体浇筑循环风机台板,固定风机安装位置。以并排五连体烤房为例,加热室正面结构及单座烤房剖面结构见图3-4、图3-5。

图3-3　并排连体集群密集　　　图3-4　并排五连体密集烤房　　　图3-5　并排连体建设单座密集烤房

烤房布局规划(单位:mm)　　　加热室正面结构(气流上升式)　　　剖面结构(气流上升式)(单位:mm)

二、装烟室技术参数

装烟室内室长8000 mm、宽2700 mm、高3500 mm,满足鲜烟装烟量4500 kg以上,烘烤干烟500 kg以上,主要包含地面、墙体、屋顶、挂(装)烟架、导流板、装烟室门、观察窗、热风进(回)风口、排湿口及排湿窗、辅助排湿口及辅助排湿门等结构。装烟室剖面结构见图3-6。

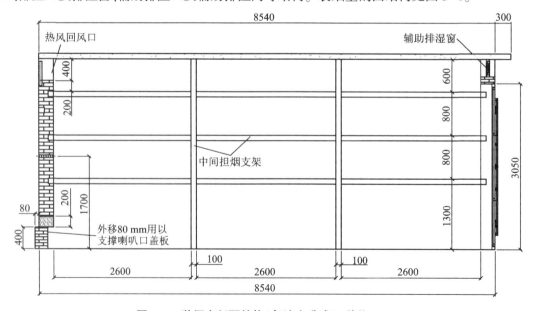

图3-6　装烟室剖面结构(气流上升式)(单位:mm)

（1）地面。找水平,不设坡度,地面加设防水塑料布或其他防水措施。

（2）墙体。砖混结构或其他保温材料结构墙体。砖混结构墙体砖缝要满浆砌筑,厚度240 mm,墙体须内外粉刷。

（3）屋顶。与地面平行,不设坡度。预制板覆盖,厚度≥180 mm;或钢筋混凝土整体浇筑,厚度≥100 mm。加设防水薄膜或采取其他防水措施。

（4）挂（装）烟架。采用直木（100 mm方木）、矩管（≥50 mm×30 mm,壁厚3 mm）或角铁材料（50 mm×50 mm×5 mm）,能承受装烟重量。采用直木或其他易燃材料时,严禁伸入加热室,防止引起火灾。挂（装）烟架底棚高1300 mm（散叶装烟方式底棚高500 mm）,顶棚距离屋顶高度600 mm,其他棚距依据棚数平均分配。采用挂竿、烟夹、编烟机、散叶等编烟装烟方式,鼓励使用烟夹、编烟机、散叶、叠层等编烟装烟方式。

（5）导流板。根据实际需要可以在地面（气流上升式）或屋顶（气流下降式）适当位置设置导流板。

（6）装烟室门。在端墙上装设装烟室门,门的厚度≥50 mm,采用彩钢复合保温板门,彩钢板厚度≥0.375 mm,聚苯乙烯内衬密度≥13 kg/m³。采用两扇对开大门,保证装烟室全开,适应各种装烟方式（如装烟车方便推进推出）,规格见图3-7。

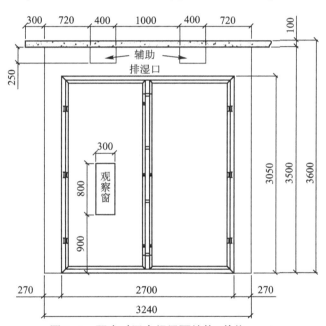

图3-7 两扇对开大门平面结构（单位:mm）

（7）观察窗。在装烟室门和隔热墙上各设置一个竖向观察窗。门上的观察窗设置在左门,距下沿900 mm中间位置,规格800 mm×300 mm,见图3-8。隔热墙上的观察窗设置在左侧距边墙320 mm、距地面700 mm位置,规格1800 mm×300 mm,见图3-8中的位置A所示。观察窗采用中空保温玻璃或内层玻璃外层保温板结构。

（8）热风进（回）风口。热风进风口开设在隔热墙底端（气流上升式）或顶端（气流下降式）,规格2700 mm×400 mm,见图3-8中的位置B所示。热风回风口开设在隔热墙顶端（气流上升式）或底端（气流下降式）,规格1400 mm×400 mm,见图3-8中的位置C所示。气流下降式回风口应加设铁丝网（网孔小于30 mm×30 mm）,防止掉落在地面上的烟叶被吸入加热室后被引燃,引起火灾。

（9）排湿口及排湿窗。在隔热墙顶端（气流上升式）或底端（气流下降式）两侧对称位置紧贴装烟室边墙各开设一个排湿口，规格 400 mm×400 mm，见图 3-8 中的位置 D 所示。在排湿口安装排湿窗，排湿窗采用铝合金百叶窗结构，规格见图 3-9。气流下降式的排湿口可以根据需要向上引出屋顶，以防排出的湿热空气对现场人员造成伤害。

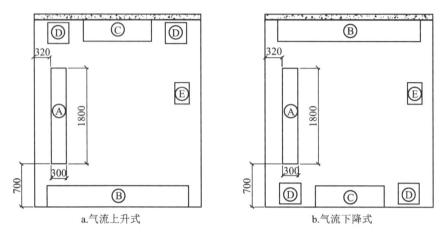

a.气流上升式   b.气流下降式

A-观察窗；B-热风进风口；C-热风回风口；D-排湿口，E-温湿度控制设备

图 3-8 装烟室隔热墙开口（单位：mm）

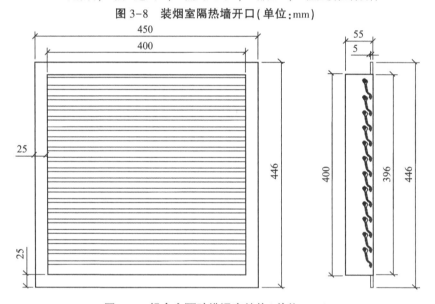

图 3-9 铝合金百叶排湿窗结构（单位：mm）

（10）辅助排湿口及辅助排湿门。气流上升式辅助排风口在装烟室端墙上方对称位置开设两个辅助排湿口，规格 400 mm×250 mm，见图 3-8。在辅助排湿口安装辅助排湿门，以备人为调控。

三、加热室技术参数

加热室主要包含墙体、房顶、循环风机台板、循环风机维修口、清灰口、炉门口、灰坑口、助燃风口、烟囱出口、冷风进风口和热风风道等结构。内室长 1400 mm、宽 1400 mm、高 3500 mm，屋顶用预制板覆盖，厚度≥180 mm；或钢筋混凝土整体浇筑，厚度≥100 mm，加设防水薄膜或采取其他防水措施。墙体为砖混或其他保温材料结构。砖混结构墙体厚度

240 mm,砖缝要满浆砌筑。见图3-10、图3-11。

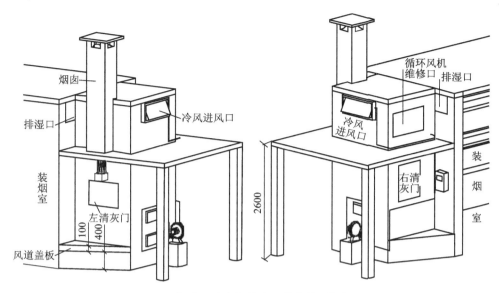

图3-10 气流上升式加热室立体结构(单位:mm)

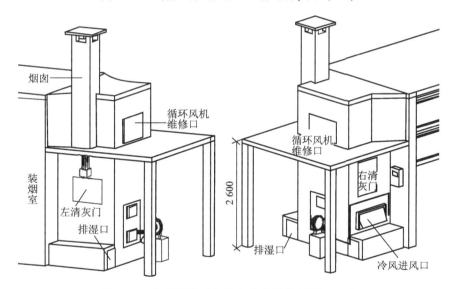

图3-11 气流下降式加热室立体结构(单位:mm)

（1）喇叭状热风风道。为了促进均匀分风，在加热室底部（气流上升式）或顶部（气流下降式）设置热风风道，风道截面为梯形，上底是长度为1400 mm的加热室前墙，下底是与装烟室等宽的2700 mm×400 mm的循环风通道，形似喇叭状。

气流上升式加热室地面向上至400 mm处两边侧墙向外扩展与装烟室边墙连接，上面覆盖厚100 mm预制板或混凝土浇筑结构盖板，形成梯形柱体结构，与热风进风口构成喇叭形风道；距离地面500 mm向上至屋顶为1400 mm×1400 mm×3000 mm的立方柱形（图3-12）。

气流下降式加热室循环风机台板向上（2600 mm处）至屋顶部分，两边侧墙从距离加热室前墙内墙870 mm处向外对折与装烟室边墙连接，形成梯形柱体结构，与热风进风口构成喇叭形风道。循环风机台板以下为1400 mm×1400 mm×2500 mm的立方柱形（图3-13）。

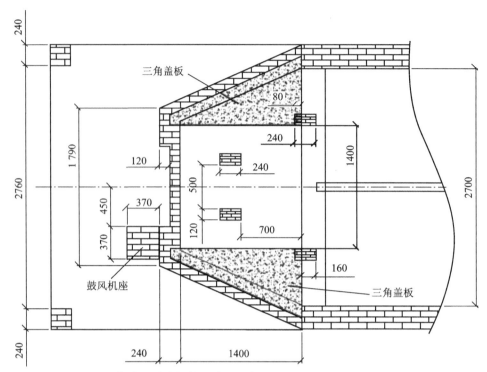

图 3-12　气流上升式加热室地面及喇叭状热风风道俯视图(单位:mm)

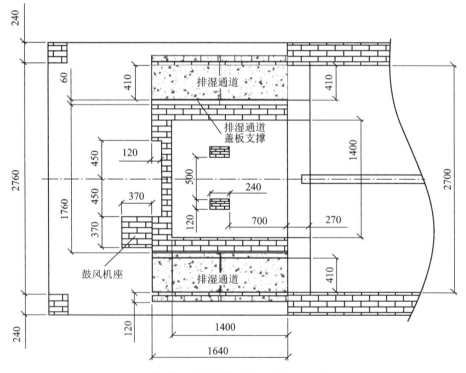

图 3-13　气流下降式加热室地面俯视图(单位:mm)

(2)墙体开口及冷风进风门、循环风机维修门和清灰门。在加热室三面墙体上开设冷风进风口、循环风机维修口、炉门口、灰坑口、助燃风口、清灰口及烟囱出口,并在冷风进风口、循环风机维修口及清灰口安装不同要求的门,见图3-14。

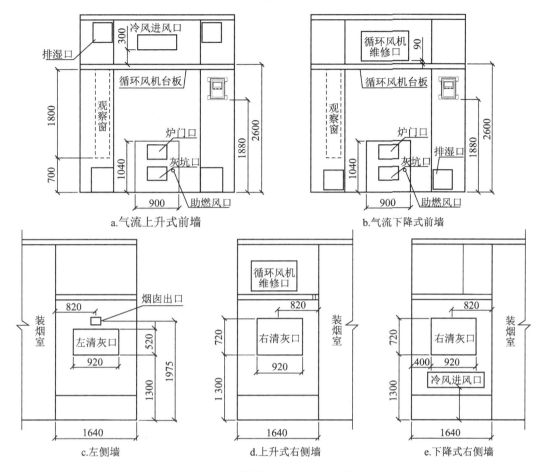

图 3-14　加热室墙体开口设置平面(单位:mm)

(3)冷风进风口及冷风进风门。气流上升式加热室在前墙、风机台板上方300 mm墙体居中位置开设,气流下降式加热室在右侧墙、距离地面650 mm墙体居中位置开设,冷风进风口规格885 mm×385 mm。采用40 mm×60 mm方木制作木框(木框内尺寸805 mm×305 mm),内嵌在冷风进风口内,在木框上安装冷风进风门。冷风进风门达到下列技术指标要求:

1)冷风进风门内尺寸800 mm×300 mm;边框使用25 mm×70 mm×1.5 mm方管,不得使用负差板;长方形框架的四边为直线,四个角均为90°,框架两个内对角线相差≤2 mm;转动风叶采用厚度1.5 mm冷轧钢标准板并设冲压加强筋。

2)风门关闭严密。所有的面为平面,风叶能够在0~90°开启,并在任意角度保持稳定。转动风叶的面与边框的面搭接≥5 mm,不能有缝隙,在不通电条件下转动风叶自由转动<3°;轴向与边框缝隙1~2 mm,轴向旷动<1 mm,两轴同轴度偏差<1.5 mm。

3)转动风叶和边框表面采用镀锌或喷塑处理,颜色纯正,不得有气泡、麻点、划痕和皱褶,所有边角都光滑,无毛刺,焊缝平整,无虚焊。镀锌或喷塑厚度不小于20 μm,能满足长期户外使用。

(4)循环风机维修口及维修门。气流上升式加热室在右侧墙、循环风机台板上方墙体居中位置,气流下降式加热室在前墙、循环风机台板上方墙体居中位置开设,循环风机维修口规格 1020 mm×720 mm。在循环风机维修口安装维修门，维修门采用钢制门或木制门，门框内尺寸不小于 900 mm×600 mm，门板加设耐高温≥400 ℃保温材料。

（5）炉门口、灰坑口和助燃风口。在距离地平面高度为 240 mm 和 680 mm 的前墙居中位置开设灰坑口和炉门口，规格均为 400 mm×280 mm。在灰坑口右侧开设 φ60 的助燃风口，中心点距灰坑口竖向中线 260 mm、距地面 450 mm。在开设灰坑口和炉门口的前墙下部 1040 mm×900 mm 空间内，砌 120 mm 墙，保证炉门和灰坑门开关顺畅。

（6）清灰口、烟囱出口及清灰门。在加热室左右侧墙上各开设一个清灰口，左清灰口下沿距离地面 1300 mm、规格 920 mm×520 mm，右清灰口下沿距离地面 1300 mm、规格 920 mm×720 mm。在清灰口安装清灰门，清灰门采用钢制门或木制门，门板加设耐高温≥400 ℃保温材料，密闭严密。在左侧墙上开设 200 mm×150 mm 的烟囱出口，中心距隔热墙 820 mm、距地面 1975 mm。

四、循环风机台板参数

采用钢筋混凝土现浇板，厚度 100 mm，顶面距地面高 2600 mm。前端延伸出加热室前墙 1260 mm，前端边角设置 240 mm×240 mm 支撑柱形成加煤烧火操作间；两边延伸出加热室，与装烟室等宽，形成风机检修平台；连体烤房循环风机台板进行通体浇筑，遮雨防晒。浇筑时，在台板上预留 φ700 的循环风机安装口和 φ220 的烟囱出口，设置参数见图 3-15。

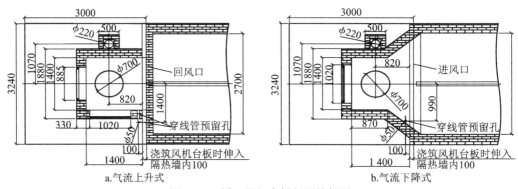

图 3-15　循环风机台板剖面俯视图

五、烟囱参数

烟囱由与换热器焊接的金属烟囱和土建烟囱组成。在循环风机台板的烟囱出口位置向上砌筑高 2500 mm 的砖墙结构的土建烟囱，墙体厚度 120 mm，内径 260 mm×260 mm。其中一面侧墙与加热室左侧墙共墙（共墙部分内外粉刷，密封严密，严防窜烟），烟囱顶部加设烟囱帽，防止雨水从烟囱流进换热器。

六、金属供热设备与技术参数

金属供热设备用耐腐蚀性强的特定金属制作，由分体设计加工的换热器和炉体两部分组成。两部分对接的烟气管道与支撑架均采用螺栓紧固连接。换热器采用 3-3-4 自上而下三层 10 根换热管横列结构，其中下部 7 根翅片管，上部 3 根光管。炉体由椭圆形（或圆形）炉顶、圆柱形炉壁和圆形炉底焊接而成。在炉门口两侧的炉壁对称位置各设置一根二次进风管。采用正压或负压燃烧方式。炉底至火箱上沿总高度 1856 mm，其中炉体高度 1165 mm（不含炉顶翅片），底层翅片管翅片外缘距炉顶 86 mm。金属供热设备基本结构见图 3-16。

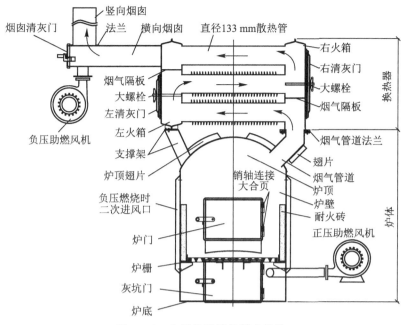

图 3-16　金属供热设备基本结构

1.炉顶和烟气管道加散热片

炉顶和炉壁采用对接或套接方式满焊,炉壁和炉底采用对接方式满焊。炉顶翅片、烟气管道侧面翅片和炉门框法兰可采用双面满焊、单面满焊、单面满焊+对面段焊或两面交错段焊(两面交错段焊点互相连接)方式之一焊接。采用段焊时,每段焊接长度应不小于 50 mm。为减少变形,烟气隔板与火箱内壁应采用单面断续段焊,采用断续段焊时,段间间隔应不大于 100 mm。所有焊接部位选用与母材一致的焊材进行焊接,保证所有焊缝严密、平整,无气孔,无夹渣,不漏气,机械性能达到母材性能。当高等级母材与低等级母材焊接时,须选用与高等级母材一致的焊材。金属外表面均采用耐 500 ℃以上高温、抗氧化、附着力强的环保材料进行防腐处理。设备使用寿命 10 年以上。

2.换热器

换热器包括换热管、火箱和金属烟囱,配置清灰耙。烟气通过换热管两端的火箱从下至上呈"S"形在层间流通,换热器结构与技术参数见图 3-17。

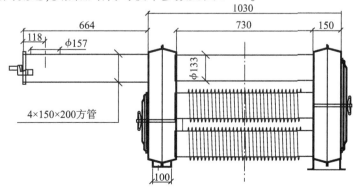

图 3-17　换热器主视图(单位:mm)

（1）换热管。采用厚度 4 mm 耐硫酸露点腐蚀钢板（厚度 4 mm 指实际厚度不低于 4 mm，下同）卷制焊接而成。管径 133 mm，管长 745 mm，与火箱焊接后管长 730 mm，上部 3 根为光管，下部 7 根为翅片管。翅片采用 Q195 标准翅片带，推荐选用耐候钢或耐酸钢翅片带，翅片高度 20 mm，厚度 1.5 mm，翅片间距 15 mm，带翅片部分管长 645 mm（图 3-18）。翅片带与光管采用高频电阻焊技术焊接。

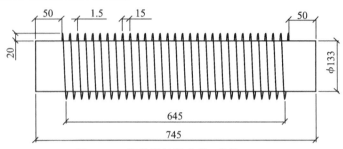

图 3-18　翅片管结构参数（单位：mm）

（2）腐蚀速率。依据 JB/T 7901—1999 金属材料实验室均匀腐蚀全浸试验方法，在温度 20 ℃、硫酸浓度 20%、全浸 24 h 条件下，相对于 Q235B 腐蚀速率小于 30%；在温度 70 ℃、硫酸浓度 50%、全浸 24 h 条件下，相对于 Q235B 腐蚀速率小于 40%。

（3）火箱。火箱是换热管层间烟气的流通通道，左火箱上侧与烟囱连通，右火箱下侧与炉顶烟气管道连通。火箱由内壁、外壁、清灰门、烟气隔板构成，在左右火箱的下侧分别焊接一段换热器支撑架和烟气管道，均采用 4 mm 厚耐酸钢制作。

1）火箱内壁。采用冲压拉伸成型加工。左右两个大小相同，结构相似，均开有从上至下为 3-3-4 排列的 3 层共 10 个 φ135 圆形开口，纵向中心距 200 mm、横向中心距 215 mm。换热管端部与两侧火箱内壁通过嵌入式焊接连接。右内壁下部居中开设 432 mm×42 mm 烟气通道开口。内壁焊接 M14×200 mm 螺栓，左内壁 1 根或 2 根（位置参照右内壁），右内壁 2 根，配置有与螺栓相配套的镀铬手轮，手轮外径 φ100。火箱内壁结构参数见图 3-19。

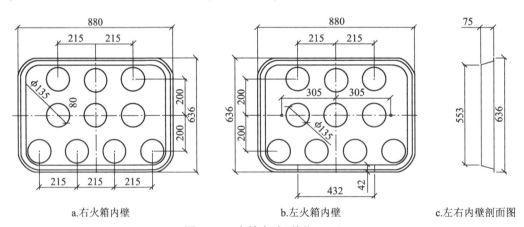

a.右火箱内壁　　　　　　　　b.左火箱内壁　　　　　　　　c.左右内壁剖面图

图 3-19　火箱内壁（单位：mm）

2）火箱外壁。采用冲压拉伸成型加工。左右两个大小相同，在结构上有区别，尺寸略小于火箱内壁，方便焊接。左右外壁焊接在左右火箱内壁上。在左外壁上侧居中位置开设 195 mm×145 mm 的烟囱出口，下侧居中位置开设 690 mm×270 mm 左清灰口；在右外壁居中位置开设 690 mm×446 mm 的右清灰口，下部居中开设 432 mm×42 mm 烟气通道开口；左右清灰口四周冲压成环状封闭高 12 mm 的外翻边，外翻边与清灰门上的凹陷槽闭合。火箱外壁结构参数见图 3-20。

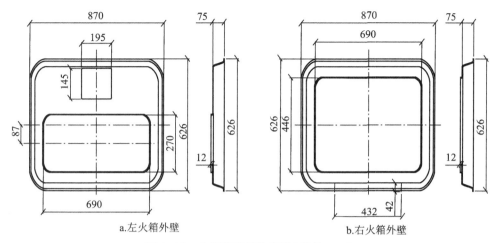

a.左火箱外壁　　　　b.右火箱外壁

图 3-20　火箱外壁结构参数(单位:mm)

3)清灰门。在左右外壁开设的清灰口安装清灰门。在左右清灰门内侧四周焊有 4 mm×13 mm 的扁铁,形成一圈凹陷槽,槽内填充耐高温材料密封烟气。右清灰门设计 X 型冲压对角加强筋防止变形(图 3-21),左清灰门除可参照右清灰门的结构设计外,还可参照右清灰门在清灰门上设置两个固定手轮或设置冲压加强筋防止变形。左右清灰门外壁各焊接两个用 $\phi10$ 钢筋制作的清灰门把手。

4)火箱烟气管道与换热器支撑架。在右火箱底部开设的烟气通道口焊接烟气管道,在左火箱底部居中位置焊接换热器支撑架。左右火箱底部均设计有上卡槽和螺栓连接孔,烟气管道和支撑架分别为 6 个孔和 2 个孔,配置 M8 mm×25 mm 六角螺栓、螺母,结构参数见图 3-22。

5)金属烟囱。由横向段和竖向段两段组成,采用 4 mm 厚耐酸钢制作。横向段为 150 mm×200 mm 的矩形管,长度 664 mm,一端焊接在左火箱外壁的烟囱开口处,另一端伸出加热室左侧墙外,其外端口装有冲压成型的烟囱清灰门,清灰门与烟囱侧壁采用轴插销锁式连接。在横向段上平面开设 $\phi157$ 开口(中心点距外端口 118 mm),开口四周等距开设 4 个 $\phi10$ 孔,与竖向段通过法兰用 M8 mm×25 mm 六角螺栓、螺母连接。竖向段是垂直高度 640 mm、$\phi165$ 的圆形钢管,下端焊接法兰,配置耐高温密封垫。采用负压燃烧方式时,在横向段下平面开设助燃鼓风机开口。产区根据实际需要可在竖向段设置烟囱插板。金属烟囱结构参数见图 3-23。

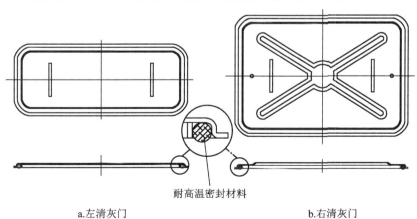

耐高温密封材料

a.左清灰门　　　　b.右清灰门

图 3-21　左右清灰门外观

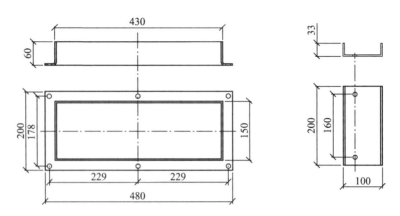

图 3-22　火箱烟气管道与换热器支撑架结构参数(单位:mm)

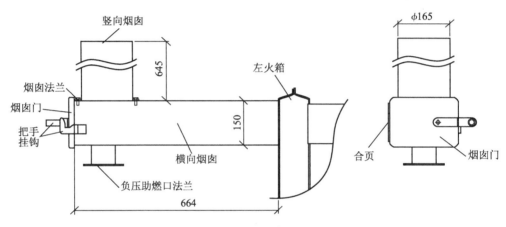

图 3-23　金属烟囱结构参数(单位:mm)

3. 炉体

炉体包括炉顶、炉壁(含二次进风管)、炉栅、耐火砖内衬、炉门(含炉门框)和炉底。炉顶与炉壁、炉栅构成的空间为炉膛,炉栅和炉底之间的空间为灰坑。

(1)炉顶。炉顶由封头、烟气管道、换热器支撑架、表面散热片构成。炉顶表面焊接散热片。面向炉门,炉顶右侧开设烟气通道开口,焊接烟气管道,左侧焊接换热器支撑架。封头采用实际厚度不低于 5 mm 的 09CuPCrNi 耐候钢冲压制作(或铸钢铸造)。烟气管道、换热器支撑架和表面散热片采用 4 mm 厚耐酸钢制作。其中封头圆形或椭圆形,内径 750 mm,内高 240 mm,参照 JB/T 4746。在封头右侧适当位置冲出 420 mm×140 mm 烟气通道开口。在封头表面均匀焊接弧形表面散热片,高度 30 mm、厚度 4 mm,长度 350 mm 的长片 14 个,长度 200 mm 的短片 16 个,长短交错。铸造时封头表面散热片高度 25 mm,底部厚度 5 mm,顶部厚度 3mm,数量及长度同上。见图 3-24,在封头右侧烟气通道开口处焊接烟气管道。设计有凹槽和螺栓连接孔,与火箱烟气管道连接闭合(图 3-25)。烟气管道的右侧外壁等距66 mm均匀焊接 6 个高 30 mm、长 150 mm、厚 4 mm 的耐酸钢表面散热片。

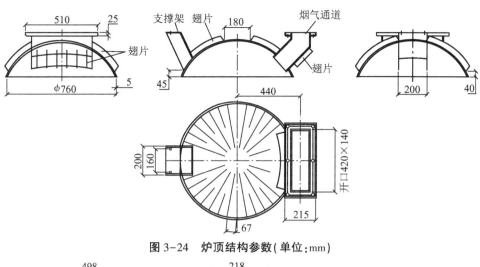

图 3-24　炉顶结构参数(单位:mm)

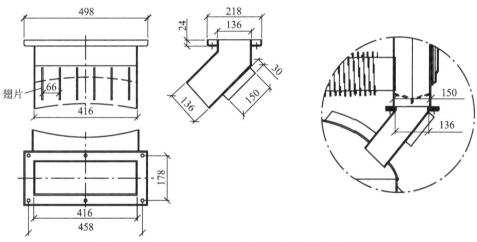

图 3-25　炉顶烟气管道结构及与火箱对接(单位:mm)

(2)炉壁。采用金属钢板卷制焊接,形成高 920 mm、外径 760 mm 的圆柱形炉体,底部焊接金属炉底,高度圆度误差不超过 5 mm,焊缝严密、平整,无气孔、无夹渣、不漏气。在炉壁上开设加煤口、灰坑口和助燃鼓风口,在其两侧炉壁的对称位置各开设两个二次进风口(中心点分别距炉底 230 mm、860 mm)各焊接 1 根二次进风管,管内径 30 mm×30 mm,长 650 mm;在助燃鼓风口斜向焊接 φ60、长 526 mm 助燃鼓风管,与灰坑口边框夹角为 80°,形成切向供风。炉壁和炉底采用 4 mm 厚耐酸钢板制作;二次进风管和助燃鼓风管采用 Q235 钢制作。灰坑结构及正压助燃见图 3-26。

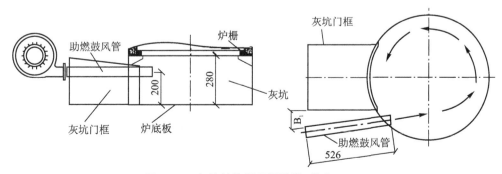

图 3-26　灰坑结构及正压助燃(单位:mm)

（3）炉栅。在距离炉底 280 mm 的炉体内壁先焊接 6 个炉栅金属支撑架，再安装炉栅。炉栅采用 RT 耐热铸铁材料铸造，圆形，等分两块，炉条断面为三角或梯形，有足够的高温抗弯强度。炉条上部宽度为 28~30 mm，炉栅间隙为 18~20 mm，结构参数见图 3-27。

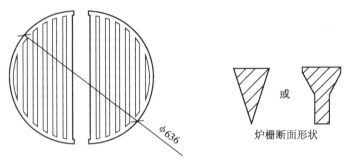

炉栅断面形状

图 3-27　炉栅结构与技术参数（单位：mm）

4.炉门、灰坑门、炉门框及灰坑框

在炉壁上加煤口和灰坑口的开口位置焊接金属门框，安装炉门和灰坑门，炉门和灰坑门采用冲压成型加工方式，灰坑门为单层钢板结构，炉门为双层结构，外层钢板，内层扣板，层间内嵌厚度 30 mm 隔热保温耐火材料。炉门边缘内翻与内层扣板形成宽 17 mm 的凹槽，凹槽内填充耐高温密封材料。炉门框下底面焊接 30 mm×4 mm 扁铁、其他三面焊接 30 mm×30 mm×4 mm 角铁，形成封闭的法兰。门、内层扣板、门框均采用 4 mm 厚耐酸钢制作，门与门框采用轴插销锁式连接，销套外径 16 mm，销轴直径 10 mm。门扣采用手柄式。

七、通风排湿设备与技术参数

轴流风机型号 7 号，叶片数量 4 个，采用内置电动机直联结构，叶轮叶顶和风筒的间隙控制为 5 mm 左右。在 50 Hz 电网供电，转速 1440 r/min 时循环风机性能参数是：风量 15000 m³/h 以上，全压 170~250 Pa，静压不低于 70 Pa，整机最高全压效率 70% 以上，非变频调节装置效率（最高风机全压效率与电动机效率的乘积）不低于 58%。

1.风机叶片

采用 A 形或 B 形叶片结构，叶片截面形状为机翼型，单个风叶与叶柄整体铸成，不得采用钣金叶片。叶轮由压铸铝合金叶片和压铸铝合金轮毂组成，采用带有防松的连接螺栓联结紧固。轮毂表面有不同安装角度的指示标记，方便调节；内孔与选配电动机的轴径一致，方便安装。风叶与轮毂按照所需角度安装后按 JB/T9101 要求进行平衡校正，按平衡精度不低于 G4.0 进行平衡试验。叶轮与风轮材料选用 ZL104 或近似牌号的铸造铝合金。铸件的内、外表面光滑，不得有气泡裂缝及厚度显著不均的缺陷。

2.风筒

风筒直径 700 mm、深度 165 mm，选用厚度 1.8 mm 以上的 Q195 冷轧钢板或 2 mm 以上的铝板焊接而成。焊缝严密、平整，无气孔、无夹渣、不漏气。风筒外表面清洁、匀称、平整，涂防锈涂料和装饰性涂料，内表面涂防锈涂料。安装循环风机时，先检查风机各个部位的螺丝是否旋紧，再把循环风机风叶朝下座到风机台板上。风机中心和台板上的风机预留孔中心一致，找好水平后，把风机下面的风圈法兰同风机台板用水泥砂浆封牢固。

3.电动机

机座号100,额定频率50 Hz,额定功率1.5 kW或2.2 kW,额定转速1440 r/min。电压允许波动±20%。单相电源时采用额定电压为220 V的单相电动机,三相电源时采用额定电压为380 V的4/6极三相高低速电动机。鼓励有条件的烟叶产区推广使用变频器。使用变频器时,采用额定电压为380V的4极三相变频调速电动机,以实现变频调速。变频调速电动机可在20~50 Hz范围内连续调速,在额定电压下,电动机参数应满足:频率为50Hz时,效率不低于80%,功率因数不低于0.80;频率为40 Hz时,效率不低于75%,功率因数不低于0.70;频率为30 Hz时,效率不低于70%,功率因数不低于0.50。

4.助燃鼓风机

离心式,铸铁或钢板外壳,B级绝缘,额定电压220 V,允许波动±20%。正压鼓风机额定功率150 W,负载电流不大于0.75 A,风压490 Pa,风量≥150 m³/h;负压鼓风机额定功率370 W,负载电流1.7 A,风压≥1600 Pa,风量≥600 m³/h。

八、温湿度控制设备与技术参数

通过实时采集装烟室内干球和湿球温度传感器的值,控制循环风机、助燃风机、进风或排湿装置等执行器完成烘烤自动/手动控制。设备使用寿命6年以上。

1.机箱

箱盖(面板)规格415 mm×295 mm,箱体厚度根据需要确定。在箱盖(面板)开设液晶显示框,规格173 mm×96 mm;8个功能按键安装孔。箱盖(面板)表面整体覆盖PC面膜,规格350 mm×228 mm。箱盖(面板)分区及相关参数见图3-28。在机箱侧面设置循环风机高低挡转换旋钮。底部开设电源线进线孔、连接助燃鼓风机的标准两孔插座及多线共用进线孔。箱盖和箱底采用阻燃ABS塑料模具成型。要求坚固、防尘、美观。阻燃达到民用V-1级。防护等级达到IP54。机箱要有接地端子。

2.显示

采用段码LCD屏,具有防紫外线功能;最高工作温度70 ℃,视角120°,规格168 mm×92 mm。背光亮度均匀、稳定,对比度满足户外工作要求。采用直径≥5 mm高亮度状态指示灯。显示内容包括实时显示、曲线显示、故障显示和运行状态显示。实时显示包括实时上/下棚干球温度与湿球温度、目标干球温度与湿球温度、阶段时间与总时间,升温时目标温度值显示取每30 min时的设定计算值。曲线显示是通过对10个目标段的干球温度、湿球温度和对应运行时间的设置,提供曲线示意图。故障显示包括偏温、过载、缺相。运行状态显示包括自设、下部叶、中部叶、上部叶、助燃、排湿、电压、循环风速自动/高/低挡、烤次/日期时钟。字体显示清晰,大小便于观察、区分。实时显示的干球温度和湿球温度的显示值字符高度为12.6 mm,目标干球温度与湿球温度、阶段时间、总时间的显示值的高度为7.7 mm,曲线显示部分的干球与湿球目标设定框内的显示值的高度为6.4 mm,运行时间设定目标设定框内的显示值的高度为4.8 mm,框外的文字、符号及数字的高度均为4.0 mm。故障显示和运行状态显示部分的自设、下部叶、中部叶和上部叶文字的高度为4.7 mm,其他文字的高度均为4.0 mm,数字的高度均为3.8 mm。显示屏见图3-29。

图3-28　箱盖(面板)分区　　　　　图3-29　显示屏
相关参数(单位:mm)　　　　　　　(单位:mm)

3.功能按键

在显示屏下方共设置8个功能按键,其名称、功能分类、布局及字符高度见图3-30。按键采用轻触开关,型号为1212h。单个按键机械寿命>10万次;按键响应灵敏,响应时间<0.5 s。

图3-30　显示屏功能按键

九、总结

烤房经过数十年的发展变革,由最初的土建烤房到今天的各类型密集烤房,经历了由手动控制到自动调控的历程,随着技术的不断革新,既带来烤烟生产效率与效益的不断提高,也带来继发性的问题与挑战。在面对问题与挑战时,烤烟烘烤人员显得有些力不从心,尤其是近年来植烟环境的不断变化,施肥水平的不断提升,劳动力的不断流失使烤烟成熟度越来越成为各大卷烟工业关注的对象,而烘烤作为烤烟生产的重要环节承载了越来越大的压力,密集烤房作为烤烟行为的行使场所越来越受到人们的关注。保障烤房各设备的协调运行,掌控各部件的运行规律,将烘烤设备的运行与烤烟的变化协调统一起来,成为烤烟烘烤成功的关键所在。在面临不同素质的烤烟时,利用烤房各设备的有机协调,最大限度地发掘烤烟潜力成为考验烤烟人员技术水平的重要标准。

第二节　烤烟烘烤环境的变化

一、烤烟烘烤环境的构成

1.烘烤过程中烤房内温度变化

(1)烤房温度的来源。烤房热空气的温度亦叫干球温度,是烟叶烘烤进程中两个重要的控制参量之一,其来源共有3个(图3-31):一是加热设备产生的热量,也是最主要的来源;二是烟叶呼吸作用产生的热量,是烤房空气温度的一个重要来源;三是进入加热室外界空气的温度,外界空气温度的高低决定了燃料的用量,外界温度高,则燃料的用量减少,烘烤的能耗减少,反之燃料的用量和烘烤的能耗则增加。

(2)不同烤房烘烤过程中温度的变化。烟叶在烘烤过程中

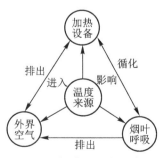

图3-31　烘烤过程中温度
的产生与转化

干燥特性由预热期、等速干燥期、减速干燥第一阶段、减速干燥第二阶段四个阶段组成,其中预热期干燥速度快,时间短,脱水量小;等速干燥期烟叶的温度和湿球温度大致相等,内部扩散和叶表蒸发的水分大体是均衡的,这时内部扩散的水分是细胞内容易移动的液泡水和从叶脉转移到叶片的水分,相当于烘烤过程中的变黄后期至定色前期;减速干燥期,当能够进内部扩散的水分减少,与表面蒸发失去平衡,干燥速度随之降低。在这一时期水分转移通道疏导组织关闭,叶片与叶脉开始分别同时进行干燥,原生质中难以转移的水分开始被扩散出去。由图3-32可知,烤烟烘烤过程中温度的变化基本上呈阶梯状上升。大体上可以分为三个阶段:第1阶段发生于变黄阶段的中前期,干球温度上升的幅度较小,处于一个较平稳的状态;第2阶段发生在变黄阶段的后期与定色阶段,干球温度的变化斜率较小;第3阶段发生在干筋阶段,干球温度的变化斜率较大。

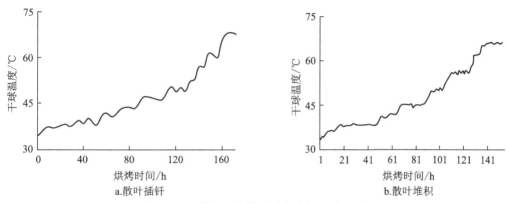

图3-32　散叶装烟烘烤过程中温度的变化

（3）烘烤过程中不同棚次温度的变化。依据烘烤过程中循环风机的运转情况将烘烤分为3个阶段:循环风机低速运转阶段Ⅰ（960 r/min,简称低速Ⅰ）、循环风机高速运转阶段（1440 r/min,简称高速）与循环风机低速运转阶段Ⅱ（960 r/min,简称低速Ⅱ）。由图3-33可知,烘烤过程中温度在烘烤开始5~132 h呈直线增加趋势,132~150 h以较大速率增加,不同棚次温度变化表现为下棚>中棚>上棚,且在风机高速运行阶段不同棚次间的温差较大,在实际生产中应注意温差问题,及时采取相应措施减少温差,避免不同棚次由于温差问题引起的烟叶变化差异较大。

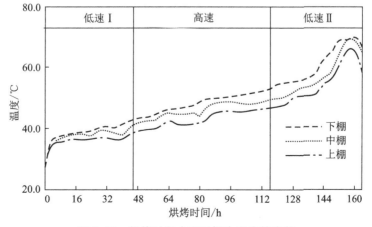

图3-33　烘烤过程中不同棚次温度的变化

2.烘烤过程中烤房内温度变化

（1）烤房湿度的来源。烤房热空气的湿度由湿球温度与相对湿度两个参量来表征。其中,湿球温度是指同等焓值空气状态下,空气中水蒸气达到饱和时的空气温度,在空气焓湿图上是由空气状态点沿等焓线下降至100%相对湿度线上,对应点的干球温度,且湿球温度也是烟叶烘烤进程中的两个重要控制参量之一;而相对湿度是指空气中水气压与饱和水气压的百分比,即湿空气的绝对湿度与相同温度下可能达到的最大绝对湿度之比。烤房内空气湿度的来源共有2个(图3-34):一是烤房内烟叶中的水分,也是最主要的来源;二是进入加热室外界空气中的湿度。湿度的运转主要也有两种方式:一是烘烤过程中由于烤房内的湿度能够满足烟叶烘烤的需求,因此烤房内的空气在装烟室与加热室之间形成循环,尤其是在变黄期维持烤房较高的湿度,能够促进烟叶的变黄与蛋白质、淀粉等大分子物质的降解与转化,对烟叶质量的提高与风格特色的彰显有较大的促进作用;二是在变黄后期与干筋前期需要维持较低的湿度,增加烤房干球温度与湿球温度的差值,降低烤房的相对湿度,使烤房内多余的水分经排湿器排出到外界大气,进而实现烟叶颜色、品质的保存与固定。保持一定的湿度不仅有利于烟叶烘烤质量的形成,还由于减少了与外界气体的热交换,降低了燃料与电能的使用量。

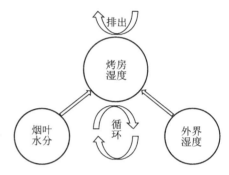

图3-34　烘烤过程中湿度的产生与转化

（2）烘烤过程中湿球温度的变化。由图3-35可知,不同装烟方式烘烤过程中湿球温度的变化差异较大,但在变黄后期(40 h)左右均有一个下降过程,这主要是由于散叶烘烤的装烟密度较大,烟叶烘烤过程中排湿量多且效率较低。因此,在烘烤中采取提前排湿的手段减缓定色期压力,尤其是在处理东南烟区物质积累较少、含水量较多的烟叶时效果较好,但在处理黄淮烟区的物质积累丰富、含水量相对较少的烟叶时,可以减少甚至不用该措施即可达到烘烤目的。再者在保障烟叶顺利烘烤的前提下,维持较高的湿球温度不但能够节约能源,而且可以提高烟叶颜色,但是当湿球温度超过43 ℃时有烤红烟出现。因此,在烘烤过程中湿球温度需要依据烟叶的变化与质量需求控制,例如下部叶颜色较淡湿球温度可以略高,上部叶颜色较深,湿球温度可以相应降低。

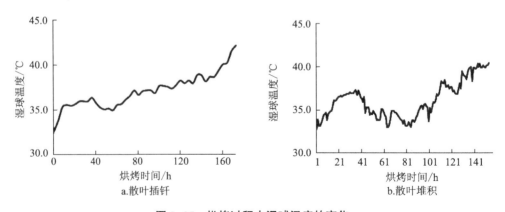

图3-35　烘烤过程中湿球温度的变化

(3)不同装烟方式相对湿度的变化。由图3-36可知,烤烟烘烤过程中烤房内相对湿度的变化大致呈逆"厂"字形变化,就其不同时间点的变化可以分为四个阶段:第1阶段,烤房内烟叶水分含量较高,烤房内的相对湿度较稳定。第2阶段,正处于变黄阶段的后期、定色阶段的前期,烤房内相对湿度的下降幅度最大,烟叶中的水分随着温度的升高,蒸散量逐渐增大。第3阶段,随着烘烤的进行,烟叶内部的水分继续蒸发,然后被带出烤房。这一时期烟叶的细胞结构逐渐遭到破坏。束缚水由于其自身的性质,散失较困难,烤房内的相对湿度下降幅度较小。第4阶段,随着烟叶叶片的不断干燥收缩,叶间隙逐渐增大,透过叶间隙的风速随之增大,烤房的排湿能力增强,烤房内的相对湿度降低幅度变大。

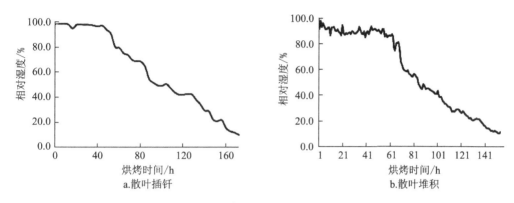

图3-36 烘烤过程中相对湿度的变化

a.散叶插钎　　　　　　b.散叶堆积

(4)烘烤过程中不同棚次相对湿度的变化。由图3-37可知,气流上升式烤房烘烤过程中不同棚次的相对湿度大体上均随着烘烤的进行而逐渐降低,且同一时间的相对湿度表现为上棚>中棚>下棚,3个棚次差异比较大出现在循环风机高速运行阶段,其中下棚与中棚差异较小;且上棚相对湿度降低速率相对比较缓慢。这主要是由于烤房下棚的温度较高,烟叶水分蒸发量较大,且随着气流的运行逐渐向上运动,使棚次越高相对湿度越大,尤其是在风机高速运行阶段烤房热空气温度不升高,烟叶中大量水分蒸发,使热空气每经过一个棚次都需要更多的热量去供给烟叶水分蒸发所需,进而出现各棚间的相对湿度差异较大的现象。

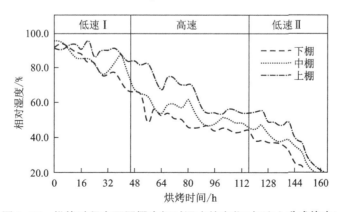

图3-37 烘烤过程中不同棚次相对湿度的变化(气流上升式烤房)

3.水汽压亏缺

烟叶间热空气的水气压亏缺表现为循环风机低速运行阶段Ⅰ,三者之间几乎没差异;循环风机高速运行阶段,三者之间差异比较明显,尤其是上棚与下棚,中棚与下棚在烘烤的

50~96 h 差异较大,与上棚在烘烤进行 100 h 后有较大差异;循环风机低速运行阶段Ⅱ,3 个棚次均有较大差异,烘烤接近结束后三者之间无明显差异(图 3-38)。

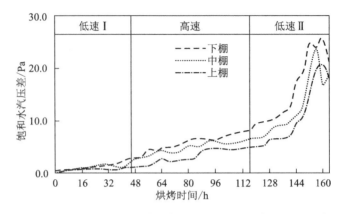

图 3-38 烘烤过程中不同棚次水气压亏缺的变化(气流上升式烤房)

4.烘烤过程中烤房内风速变化

(1)风速风压的来源。烟叶的烘烤是一个"加速干燥-等速干燥-减速干燥"的过程,风作为烤烟烘烤过程中温度与湿度的载体,不仅影响了烟叶内部化学物质的降解转化,同时作为烟叶内部与外界物质能量交换的桥梁。风速的大小不仅影响烟叶的变黄速率,还影响烟叶的干燥速率,风速过大烟叶易烤青;变黄完成后,风速主要影响烟叶的水分干燥,风速过小烟叶易出现挂灰糟片。风压主要是用来衡量热空气在烟叶间隙的穿透力,穿透力越大叶间隙风速越大,烟叶获取周围空气的温度越多,排出的水分就越大。由图 3-39 可知,烟叶烘烤过程中风速的动力来源为循环风机的运转,通过风机运转热空气获得动力加大风速与风压,依据烘烤过程中对温湿度的需求,调整循环风机的运转频率,进而影响风速与风量的大小。

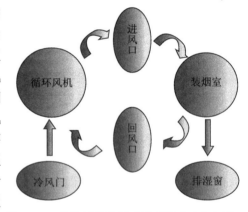

图 3-39 烘烤过程中风速风压的产生与运转

(2)烘烤过程中风速风压的变化。由图 3-40、图 3-41 可知,烘烤过程中变黄前期叶间隙风速较小,主要是由于烟叶细胞活性较高,含水量高,对于逆境有较强的适应性,叶片处于膨胀状态,烟叶之间的空隙较小透过的风速小,但空隙的结构比较稳定,因此风压较低;然而进入变黄后期(42 ℃)时风机由低速运转转化为高速运转,风速增加,烟叶的失水量增加,但随着烘烤的进行叶片逐渐发软塌架,原有的叶间隙空间发生改变,风通过叶间隙受到的阻力增加,风速减小,同时热风需要更大的穿透力才能通过叶间隙,因此风压增加,而且随着叶片失水量的增加,风压逐渐增加;随着烟叶含水量的不断降低,叶片逐渐失水干燥收缩,叶间隙逐渐增大,风速增加,需要通过烟叶间隙的热风的穿透力减小,风压减小,烟叶水分丧失较多,烟叶的干燥进入等速干燥期。50 ℃后,循环风机由高速运转向低速转化热风的动力减小,风速降低,风压增大;60 ℃后烟叶的干燥逐渐完成,烟叶吸收空气的热量减少,空气的密度基本稳定,热风通过烟层所需的穿透力逐渐降低,则风速维持在较高水平,风压减小。

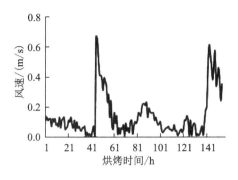

图 3-40　烘烤过程中风速的变化

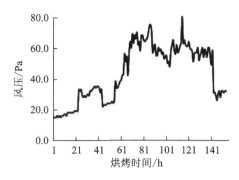

图 3-41　烘烤过程中风压的变化

（3）不同棚次烟叶间隙风速的变化。由图 3-42 可知,烘烤过程中不同棚次风速的变化表现为"U"形,风速大小表现为下棚>中棚>上棚;随着干球温度的升高而升高。此阶段内烟叶水分含量较高,烤房内相对湿度较大,干球温度较低,湿球温度较高（34～36 ℃）,烟叶对外界环境适应能力较强,不同棚次间烟叶吸收的热量及叶间隙大小稳定,差异较小。当烟叶烘烤在变黄后期与定色前期,烟叶的干燥进入等速干燥期。由于风机高速运转排湿系统运行,烤房内的相对湿度下降幅度较大,烟叶水分丧失较多,烟叶发软塌架,叶间隙减小,风阻增加。此外,随着热风穿过烟层,大量的热量被烟叶吸收用于水分的散失,使空气的含水量增加,湿热空气密度增加,风速减小,尤其是上棚与下棚的风速差异较大,随着干球温度的升高而快速升高。烤房内相对湿度维持在较低水平,烟叶的干燥进入减速干燥期。由于风机低速运转,烟叶主脉中的水分散失速率缓慢,吸收的热量较多,使不同棚次烟叶的叶间隙风速有较大差异。

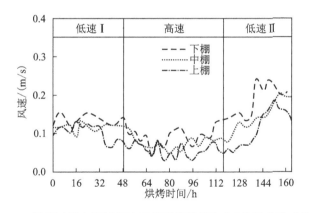

图 3-42　烘烤过程中不同棚次叶间隙风速的变化（气流上升式烤房）

（4）烘烤过程中不同位点的叶间隙风速的差异。为了研究烤房内同一平面不同位置风速的差异,在中棚的 8 个位置（前中后对称的两个位点各一个）安装风速仪。由图 3-43 可知,8 个位点烘烤过程中叶间隙差异较大,其中 1 位点（A）在烘烤进行 115 h 后叶间隙风速较大,70～90 h 风速也比较大,整个变黄阶段与 90～115 h 风速则相对较小;与 1 位点相比,2 位点叶间隙风速在整个烘烤过程均相对较小,尤其是在定色前期叶间隙风速在 0.05 m/s 以下,在干筋后期,叶间隙风速略高;与 1 位点相比,3 位点叶间隙风速在整个烘烤过程均相对较高,尤其是在变黄前期与定色中后期及整个干筋阶段达到 0.1 m/s 以上时间较多;与 3 位点相比,4 位点叶间隙风速相对较小,但在变黄后期、定色前期与干筋期叶间隙风速与其他阶段相比相对较高;5 位点风速在变黄阶段中前期叶间隙风速较高,其他烘烤阶段风速则均相对较低;6 位点整个烘烤过程中叶间隙风速均较低,仅在定色后期有部分时段风速较高;7 位点风速在烘烤的前 50 h 内风速保持在较高水平,在定色阶段与干筋阶段叶间隙风速则相对较低;8 位点叶间隙风速在变黄阶段与干筋阶段风速保持在较高水平,在定色阶段则相对较低;从整个烤房的平均风速来看,整个烘烤阶段风速在变黄期与干筋期保持较高水平,在定色期则相对较小。烤房内不同位置的风速与风压有所不同,这使烤房内不同区域烟叶的变黄失水状况不一致,通过对中棚 8 个位点的叶间隙风速研究可知,不同烘烤阶段各位点的风速变化的差异较大,与其他位点相比,一些位点在变黄阶段风速较高,但在定色或干筋阶段风速则相对较低;然而 6 号位风速在整个烘烤过程中均表现较低,可能是由于 6 号位点是烤房低温区位置所在,烟叶的变黄与干燥与其他位点相比相对滞后,尤其是在干筋期此处烟叶容易出现干筋时间较长、能耗较大、湿筋等现象。

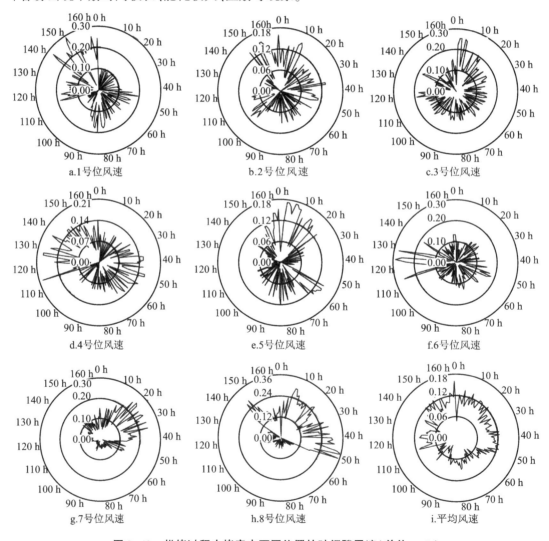

图 3-43　烘烤过程中烤房内不同位置的叶间隙风速(单位:m/s)

（5）不同烘烤阶段各位点风速的差异分析。由表3-1可知，变黄阶段8位点叶间隙风速显著大于其他位点，1位点、2位点、4位点、5位点与6位点叶间隙风速间差异不显著，均较小，3位点及7位点叶间隙风速相对适中，风速大小为8位点>7位点>3位点>6位点>4位点>2位点>5位点>1位点；定色阶段3位点叶间隙风速显著大于其他各位点，1位点与6两位点风速略低于3位点，2位点、5位点、7位点与8位点四个位点的风速则相对较小。定色阶段的主要任务是将变黄完成的烟叶尽快将内部的水分排出烤房，实现烟叶叶片的干燥，最终将烟叶的颜色保留下来，烘烤过程中叶间隙较小则不利于热空气的流通，进而降低烟叶水分的排出，影响定色进度。干筋阶段各位点风速差异较大，其中1位点的风速显著大于其他各位点，3位点、5位点与6位点三个位点的风速最小。由于定色阶段后期循环风机的运行由高速挡转换为低速挡，进入烤房的风速、风压减小，使叶间隙风速相应减小，加上因烤房不同位点的温湿度分布不均，则烟叶的干燥程度差异较大，对叶间隙风速的影响同样有较大的差异，就整个烘烤过程而言，大部分位点风速有先降后升的趋势。变黄阶段末期循环风机由低速挡（960 r/min）转换成高速挡（1440 r/min），加热室进风口风速风压增加，烟叶间隙风速风压出现突发性的改变，再者随着烟叶失水程度不断增加，烤房内的相对湿度升高，热空气绝对含湿量增加，通过叶间隙的热空气质量增加，致使进入定色阶段后多数位点风速相对减小，个别位点风速增加。定色阶段后期烟叶水分含量相对较低，烟叶的结构稳定，烤房内的相对湿度较低，烤房热空气的干燥能力较强，叶间隙增加，风速、风道稳定，使风阻减小，与定色期相比即使循环风机切换成低速挡，风速依然比较大。各阶段不同位点叶间隙风速的有所差异，表明散叶插钎烘烤过程中相同棚次不同位置烟叶的变黄失水有所差异。

表3-1　不同烘烤阶段不同位置叶间隙风速状况

传感器	1	2	3	4	5	6	7	8
变黄阶段	0.0652c	0.0759c	0.1211b	0.0761c	0.0686c	0.077c	0.1364b	0.2034a
定色阶段	0.0896b	0.0461d	0.1035a	0.0723c	0.0486d	0.0888b	0.0374d	0.0402d
干筋阶段	0.1958a	0.0888cd	0.074de	0.1072c	0.0764de	0.0632e	0.0872cd	0.1640b

注：同一行相同字母表示0.05水平差异不显著，字母不同表示0.05水平差异显著。

5.小结

对烘烤环境与烟叶水分变化进行研究，结果表明，烘烤过程中风速、温度、相对湿度及水气压亏缺的变化均表现为下棚>中棚>上棚，且不同棚次在循环风速高速运行阶段差异最大，其是由于烤房内空气的流动主要通过循环风机的驱动实现的，再者不同烤房烘烤环境也有着较大差异，散叶堆积烤房由于自身的属性，烘烤过程中烤烟随着烘烤的进行自然倒伏，没有外力的干预，因此叶片的重叠度与散叶插钎烤房相比较大，与烤房环境接触的比表面积较小，不能有效实现对环境的物质与能量交换，故而烤坏烟的概率增加。

通过对中棚8个位点的叶间隙风速研究可知，不同烘烤阶段各位点的风速变化的差异较大，与其他位点相比，一些位点在变黄阶段风速较高，但在定色或干筋阶段风速则相对较低；然而6位风速在整个烘烤过程均表现较低，可能是由于6位点是烤房低温区位置所在，烟叶的变黄与干燥与其他位点相比相对滞后，尤其是在干筋期，此处烟叶容易出现干筋时间较长、能耗较大、湿筋等现象。烘烤过程中变黄末期循环风机由低速挡（960 r/min）转换成高速挡(1440 r/min),加热室进风口风速风压增加,烟叶间隙风速风压出现突发性改变,再者随着烟叶失水程度不断增加,烤房内的相对湿度升高,热空气绝对含湿量增加,通过叶间隙的热空气质量增加,致使进入定色阶段后多数位点风速相对减小,个别位点风速增加。定色阶段后期烟叶水分含量相对较低,烟叶的结构稳定,烤房内的相对湿度较低,烤房热空气的干燥能力较强,叶间隙增加,风速、风道稳定,使风阻减小,与定色期相比即使循环风机切换成低速挡,风速依然比较大。

二、烘烤环境对风速的影响

精良技术、精准作业、精细管理是当前行业发展的一项重要战略,打造优质、高效、低能耗的精益生产模式是提升烟叶生产效率、推进现代烟草农业发展有效途径。近年来,随着精益生产模式不断深入,烟叶农业生产取得一系列重大进展,其中烟叶的烘烤作为烟草农业生产的重要环节,是实现烟叶经济价值重要途径,近年来不同装烟设备的研发,烘烤工艺的改善,新型能源的应用等在一定程度上提高了烟叶的烘烤质量,增加了烟叶的经济效益。再者由于烟叶烘烤具有劳动强度大、对烘烤人员的技术要求较高、部分烟叶烘烤难度系数大、成功率低等特点,从而降低烟叶的经济价值。因此,需要大力推进烟草精准烘烤进程,提高烟叶经济质量。热风作为温度与水分的载体,对提高农产品加工效率与质量方面有很大的促进作用,烟叶的密集烘烤是利用循环风机使热空气在烤房内不断流动,进而控制烟叶的变黄与失水。烘烤过程中热风将烟叶内部排出的水分带走,风速越大烟叶水分被带走的效率越高。宫长荣等研究表明,叶间隙风速对烟叶质量的形成有较大影响,然而对烤烟烘烤过程中不同位点叶间隙风速及影响因素的研究鲜见报道,因此对烘烤过程中各阶段、各位点的风速进行研究以便对实现烤烟精准烘烤提供一定的理论依据。

1.烟夹烤房烘烤环境与水分对叶间隙风速的影响

(1)变黄阶段。为探明烘烤温室环境及烟叶状态对叶间隙风速的影响,对烘烤过程中烤房内的干球温度、湿球温度、烟叶叶片与主脉的含水率与平均风速进行通径分析。由表3-2可知,变黄阶段干球温度对叶间隙风速的直接作用较小,且对风速有负作用,表明随着干球温度的升高叶间隙风速逐渐减小;湿球温度对叶间隙风速的影响最大,直接通径系数为0.8183;其次叶片含水率对叶间隙风速有较大负影响,随着烟叶叶片含水率的减小,叶间隙风速增加;主脉含水率对烟叶间隙风速的直接影响较小,变黄阶段对烟叶间隙风速的影响较大的主导因素是湿球温度与叶片含水率。

表3-2　烘烤过程中变黄阶段的通径分析

影响因子	干球温度	湿球温度	叶片含水率	主脉含水率
干球温度→	−0.0024	0.5025	0.3811	−0.1796
湿球温度→	−0.0015	0.8183	−0.0205	0.0186
叶片含水率→	0.0015	0.0262	−0.6378	0.2284
主脉含水率→	0.0016	0.0548	−0.5258	0.2770

注:划横线的数据表示该因素对风速的直接通径系数,下同。

（2）定色阶段。各因素对叶间隙风速均有较大的直接影响,其中主脉含水率对叶间隙风速的直接通径系数为-0.9681,干球温度对叶间隙风速的直接影响为-0.8081,且其他因素通过主脉含水率与干球温度对叶间隙风速的间接通径系数均较大,表明定色阶段对烟叶间隙风速的影响主导因素是烟叶主脉含水率与干球温度(表3-3)。

表3-3 烘烤过程中底色阶段的通径分析

影响因子	干球温度	湿球温度	叶片含水率	主脉含水率
干球温度→	−0.8081	0.2467	−0.5051	0.9871
湿球温度→	−0.6554	0.3042	−0.4045	0.7854
叶片含水率→	0.7104	−0.2142	0.5745	−0.9726
主脉含水率→	0.7099	−0.1884	0.4406	−0.9681

（3）干筋阶段。4个指标对烟叶间隙风速的直接通径系数均为负值,且主脉含水率对烟叶间隙风速影响最大,直接通径系数为-0.8325,表明干筋阶段对烟叶间隙风速的影响主导因素是烟叶主脉含水率(表3-4)。

表3-4 烘烤过程中干筋阶段的通径分析

影响因子	干球温度	湿球温度	叶片含水率	主脉含水率
干球温度→	−0.1855	−0.2543	0.1572	0.7100
湿球温度→	−0.1262	−0.3737	−0.0488	0.4798
叶片含水率→	0.0759	−0.0475	−0.3839	−0.2203
主脉含水率→	0.1559	0.2154	−0.1016	−0.8325

2.散叶插钎烤房烘烤环境与水分对叶间隙风速的影响

（1）循环风机低速运转阶段Ⅰ。烤烟烘烤的控制原则为以控制高温层烟叶温湿度为主,协调中温层与低温层烟叶温湿度为辅,由于供试烤房为气流上升式烤房,因此以下棚烟叶作为控制对象。对烘烤过程中下棚烟叶不同阶段的温度、相对湿度、水气压亏缺及烟叶含水率与叶间隙风速进行通径分析(表3-5),结果表明:循环风机低速运转阶段Ⅰ,干球温度与相对湿度、水汽压差亏缺、烟叶叶片及主脉的含水率等5个因素对叶间隙风速的影响程度相差不大,其中水气压亏缺的直接影响作用最大,直接通径系数为-0.3826,温度等其他4个因素通过水气压亏缺对风速有较大的间接影响;虽然温度等其他4个因素通过叶片含水率对风速间接影响相对略小,叶片含水率对夜间风速的变化有较大的影响,直接通径系数为0.3509;温度对叶间隙风速的直接影响作用最小,直接通径系数为0.2706。由此可知,此阶段影响风速变化的主要因素为烤房空气的水气压亏缺与叶片含水率。

表 3-5 循环风机低速运转阶段 I 的通径分析

影响因子	温度	叶片含水率	主脉含水率	相对湿度	水汽压亏缺
温度→	<u>0.2706</u>	−0.1554	0.2183	0.1993	−0.2813
叶片含水率→	−0.1199	<u>0.3509</u>	−0.1701	−0.1464	0.1982
主脉含水率→	−0.1799	0.1818	<u>−0.3284</u>	−0.1924	0.2674
相对湿度→	−0.1798	0.1712	−0.2106	<u>−0.3000</u>	0.3695
水汽压亏缺→	0.1990	−0.1818	0.2296	0.2897	<u>−0.3826</u>

（2）循环风机高速运转阶段。各因素对叶间隙风速的影响均为负影响，表明随因素数值增加，叶间隙风速呈变小趋势。烤房温度对叶间隙风速变化的影响作用最大，直接通径系数为−0.8087，且叶片含水率等其他 4 个因素通过烤房温度对叶间隙风速的变化均有加大影响；主脉含水率对叶间隙风速变化的影响程度次之，直接通径系数为−0.7423，温度等其他 4 个因素通过主脉含水率对叶间隙风速的变化也有加大影响；空气水汽压亏缺对叶间隙风速的变化影响最小，直接通径系数为−0.1257；主脉含水率与空气相对湿度对叶间隙风速变化的影响程度与循环风机低速运转阶段 I 有所增加。由此可知，此阶段对叶间隙风速变化影响的主导因素为温度与主脉含水率（表 3-6）。

表 3-6 循环风机高速运转阶段的通径分析

影响因子	温度	叶片含水率	主脉含水率	相对湿度	水汽压亏缺
温度→	<u>−0.8087</u>	0.1730	0.5970	0.2883	−0.1233
叶片含水率→	0.7734	<u>−0.1809</u>	−0.5750	−0.2674	0.1179
主脉含水率→	0.6504	−0.1402	<u>−0.7423</u>	−0.2113	0.0997
相对湿度→	0.7746	−0.1608	−0.5211	<u>−0.3010</u>	0.1206
水汽压亏缺→	−0.7931	0.1697	0.5886	0.2887	<u>−0.1257</u>

（3）循环风机低速运转阶段 II。各个影响因素中叶片含水率对叶间隙风速的直接影响作用最小，直接通径系数为 0.0961，烤房温度对叶间隙风速的影响作用达到最大，直接通径系数为 0.9220，且其他因素通过温度对叶间隙风速也有较大的间接影响，表明随着温度的增加叶间隙风速逐渐增加；主脉含水率与叶间隙风速的直接通径系数为−0.5269；相对湿度对叶间隙风速的影响在整个烘烤过程中达到最低，直接通径系数为 0.1756。因此，循环风机低速运转阶段 II 对叶间隙风速变化的主导因素为烤房温度（表 3-7）。

表 3-7 循环风机低速运转阶段 II 的通径分析

影响因子	温度	叶片含水率	主脉含水率	相对湿度	水汽压亏缺
温度→	<u>0.9220</u>	−0.0547	0.3863	−0.1695	−0.2103
叶片含水率→	−0.5251	<u>0.0961</u>	−0.4670	0.1164	0.1114
主脉含水率→	−0.6759	0.0851	<u>−0.5269</u>	0.1440	0.1486
相对湿度→	−0.8898	0.0637	−0.4322	<u>0.1756</u>	0.2066
水汽压亏缺→	0.8943	−0.0494	0.3613	−0.1673	<u>−0.2168</u>

3.小结

变黄阶段湿球温度与叶片含水率是导致烟叶间隙风速变化的主导因素,由于烘烤过程中湿球温度的高低决定了烤房排湿效率的快慢,湿球温度越低烤房内与外界的空气交换量越大,变黄后期烟叶的失水量较大,叶片的发软塌架程度越高,叶间隙风速受到烟叶的阻力越强,进而导致风速减小。

定色阶段烟叶主脉含水率与干球温度是烟叶间隙风速变化的主导因素,由于随着叶片水分的不断排出,烟叶的叶片结构发生较大的变化,而干球温度越高烟叶的排水速率越高,热风的空气密度越大,进而使叶间隙风速减小,再者由于叶脉含水量较高,烘烤过程中干燥速率较慢,随着叶片的不断干燥,主脉水分成为烤房内空气水分的主要来源,对烟叶间隙风速的变化有较大影响。

干筋阶段烘烤的主要任务是干燥主脉,主脉水分排出的速率与含量直接影响着热空气含湿量的变化,因此对叶间隙风速有较大影响。

循环风机低速运转阶段Ⅰ,空气水气压亏缺与叶片含水率对叶间隙风速变化有较大影响,此时期烘烤的主要任务是促进烟叶变黄,烤房内的烟叶处于相对独立的环境,烟叶叶片水分含量充足,空气水气压亏缺相对较小,空气的干燥能力较弱,随着烘烤的进行,叶片含水率与空气水气压亏缺逐渐变化对叶间隙的风速变化有一定的影响,但烤房内的温度、相对湿度及主脉含水率变化很小,因此对叶间隙的风速影响不大。

循环风机高速运行阶段,影响叶间隙风速变化的主导因素是温度与主脉含水率,风速作为烤房内温度与水分的载体,在烘烤过程中将能量传递给烟叶的同时将烟叶中排出的水分带出烤房,随着温度的升高,空气水气压亏缺不断增加,空气的干燥能力大幅提高,导致烟叶的失水速率增加,尤其是烟叶主脉水分,而主脉水分散失是通过导管输送到叶片,并在温度梯度的作用下散失到空气中实现的。烟叶形态结构进一步发生变化,对风速的阻力增加,再者随着烟叶水分的不断散失,空气中绝对含湿量增加,进一步降低了风速。

在循环风机低速运行阶段Ⅱ,温度成为影响整个烤房烟叶间隙风速变化的主导因素。烟叶烘烤定色后期到干筋期的主要任务是部分叶片的干燥与主脉的干燥。此时烤房的相对湿度与叶片含水率已非常低,空气水气压亏缺随着干球温度的升高不断升高,空气的干燥能力逐渐增强,对叶间隙风速的变化影响程度逐渐增加,由于烟叶的形态结构基本稳定,对叶间隙风速的影响也相对稳定,但随着温度的增加,烟叶主脉不断干燥,空气的绝对含湿量不断变化,使风速不断发生变化,温度越高变化越快。

三、烘烤过程中气体成分变化

呼吸作用是植物采后生理活动的基础,呼吸强度的测定对于研究植物采后生理状况具有重要意义。烟叶呼吸作用的强弱与烤箱气体组分 CO_2 和 O_2 密切相关。烘烤过程中烟叶变黄中后期呈现一个时间长、速率高的呼吸旺盛期。定色前期呈现第二个相对较弱的呼吸旺盛期;定色中期是第一次由弱变强的叶肉细胞脱水过程,定色后期出现第二次强度较大的维管束脱水过程。张晓远等研究认为变黄期不同温湿度及持续时间处理的上部烟叶呼吸速率均呈现两个高峰。晾制期间,随着水分的散失,叶细胞生命活动也随之减弱,表现为呼吸强度和比叶重随晾制进程及叶位下降而减小。韩锦峰等在烘烤过程中补充一定量的 CO_2 气体发现,其含量在 $0.9\% \sim 1.35\%$ 范围内增加时,能加速烟叶失水变黄,提高淀粉酶活性,促进叶绿素降解,抑制棕色化反应,有利于提高烟叶烘烤质量。当 CO_2 含量超过 1.35%,达到 1.8% 以上时,将抑制烟叶变黄,降低烘烤品质。用 O_3 对鲜烟叶处理,可使烤后烟叶的化学成分产生较大变化,其中绿原酸、尼古丁、茄呢醇、新植二烯、C_{18} 酸等降低 50% 左右,明显地减少了烟气中令人不愉快的化学组分前提物。对烤烟质量产生重要影响的糖分,也会随之大幅度下降;经过 2 d 烘烤后的烟叶用 O_3 熏蒸,新植二烯下降 49.5%,其他组分减少了 10%~20%;对经过 4 d 烘烤的烟叶进行 O_3 熏蒸处理,所测组分与对照基本相同。徐增汉等采用烤房内熏蒸法,使乙烯气体进入烟层,熏蒸 4~6 h,乙烯能显著改善烟叶的烘烤特性,使烟叶变黄的速度加快。目前对烘烤中烤箱(房)内气体成分变化的报道较少。

1.不同烤房烘烤过程中气体的变化

(1)不同烤房烘烤过程中 O_2 的变化。由图 3-44 可知,烘烤开始时烤房内的 O_2 含量均为 20.90%,与当地室外新鲜空气中 O_2 含量相同,烘烤过程中烤房内 O_2 含量均呈现出先降低后升高的趋势,但整个烘烤过程中两处理烤房内 O_2 含量的变化范围不大,一般在 20.70%~20.90% 范围内。从烘烤开始至 42 ℃ 起,烤房内 O_2 含量呈下降趋势,之后呈升高趋势。普通烤房在 47 ℃ 起达到常量 20.9%,后不再变化;密集烤房在 47 ℃ 稳温阶段仍然有保持一定的低含量,至 54 ℃ 起达到常量 20.9%。从 38 ℃ 起至 54 ℃ 起,密集烤房内 O_2 含量均大于普通烤房,但在各个温度点烤房内 O_2 含量不存在显著性差异。与密集烤房相比,整个烘烤过程中普通烤房内 O_2 含量变化相对平稳。

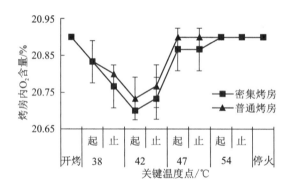

图 3-44 烘烤过程中两种烤房内 O_2 含量的变化

(2)不同烤房烘烤过程中 CO_2 的变化。由图 3-45 可知,烘烤开始时,烤房内的 CO_2 含量均为 0.1%,比当地室外新鲜空气略高,随着烘烤的进行,烤房内 CO_2 含量均呈现出先升高后降低的趋势,但是整个烘烤过程中普通烤房内 CO_2 含量的变化较平缓。烘烤开始后,普通烤房内 CO_2 含量开始升高,但升高速度一直减缓,至 42 ℃ 起达到最大值,在 42 ℃ 稳温阶段含量保持稳定,后开始缓慢下降,在 54 ℃ 起达到 0.1% 后不再变化。密集烤房内 CO_2 含量开始升高速度较慢,在 38 ℃ 稳温阶段有一个快速升高的过程,后速度又减缓,在 42 ℃ 止达到最大值,随后急剧下降,在 47 ℃ 止达到最小值 0.1%。在 38 ℃ 起和 47 ℃ 止两个温度点左右,普通烤房内 CO_2 含量略高于密集烤房,但不存在显著性差异;从 38 ℃ 止至 47 ℃ 起温度范围之内密集烤房内的 CO_2 含量高于普通烤房,并在 42 ℃ 差异较大。

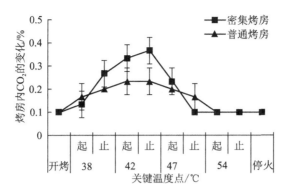

图 3-45　烘烤中两种烤房内 CO_2 含量的变化

（3）不同烤房烘烤过程中 O_2/CO_2 的变化。由图 3-46 可知,烘烤过程中烤房内 O_2/CO_2 比值均呈现出先降低后升高的趋势。烘烤开始后,普通烤房内 O_2/CO_2 比值迅速降低,后降低速度逐渐减缓,并于 42 ℃ 起达到最小值,后逐渐增大,变化速度也逐渐加剧,在 54 ℃ 起达到开烤时的水平。随着烘烤的进行,密集烤房内 O_2/CO_2 比值逐渐降低,在 38 ℃ 稳温阶段降低速度加剧,后降低速度减缓,并在 42 ℃ 止达到最小值,后逐渐增大,并于 47 ℃ 起达到开烤时的水平。在 38 ℃ 止至 47 ℃ 起范围内密集烤房内 O_2/CO_2 比值大于普通烤房。

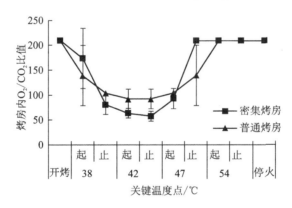

图 3-46　烘烤中两种烤房内 O_2/CO_2 比值的变化

（4）不同烤房烘烤过程中 O_3 的变化。图 3-47 表明,烘烤开始时烤房内 O_3 含量为 0 mL/L,整个烘烤过程中烤房内 O_3 含量均呈现出先升高后降低的趋势。从开烤至 38 ℃ 起,普通烤房内的 O_3 含量急剧升高到一个相对较高的水平,在 38 ℃ 稳温过程中有一个小幅度的升高,并在 38 ℃ 止达到最大值,后急剧下降,至 54 ℃ 起降低到 0 mL/L。从开烤至 38 ℃ 起,密集烤房内 O_3 含量缓慢上升,在 38 ℃ 稳温阶段升高速度加剧,后又减缓,在 42 ℃ 起达到最大值,后缓慢降低,47 ℃ 止以后急剧降低,并于 54 ℃ 止消失。普通烤房内 O_3 含量在变黄前期保持较高的水平;密集烤房在变黄后期保持较高水平,而

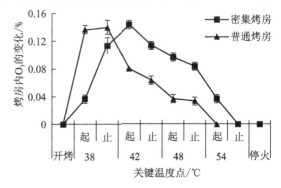

图 3-47　烘烤中两种烤房内 O_3 含量的动态变化

且在整个定色期均相对较高。

3.不同品种烤烟烘烤过程中气体成分的变化

由图3-48可知,烘烤中烟叶呼吸作用的强弱与烤箱气体组分CO_2和O_2含量的变化密切相关;烘烤中O_3含量的变化与烤后烟气中的化学组分、香气成分含量密切相关,对烤烟质量产生重要影响。由图3-48可知,烘烤过程中中烟100 CO_2含量在38℃达到峰值,为1.80%。变黄期(42℃前)是烟叶呼吸强度最大的阶段,定色后期后(48℃后),烟叶的呼吸作用已经是很弱了,54℃后几乎检测不到明显的变化。烘烤过程中烤箱O_2含量曲线变化与CO_2正好相反,在38℃其含量最低。秦烟96的生命延续时间较长,在38~42℃ CO_2含量较高,O_2含量较低,呼吸作用较为旺盛。烘烤中秦烟96和中烟100 O_3的差别不大,烘烤前期中烟100略高,烘烤后期秦烟96略高。

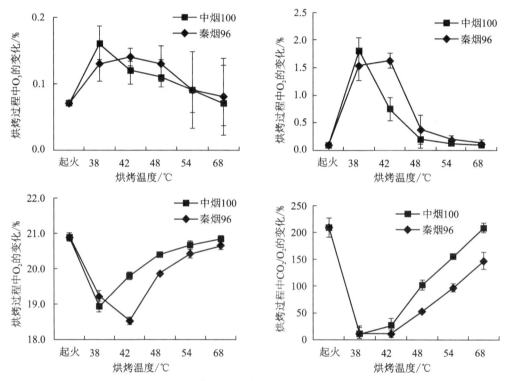

图3-48　烘烤过程中烤房气体组分含量的变化

4.小结

从烟叶烘烤的特点来看,烘烤过程中烟叶的呼吸类型属于前者。由于在变黄期烤房密闭性较好,随着烟叶呼吸作用的进行,烤房内O_2不断被消耗,同时不断积累CO_2。烘烤至38℃起时普通烤房内CO_2浓度大于密集烤房,这可能是普通烤房变黄前期升温慢烘烤时间长所致。密集烤房装烟密度大,本试验中密集烤房的装烟密度是普通烤房的2.20倍,且密集烤房密闭性能较好,在变黄结束42℃止时密集烤房内CO_2浓度达到最大值,显著大于普通烤房内CO_2浓度,是普通烤房的1.57倍。与普通烤房相比较,密集烤房排湿顺畅,进入定色期,随着排湿的不断加强,密集烤房内CO_2浓度迅速下降,普通烤房则下降比较平稳,两种烤房内的CO_2浓度只有在42℃止时存在显著性差异,而且均未达到0.9%~1.35%的浓度,对烟叶质量是否产生显著的影响还有待进一步研究。烤房内O_2和CO_2浓度的比例关系一直发生变化,其变化趋势与CO_2刚好相反,在烘烤过程中

O_2含量变化不大,一直保持在一个相对较高的水平,可以推断,在高O_2条件下CO_2对烟叶烘烤的影响发挥着更大的作用。变黄前期普通烤房内O_3浓度迅速升高到一个较高水平,并分别在38 ℃起和38 ℃止极显著和显著大于密集烤房,而在变黄后期及定色期均极显著小于密集烤房,两种烤房内的O_3含量的不同可能是造成两者烟叶质量差异的重要原因。烘烤过程中两种烤房内气体成分相同,变化趋势相似,但是在个别温度点尤其是变黄前期有较大差异,特别是CO_2和O_3的差异较明显,可能是造成两种烤房烤后烟叶质量差异的重要原因。

烘烤中烟叶呼吸作用的强弱与烤箱气体组分CO_2和O_2含量的变化密切相关。而烘烤中O_3含量的变化对烤烟质量产生重要影响。变黄期42 ℃前是烟叶呼吸强度最大的阶段,定色期48 ℃后烟叶的呼吸作用已经很弱了。烘烤过程中烤箱O_2含量曲线变化与CO_2正好相反,在38 ℃其含量最低。秦烟96的生命延续时间较长,在38~42 ℃ CO_2含量较高,O_2含量较低,呼吸作用较为旺盛。相对于中烟100,烘烤中秦烟96和中烟100 O_3的差别不大,烘烤前期中烟100略高,烘烤后期秦烟96略高。

第三节 烘烤过程中叶片温度的变化

近年来,随着烟草种植规模的不断扩大,省工、节能、提质、增效成为现代烟草农业建设的主题,新型烘烤方式也应运而生。散叶密集烤房的引进大大推进了现代烟草农业的建设进程,谢已书等的研究表明散叶密集烘烤具有减少劳动用工、降低烘烤成本、提高烟叶质量增加经济效益等功效。然而,散叶密集烤房在全国的推广数量并不太多,问题多表现在烘烤技术人员固守于传统烘烤工艺,虽对烤房内烟叶烘烤状态判断准确,但对干湿球温度计控制失当。装烟方式的不同反映出的问题是装烟密度的不同,随着装烟密度的增加,烘烤过程中叶片周围的环境会有所不同,散叶烘烤的装烟密度比常规密集烘烤增加30%~50%,风机风速较大,随着烘烤的进行,烟叶水分逐步散失,叶片形态发生变化,通过叶片间的风速与风量不断增大,湿球温度计受风速与风量的影响也逐渐增加,导致湿球温度计不能真实地体现烤房的烘烤状态。而叶温作为植物的"体温",是烟叶在烘烤过程中温度的真正反映,烘烤前期常用湿球温度代表叶片温度,但是变黄后期随着烟叶变软倒伏,叶片失水收缩,湿球温度计失真程度随之增大,给烘烤带来较大的困扰。本节通过对烘烤过程中叶温变化的探究,完善散叶烘烤工艺,推动散叶烘烤技术的落实与推广。

一、不同烤房烘烤过程中叶片温度的变化

1.叶温仪的工作原理与操作要求

叶温测量仪的系统总体框图见图3-49,叶温测量仪的基本构造为叶温夹(叶温探头)、空气温湿度探头、信号传输线(两条均为10 m)、主机。仪器采用STT-F系列铂电阻温度传感器,温度测量范围为0~100 ℃,零度阻值为100 Ω,电阻变化率为0.3851 Ω/℃,测量精度为±0.12%,防水防潮,且在低温测量时,铂电阻具有良好的复现性及稳定性,满足叶片表面温度测量的要求。仪器以单片机为控制核心,通过传感器信号转换电路将叶温信号作线性化处理,输出模拟量信号经单片机内的模/数转换器进行采集与转换,最后通过显示、存储、按键、通信等模块实现仪器测量功能。仪器的信号转换电路由单片式温度-电流变送器XTR105和精密电流环接收器RCV420组成。XTR105能将铂电阻阻值转换成电流信号送给采样电路,输出电流值仅与铂电阻阻值有关,消除了由于导线电阻产生的阻值误差,同时具有线性补偿功能。而RCV420能够将XTR105变送器输出的4~20 mA输出电流信号转换成

0~5 V 模拟信号输出。叶温测量仪数据存储的间隔为10 min,自带电源可以连续工作 8 d。

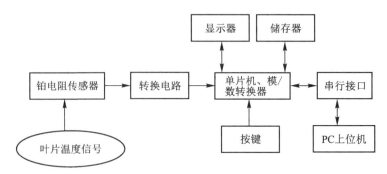

图 3-49 烤烟叶温测量仪系统框图

2.叶温仪安装要求

装烟时松紧适宜,装满整个烤房。待装烟达到干湿球温度计部位时,将叶温测量仪叶温夹夹在叶片(干湿球温度计处)的第 6 至第 7 侧脉之间,叶温探头为接触式,叶温夹夹持 2 片或 3 片叶,保证烘烤过程中叶温探头始终能够与叶片接触。空气温湿度探头也置于烤房中干湿球温度计处,主机放置于室外,通过信号传输线接收实时数据,并在屏幕上显示,具体布置见图 3-50。常规挂竿和烟夹烘烤主要按照三段式烘烤工艺进行。

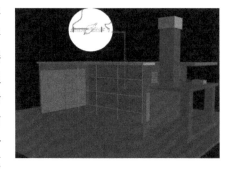

图 3-50 烤烟叶温测量仪在
烤房中具体位置

3.烘烤过程中叶温的变化

就整个烟叶烘烤过程而言,由图 3-51 可知,叶温的变化可以分为 4 个阶段:叶片预热阶段,烟叶由鲜烟叶转变为八九成黄的烟叶,含水量高,细胞活性较高,对于逆境有较强的适应性,由于叶片处于膨胀状态,烟叶之间的空隙较小,透过的风速小,风压低,且烤房内的相对湿度较大,叶温与湿球温度的变化几乎同步,湿球温度、干球温度与叶温的差值保持在一定水平,叶温伴随着干球温度的升高而升高;温度稳定阶段,烟叶烘烤进入变黄后期与定色前期,高温层烟叶叶片干燥六七成,随着干球温度的不断升高,湿球温度的降低,烟叶内的水分逐渐排至叶表,整房烟叶叶片开始变软塌架,烟叶间风速减小,风压升高,烤房内的相对湿度迅速降低,湿球温度、干球温度与叶温的差值不断增加,而叶温则相对稳定;慢速升温阶段,烘烤进入大排湿阶段,整房烟叶叶片逐渐干燥,风速保持在较低水平,风压较高,干球温度不断升高,湿球温度保持较低水平,烟叶间的相对湿度不断降低,叶温随着细胞活性的不断降低,细胞功能不断遭到破坏出现缓慢升高的趋势;快速升温阶段,烘烤进入定色后期与干筋期风速增加,风压下降,烤房内相对湿度维持在较低水平,湿球温度有所提高,叶温随着干球温度的升高而快速升高。烤烟叶温测量仪的使用为叶温在烘烤中的应用提供了新的机遇,然而将叶温应用于烟叶烘烤的整个过程目前还处于探索阶段。本研究的结果表明,在不同装烟方式下叶温的变化呈现出一定的规律性,随着装烟量的增大在定色期时干球温度与叶片温度差值明显变大。烟叶调制的过程中环境条件复杂,叶温的影响因素较多,烟叶变化各阶段的最适宜叶片温度的研究与控制还有待进一步深入研究,以便充分发挥叶片温度在调制过程中的作用。

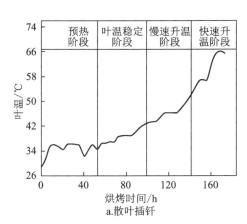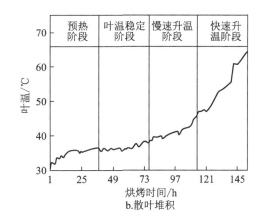

图 3-51 烘烤过程中叶温的变化

4.干球温度与叶片温度的差值

由图 3-52 可知,散叶插钎烘烤在 0~40 h 时差值稳定在 1.5~2.0 ℃范围内,40 h 时烟叶处于变黄后期,叶片此时七八成黄。从 40 h 后差值开始迅速上升,40~92 h 内差值稳定在 4~6 ℃。92 h 时烟叶处在定色后期,叶片基本全干,主脉发白。92 h 后差值逐渐减小,最终稳定在 1~2 ℃范围内。散叶堆积烘烤在 0~40 h 时差值稳定在 1.5~2.5 ℃范围内,40 h 时叶片基本全黄,处于变黄末期。从 40 h 后差值开始快速增大,40~84 h 内差值稳定在 3.5~5 ℃范围内,84 h 时烟叶处于定色后期,叶片全干。84 h 后差值迅速减小,最终稳定在 1~2 ℃之间。两种装烟方式干球温度与叶片温度的差值范围均是定色期大于变黄期和干筋期,而烘烤过程中定色期叶片水分蒸发速度和排湿速度均较变黄期和干筋期快,说明干球温度与叶片温度的差值在一定程度上能够反映叶片水分的蒸散速度。导致这种规律性变化的主要因素为烤房中的温湿度和烟叶自身水分散失速度。对不同装烟方式下干球温度与叶片温度差值的变化范围比较发现,随着装烟密度的增大,定色期干球温度与叶片温度的差值范围明显变大。定色期是决定烟叶烘烤品质的重要时期,也是预防出现烤坏烟的特殊阶段,而相关研究发现定色期时叶片温度的值能较准确地代表烟叶的失水情况。因此,叶片温度的研究应用有助于我们在烘烤过程中更加准确地判断烟叶状态,做出合理的烘烤决策。

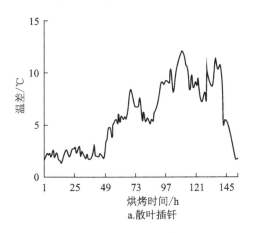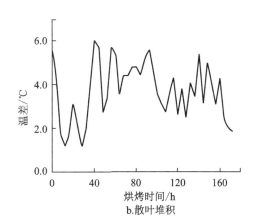

图 3-52 烘烤过程中干球温度与叶片温度的差值变化

5.小结

本研究表明,烤烟烘烤过程中叶温的变化可以分为 4 个阶段:叶片预热阶段,烟叶由鲜烟叶转变为八九成黄的烟叶,含水量高,细胞活性较高,对于逆境有较强的适应性,由于叶片处于膨胀状态,烟叶之间的空隙较小,透过的风速小,风压低,且烤房内的相对湿度较大,叶温与湿球温度的变化几乎同步,湿球温度、干球温度与叶温的差值保持在一定水平,叶温伴随着干球温度的升高而升高;温度稳定阶段,烟叶烘烤进入变黄后期与定色前期,高温层烟叶叶片干燥六七成,随着干球温度的不断升高,湿球温度的降低,烟叶内的水分逐渐排至叶表,整房烟叶叶片开始变软塌架,烟叶间风速减小,风压升高,烤房内的相对湿度迅速降低,湿球温度、干球温度与叶温的差值不断增加,而叶温则相对稳定;慢速升温阶段烘烤进入大排湿阶段,整房烟叶叶片逐渐干燥,风速保持在较低水平,风压较高,干球温度不断升高,湿球温度保持较低水平,烟叶间的相对湿度不断降低,叶温随着细胞活性的不断降低,细胞功能不断遭到破坏出现缓慢升高的趋势;快速升温阶段,烘烤进入定色后期与干筋期,风速增加,风压下降,烤房内相对湿度维持在较低水平,湿球温度有所提高,叶温随着干球温度的升高而快速升高。

二、烘烤环境对叶温的影响

散叶密集烤房的大力推广给烟叶的烘烤带来诸多便利,尤其是散叶堆积烤房具有装烟量大、省工省时的特点,但烘烤技术要求较高,广大烟农接受程度较低。植物作为一种变温有机体,其叶温是同环境进行能量交换的结果,叶温的变化受到水分、温度、空气相对湿度及风速等众多因素影响。在正常情况下植物的叶片温度通过蒸腾失水来维持相对的稳定性,一旦遇到外界胁迫的影响(如干旱),叶温的变化将被用来监测诊断植株的受胁迫情况,可见叶温对烟叶的烘烤有很大影响,因此为了简化烘烤工艺,提高烟叶生产效率,需要对烘烤过程中叶温的变化进行研究。在干旱胁迫条件下,植株会发生相应的自身调节来缓解胁迫带来的压力,从而度过危机继续维持自身的生长发育。在散叶堆积烘烤过程中,由于湿球温度除受温度影响外还受到相对湿度与风速的影响。随着烘烤的进行,干湿球温度计很快裸露在烟叶外边,使烟农对烤房内的湿球温度判断错误,造成烤坏烟现象大面积出现。然而,烟叶烘烤过程是一个不断脱水的过程,烟叶叶温的变化反映了烤房内烟叶的生理生化状态,对烤后烟的质量与产量有较大影响。为此,运用烤烟多参数实时监测仪与温湿度自控仪对散叶堆积烘烤过程中的各烘烤参量进行实时监测,研究散叶堆积烘烤过程中叶温的变化及干球温度、湿球温度、相对湿度、风速与风压对叶温的影响,以便了解烟叶的烘烤过程并改善烘烤工艺。

1.散叶插钎烘烤过程中烘烤环境对叶温影响

(1)预热阶段。由表 3-8 可知,预热阶段干球温度对叶温的直接通径系数为 0.6020,温差对叶温的直接通径系数为 -0.7704,说明这两项指标对叶温的影响较大,温差、湿球温度和相对湿度三项指标通过干球温度对叶温作用的间接通径系数均比较大;并且干球温度、湿球温度和相对湿度三项指标通过温差对叶温的间接影响也比较大。通过干球温度对叶温作用的间接通径系数为 -0.0279,通过相对湿度对叶温作用的间接通径系数为 -0.0378;相对湿度的直接通径系数几乎为 0,通过干球温度对叶温作用的间接通径系数为 -0.1999。这说明在预热阶段导致叶温发生变化的主要因素是干球温度。

表 3-8　预热阶段通径系数

指标	干球温度/℃	湿球温度/℃	相对湿度/%	温差/℃	间接通径系数总计
干球温度→	<u>0.6020</u>	2.082×10^{-15}	-5.761×10^{-16}	0.0356	0.0356
湿球温度→	0.4024	<u>3.116×10^{-15}</u>	-8.154×10^{-16}	-0.5004	-0.0980
相对湿度→	-0.1999	-1.589×10^{-16}	<u>-9.030×10^{-16}</u>	-0.0778	-0.2378
温差→	-0.0279	-2.022×10^{-15}	-0.0378	<u>-0.7704</u>	-0.0656

注:表中有下划线的数据为直接通径系数,没有下划线的数据为间接通径系数,下同。

(2)叶温平稳阶段。由表 3-9 可知,叶温平稳阶段干球温度对叶温的直接通径系数为 0.865,温差对叶温的直接通径系数为-0.4910,湿球温度和相对湿度两项指标对叶温的直接通径系数较小,相对湿度通过干球温度对叶温作用的间接通径系数达到了-0.7628,说明在此阶段相对湿度对叶温的影响在逐步加强,随着叶片水分的散失,叶片所处的烘烤小环境对叶温的影响越来越大,说明此阶段影响叶温的因素以干球温度为主,以湿球温度与相对湿度为辅,干球温度和湿球温度共同影响叶温和温差的变化。

表 3-9　叶温稳定阶段对叶温影响的通径系数

指标	干球温度/℃	湿球温度/℃	相对湿度/%	温差/℃	间接通径系数总计
干球温度→	<u>0.865</u>	0.0446	0.1949	-0.1991	0.0404
湿球温度→	0.2282	<u>0.168</u>	-0.0249	-0.3082	-0.1049
相对湿度→	-0.7628	0.019	<u>-0.221</u>	0.1075	-0.6363
温差→	0.3507	0.1061	0.0483	<u>-0.491</u>	0.5052

(3)缓慢升温阶段。由表 3-10 可知,缓慢升温阶段湿球温度对叶温的直接通径系数为 0.1940,相对湿度对叶温的直接通径系数为-0.8840,而且各指标通过相对湿度对叶温的间接通径系数均较大,干球温度通过相对湿度和湿球温度对叶温作用的间接通径系数达到了 0.9957,而干球温度的直接通径系数在此阶段较小,其他相关因素通过干球温度对叶温的间接通径系数均较小。这充分表明此阶段干球温度对叶温的影响在逐渐弱化,湿度对叶温的影响在逐渐增强,这也与此阶段的烘烤状态相一致,此阶段正处于烤房的大排湿阶段,水分的蒸散量较大,叶片周围所形成烘烤小环境对叶温的影响较大。

表 3-10　缓慢升温阶段对叶温影响的通径系数

指标	干球温度/℃	湿球温度/℃	相对湿度/%	温差/℃	间接通径系数总计
干球温度→	-0.072	0.1636	0.8321	0	0.9957
湿球温度→	-0.061	0.194	0.7666	0	0.7056
相对湿度→	0.068	-0.1681	-0.884	0	-0.1001
温差→	-0.0328	0.0832	0.318	0	0.3684

(4)快速升温阶段。快速升温阶段处于烘烤的干筋阶段,在这一时期烟叶水分的散失已

趋于完全,烤房内湿度对叶温的影响逐渐弱化。由表 3-11 可知,快速升温阶段干球温度对叶温的直接通径系数为 0.8410,其他三项指标通过干球温度对叶温作用的间接通径系数均在 -0.5169 以上,湿球温度和相对湿度无论是直接通径系数还是其他三项指标通过湿球温度和相对湿度对叶温作用的间接通径系数均较小,表明在烘烤的干筋阶段影响叶温变化的主要因素为温度。

表 3-11　快速升温阶段对叶温影响的通径分析

指标	干球温度/℃	湿球温度/℃	相对湿度/%	温差/℃	间接通径系数总计
干球温度→	0.841	-2.010×10^{-15}	-5.208×10^{-15}	0.1423	0.1423
湿球温度→	0.7493	-2.255×10^{-15}	-4.425×10^{-15}	0.1267	0.876
相对湿度→	-0.8283	1.993×10^{-14}	5.287×10^{-15}	-0.1546	-0.9829
温差→	-0.5169	1.234×10^{-15}	3.532×10^{-15}	-0.2315	-0.5169

2.散叶堆积烘烤过程中烘烤环境对叶温影响

(1)预热阶段。为研究烘烤过程中不同阶段干球温度、湿球温度、相对湿度、风速与风压对叶温变化具体影响,对其进行通径分析,结果见表 3-12。由表 3-12 可知,在预热阶段烘烤各物理因素与叶温变化的相关系数表现为干球温度>湿球温度>相对湿度>风压>风速,其中相对湿度、风速与叶温变化呈负相关,其余因素与叶温变化呈负相关,干球温度对叶温变化的直接影响最大,其余因素的直接影响相对较小。然而,其余因素通过干球温度对叶温的间接影响相对较大,说明在此阶段干球温度对叶温的影响处于主导地位。

表 3-12　叶温稳定阶段对叶温影响的通径系数

指标	干球温度/℃	湿球温度/℃	相对湿度/%	风速/(m/s)	风压/Pa	间接通径系数总计
干球温度→	0.9706	0.1339	-0.0198	-0.0146	-0.1019	-0.0074
湿球温度→	0.9147	0.142	-0.0173	-0.013	-0.1187	0.7537
相对湿度→	-0.6792	-0.087	0.0282	0.0102	0.0866	-0.609
风速→	-0.3862	-0.0504	0.0079	0.0366	0.0624	-0.1724
风压→	0.5985	0.102	-0.0148	-0.0138	-0.1653	0.854

(2)叶温稳定阶段。由表 3-13 可知,烘烤的各物理因素与叶温变化的简单相关系数为相对湿度>干球温度>风压>风速>湿球温度,其中相对湿度和风速与叶温的变化呈负相关,其余因素与叶温变化呈正相关。相对湿度对叶温变化的直接影响大于干球温度对叶温的直接影响,说明随着烘烤的进行,相对湿度对叶温变化的影响处于主导地位,干球温度处于次主导地位,风速对叶温的影响作用逐渐提高,风压对叶温变化影响的间接作用逐渐增加。

表 3-13　叶温稳定阶段对叶温影响的通径系数

指标	干球温度/℃	湿球温度/℃	相对湿度/%	风速/(m/s)	风压/Pa	间接通径系数总计
干球温度→	0.4882	−0.0036	0.6516	−0.1363	−0.2011	0.3105
湿球温度→	−0.1272	0.0139	−0.2242	0.0709	0.0663	−0.2142
相对湿度→	−0.4274	0.0042	−0.7441	0.1052	0.198	−0.1201
风速→	−0.408	0.0061	−0.4801	0.163	0.1747	−0.7074
风压→	0.4511	−0.0042	0.6769	−0.1309	−0.2176	0.9929

（3）慢速升温阶段烘烤。由表 3-14 可知,各物理因素与叶温变化的简单相关系数表现为干球温度>相对湿度>湿球温度>风速>风压,然而各因素与叶温变化影响的直接通径系数均较小。其中,风速与叶温的相关系数与叶温平稳阶段相比有所增加,风压对叶温影响的间接通径系数之和有所降低,表明在慢速升温阶段,干球温度与相对湿度对叶温变化影响作用相当,均处在主导地位。风速对叶温的影响作用有所上升,风压对叶温的影响作用有所下降。

表 3-14　叶温稳定阶段对叶温影响的通径系数表

指标	干球温度/℃	湿球温度/℃	相对湿度/%	风速/(m/s)	风压/Pa	间接通径系数总计
干球温度→	0.4698	0.0813	0.3251	0.0733	−0.0026	0.4871
湿球温度→	0.4376	0.0872	0.3104	0.062	−0.0023	0.8067
相对湿度→	−0.4337	−0.0769	−0.3522	−0.0597	0.002	−0.5683
风速→	−0.3252	−0.0511	−0.1985	−0.1059	0.0024	−0.5724
风压→	−0.2761	−0.0465	−0.1591	−0.0579	0.0043	−0.5395

（4）快速升温阶段。由表 3-15 可知,各因素与叶温的相关系数均比较大,且风速与风压和叶温变化的相关系数均达到四个阶段的最大值。其中,相对湿度与风压和叶温的变化呈负相关,干球温度、湿球温度与风速和叶温的变化呈正相关,但 5 个影响因素对叶温的直接通径系数均较小,这表明随着烘烤进程的推进各因素对叶温变化的影响程度不断增加,相对湿度与干球温度对叶温的影响均处于主导地位。

表 3-15　叶温稳定阶段对叶温影响的通径系数

指标	干球温度/℃	湿球温度/℃	相对湿度/%	风速/(m/s)	风压/Pa	间接通径系数总计
干球温度→	0.3421	−0.0543	0.4479	0.1603	0.0284	0.5823
湿球温度→	0.3186	−0.0583	0.4094	0.1606	0.027	0.9157
相对湿度→	−0.3164	0.0493	−0.4844	−0.1976	−0.0333	−0.498
风速→	0.2379	−0.0406	0.4154	0.2304	0.036	0.6487
风压→	−0.2501	0.0406	−0.4151	−0.2134	−0.0388	−0.838

3.小结

散叶插钎烘烤过程中预热阶段发生在变黄阶段的中前期(38 ℃前包括 38 ℃),此阶段影响叶温变化的主要因素是干球温度,在这一时期烟叶的细胞结构和功能比较完善,一系列重要的生理生化反应主要发生在此阶段,烟叶保护酶活性较高,自我保护能力较强,对外界温度的升高具有一定的适应阈值。叶温会伴随着干球温度的升高逐步升高,当超过阈值范围,叶片的自我保护机制开启以抵御外界环境变化。

叶温平稳阶段发生在变黄后期与定色前期,这一时期影响叶温变化的因素以干球温度为主、湿球温度和相对湿度为辅。烟叶的自我保护机制开启并达至上限,叶温稳定在一定的范围内不再随着干球温度的升高而升高。此阶段烟叶的部分细胞已开始解体,但总体上烟叶的细胞结构和功能仍然比较完善,保护酶的活性较高。由于这一时期烤房处于大排湿阶段,烟叶水分蒸散需要吸收大量的热量,会形成一个相对独立的烘烤小环境,使烟叶温度保持在一个稳定的阈值内。这可能是导致叶温处于稳定状态的重要因素。

缓慢升温阶段发生在定色中后期,此阶段影响叶温变化的主要因素是湿度,这一时期烟叶细胞加速解体,细胞结构和功能逐步被破坏,烟叶的自我保护机能逐渐降低,随着烘烤的进行,烟叶叶片内部的水分散失量增加,烟叶失水吸热的能力逐渐丧失。叶温随着干球温度的升高逐渐升高,但升高速率较慢。

快速升温阶段发生在整个干筋阶段,全炕烟叶除主脉外叶片几乎全干,烟叶细胞完全解体,水分散失殆尽,烟叶周围的小环境作用随之消失,叶温的变化逐渐与干球温度升高同步,温差逐渐减小。

散叶堆积烘烤过程中本研究结果表明烘烤过程中叶温变化的不同阶段受到其他烘烤因素的影响程度有所不同,叶片预热阶段对叶温影响的主导因素是干球温度,这一时期干球温度、湿球温度两者与叶温的差值均相对较小,可能是由于烟叶细胞功能完善,组织水分充足,对高温环境的适应性较强;叶温稳定阶段对叶温变化影响的主导因素是相对湿度,可能由于自由水与束缚水的比例减小,烟叶抵抗逆境的能力达到最大,致使通过升高干球温度促进水分蒸发的难度增大,而相对湿度通过加速烤房内外空气交换的方式来促进烟叶的失水,进而影响叶温的变化,再者干球温度、湿球温度与叶温的差值逐渐变大,表明烟叶内的水分不断散失,且散失速率不断增加;慢速升温阶段与快速升温阶段对叶温变化的主导因素是干球温度与相对湿度,干球温度与叶温的差值逐渐较小,湿球温度与叶温的差值快速增加,此阶段处于定色阶段后期与整个干筋阶段烟叶的水分快速散失,通过升高干球温度与加快烤房内外空气交换速率的方法实现烟叶水分的排出。烟叶的形态逐渐固定,烟叶间的风速与风压逐渐稳定。

总之,整个烘烤过程叶温的变化受到多种烘烤因素的影响,且叶温与烤房内干球温度变化有着相同的趋势,随烘烤干球温度的升高而升高,但干球温度的变化对叶温变化的影响存在滞后性,这与吴强等的研究结果是一致的。散叶堆积烘烤过程中叶温的变化可以分为四个阶段,在不同的烘烤阶段对叶温影响的主导因素不同。在预热阶段,干球温度对叶温的影响较大;叶温稳定阶段相对湿度与干球温度对叶温的影响均较大,风速与风压对叶温变化影响作用逐渐增加;慢速升温阶段与快速升温阶段,干球温度与相对湿度对叶温变化有影响作用相当,均处在主导地位。风速对叶温的影响作用有所上升,风压对叶温的影响作用有所下降,烘烤过程中在不同的阶段可有针对性地控制不同烘烤因素来控制叶温的变化,进而简化烘烤工艺,提高散叶烘烤质量,改善烟叶品质。

第四节　多功能智能流水线烤房

烘烤作为烟叶经济价值转化的重要途径,其劳动成本的高低、环境污染的大小、烘烤效果的好坏直接决定着烟叶生产的经济、生态和社会效益,而工业化生产能够大幅提高产品的生产效率,降低成本投入,因此实现烟叶烘烤的规模化、专业化、工厂化运作,对提高烟叶生产效率,推进现代烟草农业建设有一定的促进作用。2000年谢德平等对步进式烤房进行研发,取得了较为明显的成果,这在一定程度上奠定了烟叶烘烤工厂化实现的基石。2001年申玉军等对步进式烤房的车距和帘子高度进行了研究,结果表明烟车车距和帘子高度对提高烟叶烘烤质量,增加上等烟比例有较大影响。2006年胡宏超等针对步进式烤房烟叶生产规模较小、烤房的利用率低等问题进行了改良,结果表明步进式烤房不仅实现烟叶烘烤的流水作业,解决了配炕不均问题,还降低了烤烟能耗。虽然步进式烤房在一定程度上改变了烟叶的烘烤模式,使烟叶烘烤向产业化方向发展,但随着烟农合作社的普及力度不断增加,对烟叶烤烟的要求在减工降本提质增效的前提下,环保越来越受到重视,节能减排技术在烟叶烘烤中的应用越来越普遍。因此,在步进式烤房的基础之上对隧道式流水线烤房进行研发,研制了8隧道30 m流水线烤房,经过多年的技术攻关,流水线烟叶烤房已经过国家烟草专卖局组织鉴定已达到世界领先水平。该系统装备在烟草行业烤烟装备上属于革命性创新,从根本上改变了传统燃煤、固定式静止烤烟模式,实现了节能环保的要求。故本节主要对流水线烤房的烤房结构、运作原理、烘烤环境及烘烤效果进行研究分析。分析其变化规律及分布特征,明确了各参数之间的影响。选取土壤肥力中等、栽培管理规范、长势长相均匀一致、成熟采收的中部叶与上部叶为试验对象,在密集烤房中用烟竿装70竿,在流水线烤房中用烟架装40架做好标记,待出烟时及时回潮打包封存进行等级评定。

一、设备各区作用概况

流水线烤房整体上由装烟区、准备区、烤烟区、降温区及卸烟区5部分组成,见图3-53,烤房长30 m、宽3.5 m、高4.5 m,两端开设观察门,烤烟区依据干燥要求分为Ⅰ区、Ⅱ区、Ⅲ区、Ⅳ区、Ⅴ区、Ⅵ区等6个隧道,相邻区之间安装高清摄像头。烤房上方设有跑道形封闭轨道,见图3-54,根据载重量和行走滑车安装空间的要求,轨道选用型号为HW100×100的H型钢加工而成。

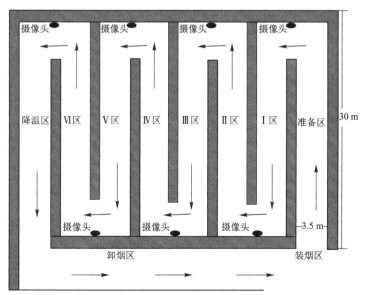

图3-53 流水线烤房俯视图

图3-54 流水线烤房传动轨道

二、流水线烤房夹烟设备

夹烟设备采用直径 5 mm 的钢筋焊接而成,宽 70 cm、高 250 cm、厚 15 cm,上方有悬挂孔,见图 3-55;夹烟层数为 3 层,每层夹持鲜烟 70~80 片;在烤房中将夹好的烟叶悬挂在传送装置的挂钩上面,每排可同时悬挂 4 夹,每夹烟叶前后距离 5 cm。

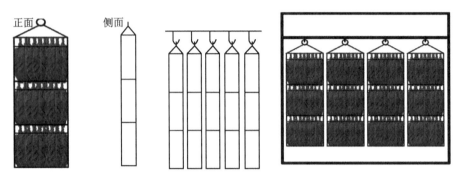

图 3-55　流水线烤房夹烟设备及在烤房中的位置

三、烘烤区设备运作系统

流水线烤房主要由传动装置、供热系统及通风系统组成,见图 3-56,烟叶在传动系统的驱动依据烟叶变化,4 排夹烟设备同时运行。烤烟区通风系统由循环风机和排湿风机组成,Ⅵ区为主要热源进入区,分别在Ⅳ区与Ⅱ区设置辅助加热管,以应对烤房供热不足的状况;循环风机为 7#轴流风机,转速 960 r/min。根据烘烤过程中烟叶对环境的需求,分别在Ⅰ区~Ⅵ区安装不同数量的风机。其中,Ⅰ区 3 个循环风机,Ⅱ区 4 个循环风机,Ⅲ区 6 个循环风机,Ⅳ区 5 个循环风机,Ⅴ区 4 个循环风机,Ⅵ区 4 个循环风机。供热系统由热泵组成。Ⅰ区~Ⅵ烤房内温度与相对湿度稳定在一定范围内。其中,Ⅰ区温度 36~39 ℃、相对湿度 90%以上,Ⅱ区温度 39~43 ℃、相对湿度 75%~85%,Ⅲ区温度 43~47 ℃、相对湿度 55%~65%,Ⅳ区温度 47~56 ℃、相对湿度 40%~45%,Ⅴ区温度 56~60 ℃、相对湿度 30%~40%,Ⅵ区温度 65~70 ℃、相对湿度 10%~20%。

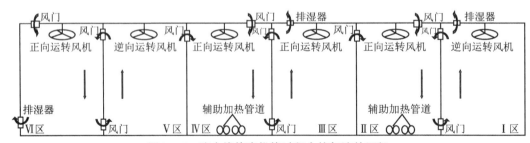

图 3-56　流水线烤房烘烤过程中热气流的运行

四、设备运作原理

由图 3-57 可知,烤房的运作由 5 大系统构成。其中,智能控制系统采用以 PLC 为核心,集自编程序、传感器、步进电动机加减速驱动脉冲控制等技术为一体的自动控制系统;传动系统主要由轨道、行走滑车组成;整个烤房设置 15 台热泵对烤房进行供热,其中Ⅵ区均匀安装 4 台热泵,Ⅱ区、Ⅲ区、Ⅳ区以及Ⅴ区均匀安装 3 台热泵,Ⅰ区均匀安装 2 台热泵,Ⅵ区为主要热源进入区;循环系统由风机与位于隔墙上的风门组成,保障热空气在烤房内的多方位循环,减少烤房上下层烟叶的温差;排湿系统主要由排湿器组成,烘烤过程中依据烤房内的湿度状态自动运行,其中Ⅵ区的湿气直接排到降温区用于烟叶的回潮,实现资源的多效利用。

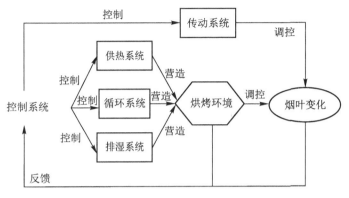

图 3-57 流水线烤房运作原理

五、流水线烤房各区段的运行时间

10 d 内随机标记 20 夹烟,利用摄像头记录每夹烟在Ⅰ区~Ⅵ区的运行时间。由图 3-58可知,烘烤过程中烟叶经过各区段的时间有所差异,可知流水线烤房的传动系统不是匀速运转。可知运行时间差异较大区域为Ⅱ区,而Ⅰ区、Ⅲ区、Ⅴ区的运行时间差异相对较小,Ⅳ区与Ⅵ区运行时间差异最小。依据三段式烘烤理论可知,Ⅰ区与Ⅱ区为烟叶的变黄期,阶段时间为 43.9 h 左右;Ⅲ区与Ⅳ区为定色期,阶段时间为 44.6 h 左右;Ⅴ区与Ⅵ区为干筋期,阶段时间 52.7 h 左右,运行总时间为 134~146 h。

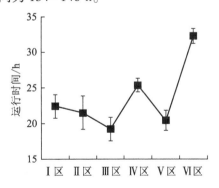

图 3-58 流水线烤房各区段运行时间

六、流水线烤房烘烤环境

在烤房满载运行时,利用区段间摄像头对烟叶烘烤区的各区段的运行时间进行记录,叶间风速采用 KA23 型便携式风速计测定,分辨率为 0.01 m/s;温度与相对湿度采用中国计量大学研发的烤烟多功能参数仪测定,温度的分辨率均为 0.1 ℃,而相对湿度的分辨率为0.1%,为了保障电量供给,分别给两仪器配置了 50000 mA 的锂电池。传感器的安装位置位于夹烟设备中间的烟叶内(见图3-59所示位置),跟随传送装置一起运行,在线监测烘房A~D等4路烟叶中的温度、相对湿度与风速,数据采集间隔设置为30 min。

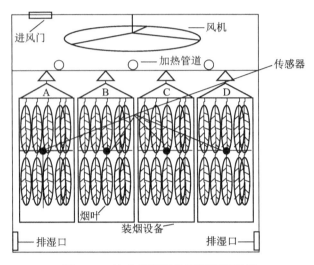

图3-59　流水线烤房各区段运行时间

1.烤房温度的变化

由图3-60可知,流水线烤房内的温度随着烘烤的进行先呈阶段性上升趋势,在接近结束后逐渐降低,各区段平均温度为: T_{I}(38.19 ℃), T_{II}(42.04 ℃), T_{III}(45.85 ℃), T_{IV}(52.00 ℃), T_{V}(58.88 ℃), T_{VI}(66.31 ℃)。烘烤区入口温度为30.02 ℃;在Ⅰ区温度沿烤烟运行方向先快速上升至38 ℃左右,然后基本保持不变,在干燥距离30 m(20 h左右)处升至40.22 ℃;Ⅱ区缓慢上升,在干燥距离60 m(40 h左右)处升至43.86 ℃;Ⅲ区(45~63 h)温度直线上升,但稳定在43~46 ℃;Ⅳ区(64~89 ℃)温度保持上升,但在75 h左右上升速率加快;Ⅴ区(90~110 h)温度仅有小幅度上升;Ⅵ区(111 h后)烤房温度呈抛物线变化,最高温度为69.08 ℃,且末端的干燥温度显著高于初始干燥温度。

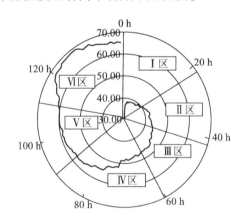

图3-60　流水线烤房温度的变化(单位:℃)

2.烤房相对湿度的变化

由图3-61可知,烤房内相对湿度呈现锯齿状波动式降低,末端变化较平缓。各区平均相对湿度分别为: H_{I}(90.88%), H_{II}(77.77%), H_{III}(57.51%), H_{IV}(45.32%), H_{V}(34.18%),

$H_{\text{Ⅵ}}$(16.34%)。在干烟叶在烘烤过程中Ⅰ区的主要任务是促进烟叶的变化,烟叶含水率较高,空气的相对湿度较大,基本保持在92%左右;Ⅱ区的主要任务提高烟叶变黄程度,适当减少烟叶水分,因此相对湿度呈直线下降,区段末的相对湿度为69.75%;Ⅲ区是烟叶干燥脱水量最多的区段,空气相对湿度的降低速率为1.07%/h;Ⅳ区、Ⅴ区的相对湿度随着烟叶的运行基本上呈直线减少趋势;Ⅵ区的相对湿度快速降低后基本保持不变。

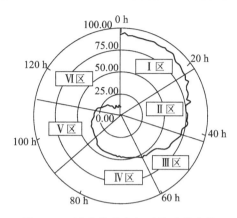

图 3-61　流水线烤房相对湿度的变化

3.烤房叶间隙风速

由图 3-62 可知,烤房内平均风速为 0.04 ~ 0.17 m/s,多数位置的风速处于 0.07 ~ 0.14 m/s。随着烘烤的推进,风速沿烤烟运动的方向呈锯齿状波动式先升高后降低,其波形特征与烟叶所处的位置有关;风速较大的位置(波峰)为隧道中间位置,风速较小的位置(波谷)处于相邻 2 个隧道之间。烤房内Ⅰ区的平均叶间隙风速是 0.10 m/s,变异系数是 19.18%;Ⅱ区的平均风速是 0.12 m/s,变异系数是 13.71%;Ⅲ区的平均风速是 0.10 m/s,变异系数是 19.86%;Ⅳ区的平均风速是 0.08 m/s,变异系数是 29.31%;Ⅴ区的平均风速是 0.11 m/s,变异系数是 20.81%;Ⅵ区的平均风速是 0.13 m/s,变异系数是 22.28%。各区平均风速的大小顺序为:Ⅵ>Ⅱ>Ⅴ>Ⅰ＝Ⅲ>Ⅳ。

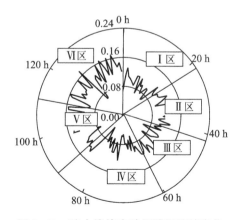

图 3-62　流水线烤房叶间隙风速的变化

4.干燥介质参数差异分析

烘房内各干燥阶段 A、B、C 与 D 等 4 路烟叶的温度、相对湿度、风速在各区段的分布见

表3-16。在6个烘烤区段中,4路烟叶的温度在各区段的变异系数均较小;且各路烟叶的温度Ⅰ区、Ⅱ区与Ⅵ区无显著性差异,Ⅲ区左两侧显著高于中间,而Ⅳ、Ⅴ区C路烟叶显著低于其他3路烟叶。4路烟叶相对湿度在Ⅰ区与Ⅱ区表现为两侧无显著性差异,中间两路无显著性差异;Ⅲ区~Ⅵ等4个区段的D路烟叶显著小于中间两路烟叶。各路烟叶的叶间隙风速在各区段的变异系数均较大,在Ⅰ区与Ⅴ区两侧烟叶均大于中间两路烟叶;且Ⅰ~Ⅵ区等6个区段C路烟叶的风速均为最小值。

表3-16 各区段不同位置烘烤环境温度、相对湿度与风速参数的差异分析

烘烤区段	位置	温度		相对湿度		风速	
		测定值/℃	CV/%	测定值/%	CV/%	测定值/(m/s)	CV/%
Ⅰ区	A	38.06a	5.42	92.32a	2.84	0.11a	40.93
	B	38.30a	5.25	89.85b	2.85	0.09b	44.63
	C	38.21a	4.81	90.87ab	1.79	0.08b	51.90
	D	38.19a	5.27	90.49ab	3.17	0.10a	44.99
Ⅱ区	A	42.18a	2.69	77.47ab	7.24	0.11b	39.79
	B	42.19a	2.17	78.19a	6.30	0.13ab	43.94
	C	41.94a	3.14	78.51a	6.43	0.06c	39.85
	D	41.84a	2.01	76.91b	6.56	0.17a	22.00
Ⅲ区	A	46.84a	3.31	57.34b	10.64	0.10a	33.72
	B	45.92b	2.50	57.78ab	11.38	0.14a	42.08
	C	45.96b	2.33	58.32a	11.68	0.04c	35.82
	D	46.69a	2.96	56.58c	11.06	0.13a	26.10
Ⅳ区	A	53.54a	6.27	45.08b	6.03	0.11a	38.59
	B	52.47ab	7.15	45.60ab	6.06	0.08ab	53.59
	C	51.21b	6.79	46.43a	6.03	0.05b	42.49
	D	53.07a	6.98	44.17c	6.37	0.09ab	42.85
Ⅴ区	A	59.23a	1.74	33.96b	8.47	0.16a	37.72
	B	58.86ab	2.43	34.76ab	7.52	0.09b	41.32
	C	58.23b	1.81	35.19a	8.47	0.05b	40.52
	D	59.18a	2.19	32.83c	8.75	0.15a	21.07
Ⅵ区	A	66.43a	2.98	15.20c	36.26	0.10b	43.90
	B	66.72a	3.68	16.88b	39.30	0.15a	42.28
	C	66.33a	4.59	17.83a	38.25	0.09b	37.98
	D	65.76a	3.31	15.16c	41.15	0.17a	40.35

注:CV(Coefficient of Variation)表示变异系数,CV=(标准偏差/平均值)×100%。同一列不同字母表示在P<0.05水平差异显著。

5.风速对烘房内温度和相对湿度的影响

由表 3-17 可知,流水线烤房内的叶间隙风速对温度与相对湿度有显著影响。在 I 区风速与温度呈显著负相关,与相对湿度极显著正相关;在 II、III、V 区风速与温度显著正相关,与相对湿度显著负相关,在 IV 区风速与温度与相对湿度均显著正相关。在 VI 区风速与温度显著相关,与相对湿度相关性不显著。

表 3-17　各区段烘烤环境温度、相对湿度与风速的相关性

烘烤区段	相关系数	
	温度与风速	相对湿度与风速
I 区	−0.654*	0.733**
II 区	0.721**	−0.751**
III 区	0.584*	−0.682*
IV 区	0.633*	0.793**
V 区	0.752**	−0.585*
VI 区	0.641*	−0.378

注:*表示在 $P<0.05$ 水平显著相关, **表示在 $P>0.01$ 水平上显著相关。

七、流水烤房烘烤效果

1.不同位置烤后烟叶的颜色差异

烘烤结束后,采用 WSC-3 型全自动测色色差计对 A～D 各路烟叶的 L^*(明度值)、a^*(红度值)、b^*(黄度值)、C(饱和度)、H(色相角)5 个参数进行测定。由表 3-18 可知,流水线烤房各路烤后烟的颜色参数中 L^*(明度值)、a^*(红度值)、b^*(黄度值)及 H(色相角)均无显著性差异,但 C(饱和度)略有差异表现为 A 路烟、D 路烟与 B 路烟有显著性差异,而与 C 路烟无显著性差异,B、C 两路烟无显著性差异。上等烟比例以 A 路烟最大,但仅比 B 路烟提高 1.2%,比 C 路与 D 路烟提高 0.9%;各路烟在中等烟与下等烟的比例上也有一定的差异,但总体而言差异较小。

表 3-18　各路烟夹的烤后烟叶的颜色差异及等级比例

位置	颜色参数					等级比例/%		
	L^*	a^*	b^*	C	H	上等烟	中等烟	下等烟
A	67.49a	12.03a	40.09a	41.86a	1.38a	42.1	48.0	9.9
B	66.27a	11.82a	40.90a	43.04b	1.32a	41.6	48.6	9.8
C	66.72a	12.20a	41.68a	42.09ab	1.34a	41.7	48.2	10.1
D	67.17a	12.14a	41.10a	41.11a	1.37a	41.7	47.7	10.6

2.烟叶等级结构与经济性状

依据当年的收购价格计算两种烤房烟叶的均价,评价流水线烤房的烘烤效果。由表 3-

19、表 3-20 可知,流水线烤房中部叶的黄烟率略低于密集烤房,橘色烟比例则高于对照,含青烟、挂灰烟、烤糟和蒸片烟等都低于对照,而且没有光滑烟和僵硬烟(密集烤房为 12.0%)。对于上部叶,流水线烤房的黄烟率和橘色烟比例都高于对照,含青烟、挂灰烟、烤糟和蒸片烟等都明显低于对照,没有光滑烟和僵硬烟(密集烤房为 8.5%)。流水线烤房上等烟比例在中部叶和上部叶比对照分别提高 1.9% 和 2.2%;中等烟比对照分别提高 2.2% 和 1.5%;下等烟比对照分别减少 3.1% 和 1.7%;烟叶均价分别提高 1.36 元/kg 和 1.13 元/kg,提高幅度 6.04% 和 5.08%。

表 3-19　不同类型烤房烤后烟叶的等级结构　　　　　单位:%

烟叶部位	烤房类型	等级结构比例/%					
		黄烟	橘色烟	含青烟	挂灰烟	烤糟烟	光滑烟
中部叶	流水线烤房	87.5	58.0	3.2	6.4	4.8	0
	密集烤房	88.9	53.5	9.6	9.8	3.3	12.0
上部叶	流水线烤房	89.3	76.3	4.3	11.5	5.6	0
	密集烤房	86.8	68.8	10.8	13.6	4.3	8.5

表 3-20　不同类型烤房烤后烟叶的经济性状

烟叶部位	烤房类型	经济形状			
		上等烟/%	中等烟/%	下等烟/%	均价/(元/kg)
中部叶	流水线烤房	42.5	47.8	9.7	23.89
	密集烤房	40.6	46.6	12.8	22.53
上部叶	流水线烤房	47.7	45.9	8.4	23.38
	密集烤房	45.5	44.4	10.1	22.25

3.烤房用工与烤能

为研究方便,烘烤过程中以密集烤房的一个烘烤周期(7 d)为对象进行研究,鲜干比采用素质一致的中部叶与上部叶为试验对象,在两种烤房分别选取 20 竿与 10 夹计算鲜重,做好标记等烘烤结束后测量干重,最后计算鲜干比。流水线烤房干烟量采用相应的公式计算。并对两种烤房的夹烟、装烟、卸烟及烧火等用工进行统计,其中流水线烤房的用工按 3 班计算,每天 9 个人连续夹烟,6 人挂烟、出烟和烟叶变化观察,2 人进行计算机操作管理,折合成工效(一个用工量生产多少千克干烟)后进行研究。能耗则折合成每千克干烟能耗进行比较。

由表 3-21 可知,流水线烤房中部叶鲜干比为 7.05,上部叶为 6.55,均略低于密集烤房。流水线烤房中部叶的出烟量是密集烤房的 18.57 倍,上部叶的出烟量是密集烤房的 18.56 倍。流水线烤房 7 d 共用工 119 工,而密集烤房共用 9 个工·d。中部叶流水线烤房的烤烟平均工效为 84.9 kg/(工·d),比密集烤增加 23.1 kg/(工·d),提升 40.5%。上部叶流水线烤房的效率比密集烤房提高 25.8 kg/(工·d),相对提高 40.5%。

表3-21　不同类型烤房烘烤用工与烤能(以7 d为单位计算)

烟叶部位	烤房类型	鲜干比	干烟量/kg	用工量/(工·d)					工效/[kg/(工·d)]
				编烟	装烟	出烟	烘烤	合计	
中部叶	流水线烤房	7.05	9 527	63	42	—	14	119	80.1
	密集烤房	7.08	513	3.5	1	1	3.5	9	57.0
上部叶	流水线烤房	6.55	10668	63	42	14	119	89.6	
	密集烤房	6.62	574.5	3.5	1	1	3.5	9	63.8

注:密集烤房为1炕烟叶计算。

4.烤烟能耗

由表3-22可知,流水线烤房中部叶的烤烟耗电量为1.45 kWh/kg(干烟叶),能耗费用为0.87元/kg(干烟叶),比密集烤房烤烟能耗费用少0.18元/kg(干烟叶),节省20.7%。上部叶比密集烤房能耗费用少0.07元/kg(干烟叶),节省7.3%。

表3-22　不同类型烤房烘烤能耗比较(以7 d为单位的干烟计算)

烟叶部位	烤房形式	耗煤		耗电		合计金额	
		总量/kg	折合/(kg/kg)	总量/kWh	折合/(kWh/kg)	总量/元	折合/(元/kg)
中部叶	流水线烤房	—	—	22621	1.45	13572.6	0.87
	密集烤房	728	1.42	198	0.39	541.0	1.05
上部叶	流水线烤房	—	—	26580	1.59	15948	0.95
	密集烤房	886	1.54	235	0.41	585	1.02

注:烤烟煤价格为580元/t,农用电价格为0.60元/kWh。

八、总结

(1)流水线烤房的运行时间与三段式烘烤的时间几乎一致,烤房内温度与相对湿度的控制除Ⅳ区变化幅度较大,稳定性较差外,其他各区段相对稳定适宜,能够满足烟叶的变化的需求;各区段的风速差异均较大,主要是由于每经过一个隧道,烟叶的含水量变化加大,使叶间隙风速也有较大的变化,但均能达到0.1 m/s左右,满足烟叶烘烤过程中各时期的需求。

(2)在烤烟烘烤过程中,流水线烤房的Ⅰ区、Ⅱ区与Ⅵ区4路烟叶的温度无显著性差异,平均温度分别为38.19 ℃、42.04 ℃、66.31 ℃,前端与后端的温度差分别为10.24 ℃、3.87 ℃、3.5 ℃;Ⅲ~Ⅴ区4路烟叶表现为两侧温度大于中间温度。与温度相比,各区段4路烟叶的相对湿度差别相对较大,但D路烟叶的相对湿度一直保持在最低水平,Ⅱ~Ⅵ区均表现为两侧相对湿度小于中间两路烟叶的相对湿度;且Ⅲ、Ⅳ区烤房的相对湿度下降幅度最大。整个烘烤过程中叶间隙风速的变化趋势比较复杂,但Ⅰ~Ⅵ区等6个区段C路烟叶的风速均为最小值,而两侧烟叶的风速保持在较高水平。A~D各路烤后烟叶的颜色值及等级比例基本上差异不大,表明烤房内各路的烘烤环境虽然有所差异,但相对稳定,均在烟叶正常烘烤的范围内,均能满足烟叶的烘烤需求,对烤后烟叶质量的影响不大。

(3)各区段流水线烤房内的风速对温湿度的变化有较大影响。Ⅰ区风速与温度显著负相关,与相对湿度极显著正相关;在Ⅱ区、Ⅲ区和Ⅴ区风速与温度显著正相关,与相对湿度显著负相关,在Ⅳ区风速与温度和相对湿度均显著正相关。在Ⅵ区风速与温度显著相关,与相对湿度相关性不显著。

(4)近年来随着密集烘烤的推进,光滑烟和僵硬烟的比例有所增加,降低了烟叶的可用性。与普通密集烤房相比,流水线烤房的橘色烟比例增加幅度较大,蒸片与烤糟的比例略高,含青挂灰烟的比例显著降低,无光滑烟形成,这可以缓解上部叶烤后烟出现光滑僵硬的现象。这可能是由于流水线烤房的烟夹宽度小,每层夹持的烟叶少,烟叶在烘烤过程中有足够的空间收缩干燥。且上中等烟比例显著增加,均价提高约1.2元/kg。流水线烤房的鲜干比较小,表明烘烤过程中内含物质的消耗较少,工效有显著性的增加,平均提高约25 kg/(工·d)。流水线烤房的能耗也有所降低,平均降低0.1元/kg(干烟叶)。

(5)目前仅对流水线的烟叶烘烤状况进行了研究,对于流水线烤房的烘烤过程中的烟叶烘烤环境与密集烤房的差异性烤房的环保效益及在烤房未能满载时的省工降本措施等还需要在今后的工作中进行分析研究。

第四章　烤烟烘烤过程中外观形态变化

　　鲜烤烟是烘烤调制的对象，烘烤工艺只有建立在与鲜烤烟素质相适应的基础上，才能调制出优质的原烤烟。鲜烤烟素质在烘烤中具体表现在烘烤特性的不同上，因此准确判断鲜烤烟素质及烘烤特性是制订烘烤方案的基础。目前，烤烟的烘烤特性多以感官手段和经验判断为主，主要通过易烤性和耐烤性来表述，比较笼统、模糊，受主观因素影响较大，缺少能反映烤烟烘烤特性的一些量化指标。并且我国的专业化烘烤分离了烤烟生产和烘烤环节，因此，制定一个定性和定量相结合的判定标准非常必要。目前，在烤烟烘烤特性方面的研究多集中在水分含量、色素、组织结构的变化上，并且只是强调单个因素对烘烤特性的影响，因此本章旨在找到烤烟的外观形态指标与叶片内部组织结构之间的客观对应关系(图4-1)，摸清各个指标和烘烤特性的内在联系，在影响烤烟烘烤特性的众多指标中找到一个既能主观判断又能快速测定的体系，为烤烟烘烤特性的定量评价奠定坚实的基础，是实现专业化烘烤的基石，是建立烘烤特性评价指标体系的关键。

图4-1　烤烟烘烤过程中外观变化

第一节　烤烟烘烤过程中形态变化

　　叶片是由细胞构成的，叶片的生长、发育、成熟、衰老过程与细胞的生长、发育和组织结构密切相关。叶片的组织结构反映叶肉细胞的发育状况，是支撑烤烟外观形态的框架(图4-2)。对叶片的组织结构与烤烟成熟度之间关系的研究较多，鲜烤烟的成熟度奠定了烤烟组织结构的框架，不同成熟度的烤烟其内部组织结构存在差异。叶片组织结构变化表现在大田生长发育过程中，也较突出地表现在烤烟烘烤过程中。叶组织结构反映了烤烟细胞的发育状况，单位长度栅栏组织细胞的数量间接反映细胞孔隙度的大小，从而反映了烤烟组织结构的致密、疏松程度和烤烟的成熟程度。聂荣邦等报道了成熟度对烤烟不同部位鲜烤烟组织结构的影响，从而得出单位长度栅栏细胞数和细胞间空隙率可以作为度量烤烟成

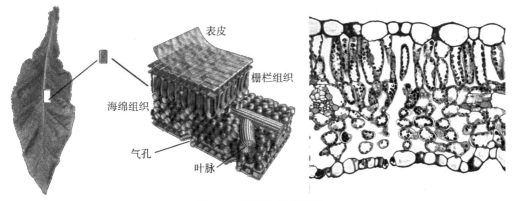

图4-2　烤烟的组织结构

熟度档次和确定适熟采收标准的最佳指标的结论。不同厚度和组织结构的烤烟,其物理性状和化学性质各不相同。在提高烟碱含量、降低糖碱比方面增加叶片厚度具有显著的作用,烤烟型优质烟的适宜厚度可能为 130 μm。且不同成熟度对烤烟不同部位鲜烤烟组织结构的影响不同;再者在烘烤过程中,烤烟的组织结构过紧过疏、细胞间隙过大过小都不利于细胞体内各种化学成分的转化和水分的排除,会在很大程度上影响烤烟的烘烤特性。

一、烤烟烘烤过程中各组织厚度变化

1.烤烟片上、下表皮厚度的变化

由图 4-3 可知,不同成熟度鲜烤烟的上表皮厚表现为适熟>尚熟>未熟>过熟,不同成熟度鲜烤烟间的上表皮厚差异不显著,随烘烤过程的进行 4 种成熟度烤烟的上表皮厚均变薄,其中在变黄后期和定色期上表皮变薄的幅度较大。

由图 4-3 可知,4 种成熟度烤烟的下表皮厚度表现为过熟>未熟>尚熟>适熟。未熟和适熟烤烟的下表皮厚在 38 ℃ 前有所增加,后在 38~42 ℃ 之间迅速降低,后缓慢增加。尚熟和过熟烤烟的下表皮厚在烘烤过程中总体上呈现降低的趋势,其中尚熟和过熟烤烟在 42 ℃ 时达到最大值,而适熟烤烟在 38 ℃ 时达到最大值。

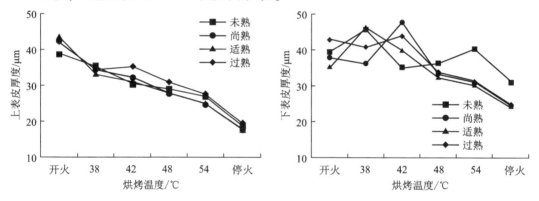

图 4-3　烤烟烘烤过程中上、下表皮厚度的变化

2.烤烟栅栏组织与海绵组织厚度的变化

叶片的叶肉分为栅栏组织和海绵组织两个部分。烤烟的叶片栅栏组织仅由一层细胞构成,位于上表皮下方,呈长柱状,长轴垂直于表面,平行排列成较整齐的栅栏状。烤烟片组织结构厚度的平均值可反映出烟株整体叶片组织结构的水平和生长环境的适宜性。由图 4-4 可知,随着成熟度的提高,栅栏组织厚度逐渐减少,且在变黄期栅栏组织厚度变化较大。鲜烤烟的海绵组织厚度表现为尚熟>适熟>未熟>过熟,未熟和尚熟烤烟的海绵组织在 38 ℃ 前减少的幅度最大,而适熟和过熟烤烟在 38~42 ℃ 之间降低幅度最大。

3.烤烟栅栏组织与海绵组织厚度比

栅栏组织与海绵组织的比值(P/S)是评价植物控制蒸腾失水的重要指标之一,更是评价烤烟烘烤过程中失水效率快慢的重要指标,烘烤过程中栅栏组织的厚度小,烤烟细胞的失水越快,在定色期越有利于烤烟的快速干燥。由图 4-5 可知,4 种成熟度烤烟的 P/S 表现为未熟>过熟>适熟>尚熟,在烘烤过程中,未熟和尚熟烤烟的 P/S 变化趋势基本一致,在 38 ℃

前降低,在 38~42 ℃ 之间有所增大,后减低,而适熟和过熟烤烟在 38 ℃ 前的 P/S 值有所增加,在 38~42 ℃ 之间降低,后又升高。

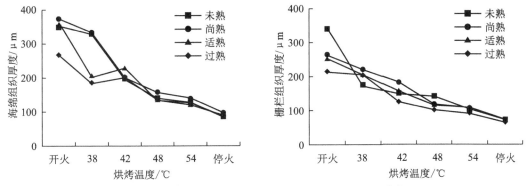

图 4-4 烤烟烘烤过程栅栏组织与海绵组织厚度的变化

4.烤烟厚度的变化

烤烟的厚度决定着烤烟的叶片重量,当烤烟的叶片过厚时,水分含量与大分子物质的含量较高,烘烤难度较大,烘烤过程中需要较长的时间与能源才能促进烤烟的变黄与失水。由图 4-6 可知,烤烤烟片的厚度随着成熟度的增加逐渐减小,未熟烤烟由鲜烤烟的 763.34 μm 减少到烤后的 286.66 μm,尚熟烤烟的减少量为 539.87 μm,适熟的减少量为 486.10 μm,过熟烤烟的叶片厚度由 556.65 μm 减少为 169.150 μm。

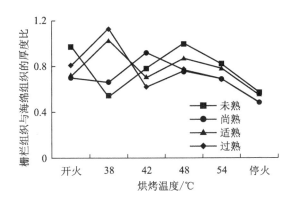

图 4-5 烤烟烘烤过程中栅栏组织与海绵组织厚度比的变化

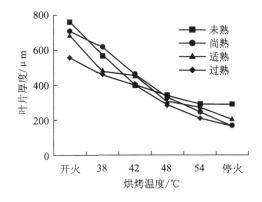

图 4-6 烘烤过程中烤烟厚度的变化

5.烤烟组织结构的变化

叶片组织结构紧密度值越大,控水能力越强,叶片组织结构疏松度则相反(图 4-7)。由表 4 可知,烘烤中未熟和尚熟烤烟的结构紧密度呈现相同的变化趋势,先降低后升高,后又呈现降低的变化趋势。适熟和过熟烤烟的组织结构紧密度表现为先升高后降低,后又缓慢升高的变化趋势,且在 48 ℃ 达到最大值。未熟和尚熟烤烟的组织结构疏松度的变化趋势则与组织结构紧密度的相反,未熟和过熟烤烟在 38 ℃ 达到最大值,在整个烘烤过程中呈现出先升高后降低、后又缓慢升高的变化趋势,而适熟和过熟烤烟呈现出先降低后升高,后又缓慢降低的变化趋势。

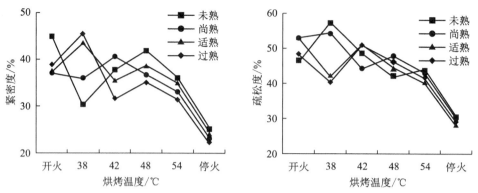

图4-7　烤烟烘烤过程中组织结构的变化

6.小结

组织变化是烤烟烘烤过程形态变化的根本所在,不同组织厚度的变化关系到烤烟烘烤难度大小,当烤烟组织厚度过大时,大分子物质的降解需要烤烟保持较长时间的活性,但随着时间的延长,烤烟的不利因素越发积累,出现烤青烟与烤糟烟的概率增加,给烟农的烘烤带来损失,进而不能满足工业企业对烤烟质量的需求。本部分研究表明不同成熟度鲜烟叶的上表皮厚度表现为适熟>尚熟>未熟>过熟,下表皮厚度表现为过熟>未熟>尚熟>适熟,上表皮厚度随烘烤过程的进行变薄,且在变黄后期和定色期变化幅度较大,而下表皮厚度先增大后减小总体呈降低的趋势,适熟烟叶在38℃达到最大值。随着成熟度的提高,栅栏组织厚度和叶厚逐渐减少,且在变黄期栅栏组织厚度变化较大。鲜烟叶的海绵组织厚度表现为尚熟>适熟>未熟>过熟;烟叶的成熟度对叶片结构的组织比、紧密度及疏松度有较大的影响,未熟和尚熟烟叶烘烤中的变化趋势基本一致,而适熟和过熟烟叶的变化趋势相似。

二、烤烟烘烤过程中收缩率的变化

1.烤烟纵向收缩率的变化

由图4-8可知,烘烤中烤烟的纵向收缩率逐渐增大。在42℃前烤烟的纵向收缩率变化较小,在48℃4种成熟度处理的烤烟纵向收缩率迅速增大,特别是尚熟、适熟和过熟烤烟,未熟烤烟的增大幅度稍小,在54℃后的干筋阶段,尚熟烤烟的变化幅度较小,未熟、适熟和过熟烤烟的变化幅度趋缓。其中,适熟烤烟均大于其余3种成熟度的烤烟(在48℃时稍小于尚熟烤烟外),未熟和过熟烤烟在54℃前的纵向收缩率均小于尚熟和适熟烤烟,尤其是未熟烤烟。烤后4种成熟度处理的烤烟纵向收缩率表现为适熟>过熟>尚熟>未熟。

由图4-8可知,烘烤过程中烤烟纵向收缩率逐渐增大。在变黄期38℃和42℃两个阶段各处理烤烟纵向收缩率变化较小,至42℃变黄结束时,T2显著大于T1。在定色期42℃末至54℃末,随着叶片逐渐失水干燥,各处理烤烟纵向收缩率迅速增加。从42℃末至54℃末,T1和T2处理烤烟纵向收缩率增幅分别为353.44%和320.00%,可见在定色期T1的变化幅度较T2明显。54℃末定色结束时T1的纵向收缩率极显著小于T2。从54℃末至烘烤结束,各处理烤烟纵向收缩率增加幅度较小,T2烤后烤烟纵向收缩率极显著大于T1。

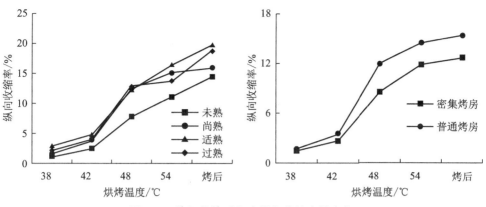

图4-8 烤烟烘烤过程中纵向收缩率的变化

2.烤烟横向收缩率的变化

由图4-9可知,在烘烤38℃前烤烟的横向收缩率变化较小,4种处理烤烟表现为适熟>尚熟>未熟>过熟。在42℃时适熟和过熟烤烟表现出较小幅度的跃升,未熟和尚熟烤烟变化相对适熟和过熟烤烟较小,在42℃后未熟、尚熟、适熟和过熟烤烟均呈现迅速增加的变化趋势。烤后不同成熟度烤烟的横向收缩率变化表现为过熟>未熟>尚熟>适熟。

由图4-9可知,烘烤过程中,各处理烤烟横向收缩率呈逐渐增大的趋势。变黄前期38℃前,各处理烤烟横向收缩率较小,变黄后期38℃末至42℃末T1缓慢增加,T2则有一个跃变过程。在定色期42℃末至54℃末各处理烤烟横向收缩率迅速增加,其中以T1增幅较大,但定色结束时,T1极显著小于T2。干筋阶段54℃末至烘烤结束各处理烤烟横向收缩率增加缓慢,T2烤后烤烟横向收缩率极显著大于T1。可见,整个烘烤过程中T2变化比较平稳,而T1变黄期42℃前与干筋期54℃末至烘烤结束变化幅度较小,在定色期42℃末至54℃末变化较为急剧。

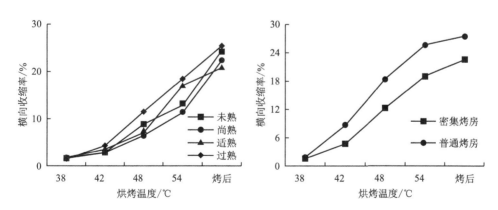

图4-9 烤烟烘烤过程中横向收缩率的变化

3.烤烟面积收缩率的变化

烘烤过程中烤烟收缩率反映了烤烟的失水状况和干燥程度。烤烟组织结构的收缩,对烤烟内含物质的转化及烤后烤烟的质量有着直接的影响。由图4-10可知,在变黄前期(38℃前),各处理烤烟面积收缩率均较小。在变黄结束时(42℃),各处理烤烟面积收缩率有所增加,其中以适熟和过熟烤烟最为明显,此期,烤烟凋萎塌架。在定色期(42~54 ℃),各处理烤烟随着水分的快速散失而叶面积收缩率迅速增大。在干筋阶段,适熟烤烟的面积收缩率变化相对较小,而其余三种处理的面积收缩率较大。烤后各处理烤烟的面积收缩率分别为过熟>适熟>尚熟>未熟。

由图4-10可知,变黄前期38 ℃各处理烤烟面积收缩率均较小,至变黄结束42 ℃末,烤烟凋萎塌架,各处理烤烟面积收缩率有所增加,其中以普通烤房增加幅度较大,变黄结束时42 ℃末普通烤房极显著大于密集烤房。在定色期42 ℃末至54 ℃末随着烤烟失水加快,各处理面积收缩率急剧增大。从42 ℃末至54 ℃末,处理密集烤房和普通烤房的烤烟面积收缩率的增幅分别为301.11%和208.53%。可见,密集烤房的烤烟面积收缩率增幅大于普通烤房,但定色结束时,普通烤房的收缩率分别极显著大于密集烤房。整个干筋阶段54 ℃末至烘烤结束,各处理烤烟叶片已经干燥,面积收缩率变化不大。普通烤房烤后烤烟面积收缩率极显著大于密集烤房。

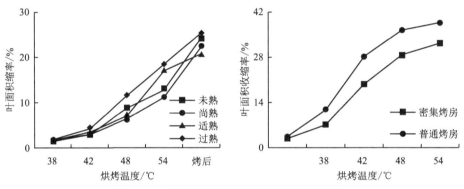

图4-10　烤烟烘烤过程中面积收缩率的变化

4.烤烟厚度收缩率的变化

由图4-11可知,从烘烤开始到定色结束,随着烤烟水分散失和大分子物质降解,4种不同处理烤烟的厚度发生较大变化,其厚度收缩率急剧增大,在干筋期(54 ℃到烘烤结束),各处理烤烟叶片基本干燥,烤烟厚度收缩率增加幅度较小。在变黄前期(38 ℃前),适熟烤烟的厚度收缩率的变化幅度远远大于其余3种处理方式。从变黄后期和定色期(38~54 ℃),未熟、尚熟、适熟和过熟烤烟厚度收缩率分别为:62.19%、65.54%、60.93%和62.71%,烤后烤烟的厚度收缩率分别为62.45%、76.41%、70.45%、69.61%。烤后不同成熟度处理的烤烟厚度收缩率变化不大,表现为尚熟>适熟>过熟>未熟。

由图4-11可知,从烘烤开始至定色结束,随着烤烟内水分的散失和大分子物质的降解,各处理烤烟厚度收缩率急剧增大,干筋期54 ℃末至烘烤结束厚度收缩率增加幅度较小。变黄前期38 ℃末时普通烤房处理烤烟的厚度收缩率分别极显著大于密集烤房。从38 ℃末至42 ℃末,2个处理的增幅分别为163.50%和187.75%,从42 ℃末至47 ℃末,2个处理的增幅分别为108.00%和59.81%,从47 ℃末至54 ℃末,各处理的增幅差别不大。可见,在变黄期各处理烤烟厚度收缩率增幅分别为普通烤房>密集烤房,在定色前期分别为密集烤房>普通烤房,且均存在极显著差异。

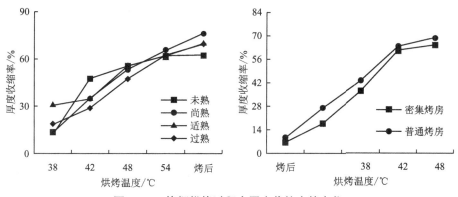

图4-11 烤烟烘烤过程中厚度收缩率的变化

5.小结

烤烟收缩率的大小是烤烟烘烤过程中判断烤烟烘烤程度的重要依据,本试验表明烘烤中烟叶的纵向收缩率逐渐增大且在48℃时增大幅度最大,适熟烟叶在烘烤中均大于其余3种成熟度的烟叶;烘烤中适熟和过熟烟叶的横向收缩率、面积收缩率增大时间比未熟和尚熟烟叶提前,烤后烟叶横向收缩率表现为过熟>未熟>尚熟>适熟,面积收缩率在定色期随着烟叶水分的快速散失而迅速增大,烤后表现为过熟>适熟>尚熟>未熟。从烘烤开始到定色结束,随着烟叶水分散失和大分子物质降解,4种不同处理烟叶的厚度发生较大变化,其厚度收缩率急剧增大,在干筋期(54℃到烘烤结束),各处理烟叶叶片基本干燥,烟叶厚度收缩率增加幅度较小。

三、烤烟烘烤过程中的卷曲率的变化

1.烤烟的纵向卷曲

由图4-12可知,刚采收的成熟鲜烤烟自然状态下有一定的纵向卷曲率。其卷曲方向是由叶尖部位向叶背面卷曲。在变黄前期38℃前,各处理烤烟的纵向卷曲率有减小的趋势,两个处理的减小幅度分别为34.51%和47.79%,可见,密集烤房烤烟的纵向卷曲率减小幅度小于普通烤房,变黄后期密集烤房继续减小,而普通烤房则出现增大的趋势。这主要是因为定色结束时普通烤房处理烤烟出现了略微的"勾尖"现象,而密集烤房无明显的干燥迹象。且普通烤房处理烤烟的叶尖的卷曲方向也发生了改变。定色后期47℃末至54℃末各处理烤烟的纵向卷曲率急剧增大,其中密集烤房烤烟纵向卷曲率的变化幅度比普通烤房大,定色结束时两处理之间存在极显著差异。干筋期54℃末至烘烤结束随着烤烟主脉的干燥,各处理烤烟的纵向卷曲率均有一定程度的增加。烤后烤烟的纵向卷曲率从大到小的顺序为普通烤房、密集烤房,且普通烤房极显著大于密集烤房。

2.烤烟的横向卷曲

由图4-13可知,刚采收的成熟鲜烤烟自然状态下有较大的横向卷曲率,且上部叶极显著大于中部叶。烤烟的横向卷曲方向是叶边缘由叶正面向叶背面卷曲。变黄前期38℃前,随着烘烤的进行,各处理烤烟的横向卷曲率有所减小,其中普通烤房的烤烟横向卷曲率减小幅度大于密集烤房。变黄后期38℃末至42℃末,普通烤房烤烟的横向卷曲率迅速增大,而密集烤房则继续减小,这是因为此时普通烤房烤烟出现了轻微的"卷边"现象。定色期42℃

末至 54 ℃末各处理烤烟的横向卷曲率都急剧增大,其中普通烤房的增幅较大。在 54 ℃末定色结束时,各处理烤烟的横向卷曲率从大到小分别为普通烤房、密集烤房,两处理之间存在极显著差异。干筋阶段 54 ℃末至烘烤结束各处理烤烟横向卷曲率均有所增大,但幅度较小,烤后两处理烤烟横向卷曲率大小及差异显著性与定色结束时基本一致。普通烤房烤后烤烟的横向收缩率是密集烤房的 1.66 倍,密集烤房烤后烤烟外观多呈片状,普通烤房烤后烤烟多呈卷筒状。

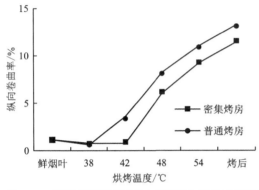

图 4-12　不同烤房烘烤过程中烤烟纵向卷曲率的变化

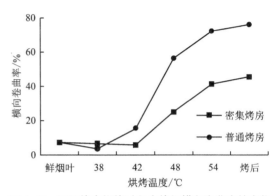

图 4-13　不同烤房烘烤过程中烤烟横向卷曲率的变化

3.小结

烤烟烘烤过程中卷曲率不仅关系烤烟者对烘烤状态的判断,还是烤烟外观质量形成的重要影响因素,随着当前新型烤房不断推出,装烟密度不断增加,烘烤技术逐渐多样化,然而随着而来的烤烟光滑叶、僵硬叶的问题,也同样困扰着各大烤烟产区。本试验表明与普通烤房相比,密集烤房的横向卷曲率与纵向卷曲率均较差,同样由于卷曲率的影响,烤烟的质量也会有一定的差异,这在一定程度上限制了密集烤房的发展。

第二节　烘烤过程中烤烟颜色的变化

颜色是烤烟素质、变黄程度及外观品质的一项重要判断依据。本研究结果表明,烘烤过程中烤烟颜色的各特征值均呈上升趋势,其中烤烟的红度值、黄度值和饱和度均表现为正面色度值大于背面色度值,各颜色特征值在 38～46 ℃变化幅度较大,这与烘烤过程中烤烟外观颜色的变化及贺帆等、霍开玲等的研究结果是一致的。本研究结果表明,烤房温度对烤烟明度值、饱和度和背面黄度有较大影响,而叶温对烤烟颜色的色相角和正面黄度值有较大影响。路晓崇等研究表明,温度在变黄期对烤烟叶温的变化有较大影响,因此在烘烤过程中需要适当提高温度促进烤烟变黄,以提高烤烟色泽;相对湿度对烤烟颜色红度值(a^*)的变化影响较大,在保障烤烟正常变黄的前提下,需要适当增加相对湿度,促进胡萝卜素等色素的降解,进而提高橘色烟的比例。烘烤过程中每个烘烤阶段均有对烤烟颜色与状态的严格要求,尤其是烤烟状态,一些特殊烤烟在烘烤过程中易出现变黄快、不易失水的现象,一旦处理不当导致烤烟发生褐变就会造成严重损失。本研究结果表明,烘烤过程中烤烟、惯性矩与纹理熵不断增加,而纹理能量和相关度不断减小,这与段史江等的研究结果是一致的。而纹理熵作为烤烟卷曲收缩的重要表征,受烤房温度与相对湿度的影响较大,烘烤过程中在烘烤变黄阶段后期需适当提高温度、降低相对湿度,以减小纹理熵,促进烤烟收缩,降低定色期排湿压力。纹理能量和相关度反映了烤烟局部收缩变化的均匀性,在烘烤定色期可以适当提高温度、降低湿度,保障烤烟局部收缩一致,防止光滑烟的产生。纹理惯性矩主要是叶脉与叶片均匀程度的表征,在烘烤过程中,定色后期需适当控制风压,减少叶片与叶脉尤其是支脉之间的明暗界线,增加叶片的均匀一致性。

一、不同成熟度烤烟颜色参数变化

1.烤烟烘烤过程中明度值(L^*)的变化

由图4-14可知,烤烟正反面亮度L^*值均随成熟度的提高而升高,且随烘烤进程逐渐升高;其中未熟烤烟在38~48 ℃升高幅度最大,而其余三种处理在30~38 ℃增大幅度较大。在48 ℃前四种处理的差别较大,后差别不明显。烘烤过程中烤烟L^*值的变化规律为过熟>适熟>尚熟>未熟。反面烤烟的L^*值变化趋势与正面烤烟相同且比正面烤烟大。过熟鲜烤烟的正反面明度差ΔL^*最小,其次为适熟、尚熟、未熟鲜烤烟。说明烤烟正反两面的ΔL^*值随着成熟度的增加而降低。烘烤中38 ℃前未熟烤烟的ΔL^*值与其他三种成熟度不同,稍有增大,后快速减小到与其余处理相差不大,且在48 ℃降到最小值,后稍有回升。不同成熟度烤烟的ΔL^*随着烘烤温度的升高总体趋势变小,除未熟烤烟外,其他三种成熟度ΔL^*值在48 ℃均稍有增大。

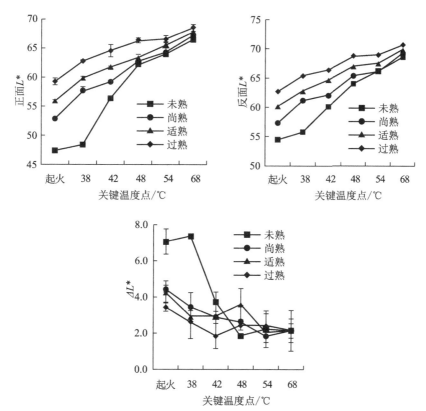

图4-14 不同成熟度烤烟叶色参数在烘烤过程中的变化

2.烤烟烘烤过程中红度值(a^*)的变化

由图4-15可知,四种不同成熟度烤烟正反面a^*值在烘烤过程中均呈现升高趋势。其中尚熟、适熟和过熟烤烟在38 ℃前、48~54 ℃的烘烤温度段正反面 a^* 值上升的速率较快,38~48 ℃的温度段变化相对趋缓,54 ℃以后保持在相对较高的水平。而未熟烤烟在42~54 ℃上升速率较快,比其余三种处理上升时间提早。方差分析表明:烘烤关键温度点和不同成熟度烤烟间正面 a^*、反面 a^* 差异均较大,不同成熟度烤烟中以未熟烤烟 Δa^* 变化最明显,在48 ℃达最高值,38 ℃和68 ℃达最低值。鲜烤烟中以过熟烤烟的 Δa^* 最大,未熟烤烟最小。烤烟 Δa^* 值在38 ℃前较小,过熟烤烟例外,此后,Δa^* 值增大,尚熟烤烟 Δa^* 在42~48 ℃降低,后的烘烤时间段都增大。其余处理在42~48 ℃均增大,特别是未熟和过熟烤烟,增幅相对较大,在48~54 ℃急剧减小,后适熟和过熟烤烟 Δa^* 增大,未熟烤烟 Δa^* 减小。烤后未熟烤烟 Δa^* 最小,适熟烤烟 Δa^* 最大。

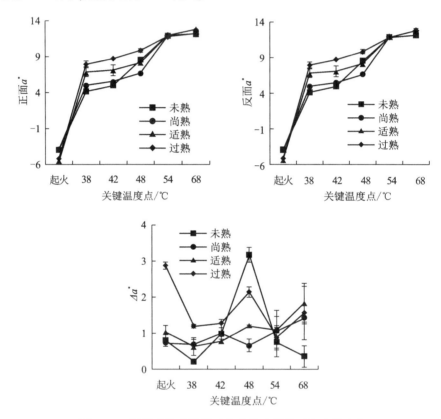

图4-15　不同成熟度烤烟叶色参数在烘烤过程中的变化

3.烤烟烘烤过程中黄度值(b^*)的变化

由图4-16可知,过熟鲜烤烟正反面 b^* 值最大,其次为适熟、尚熟、未熟烤烟。烘烤中不同成熟度烤烟正反面 b^* 值变化趋势基本一致,均在48 ℃前升高,48~54 ℃有所下降,后稍有回升。烤后未熟和尚熟烤烟的 b^* 值较大,适熟和过熟烤烟相对较小。烘烤关键温度点和不同成熟度烤烟间正面 b^*、反面 b^* 差异均较大。各成熟度烤烟的 Δb^* 变化以未熟烤烟最明显。未熟烤烟 Δb^* 值在48 ℃前的温度段较小,在54 ℃后相对稳定保持较高值。尚熟、适熟和过熟烤烟 Δb^* 在30 ℃后明显增大,适熟烤烟在38~54 ℃ Δb^* 值稍有降低。而尚熟、过熟烤烟在38~48 ℃之间 Δb^* 值变小,后上升。烤后4个不同成熟度烤烟中尚熟、过熟烤烟 Δb^* 较高,适熟烤烟的 Δb^* 较低。

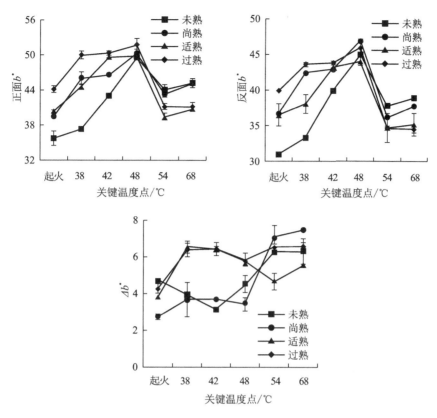

图 4-16　不同成熟度烤烟叶色参数在烘烤过程中的变化

4.烘烤过程中烤烟饱和度(C^*)的变化

由图 4-24 可知,不同成熟度烤烟的 C^* 值在烘烤过程中的变化趋势和 b^* 值相似。在 48 ℃前不同处理的烤烟 C^* 值均增大,且成熟度高的烤烟 C^* 值相对较大,在 48～54 ℃的温度段四种处理均下降,后稍有回升,烤后成熟度低的烤烟 C^* 值相对较大。

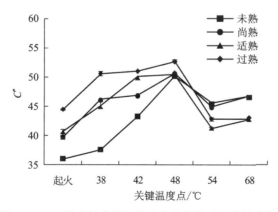

图 4-17　不同成熟度烤烟饱和度在烘烤过程中的变化

5.烘烤过程中烤烟色度角(H)的变化

H 值是色度角,是根据 a^*、b^* 值计算的综合色度指标,其值越大代表绿色越深,其值越小代表红色越深。由图 4-18 可知,在烘烤过程中,不同成熟度处理的烤烟 H 值总体上呈降低的变化趋势。四种处理的烤烟 H 值在 48 ℃前均缓慢降低,在 48~54 ℃的烘烤温度段内快速下降,后下降趋缓。

6.烘烤过程中烤烟综合色差的变化

由图 4-19 可知,不同成熟度鲜烤烟的 ΔE 值以未熟烤烟的最高,其次为尚熟烤烟,适熟烤烟的最低(说明适熟烤烟正反面色差比其余三种成熟度小)。未熟和尚熟烤烟的 ΔE 值在 42 ℃前呈大幅度降低的变化趋势,适熟和过熟烤烟在 38 ℃前稍有增加在 38~42 ℃略微降低,在 48 ℃未熟、适熟和过熟烤烟均达到极大值,在 48~54 ℃快速下降。尚熟烤烟在 42~48 ℃也呈增加趋势,在 48~54 ℃降低,烤后四种成熟度烤烟的 ΔE 值表现为尚熟>过熟>未熟>适熟。

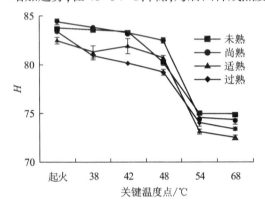

图 4-18　烘烤过程中烤烟色度角的变化　　　图 4-19　烘烤过程中烤烟综合色差的变化

7.烤烟正反面颜色参数的相关分析

由图 4-20 可知,不同成熟度烤烟的正面 L^* 与反面 L^*、正面 a^* 与反面 a^*、正面 b^*、反面 b^* 均较大,表明烘烤中不同成熟度烤烟的正反面颜色变化基本同步。未熟和尚熟烤烟的正面 L^* 与反面 a^*、C^* 值呈显著正相关,与 H 值呈显著负相关,而适熟和过熟烤烟的正面 L^* 与反面 a^* 呈极显著正相关,与 H 值呈显著负相关,说明烤烟的 L^* 变化影响其颜色的饱和度和色度角;未熟和过熟烤烟的正面 a^* 与反面 L^* 呈极显著正相关,而尚熟和适熟烤烟呈显著正相关,4 种处理烤烟与 H 值均呈极显著负相关,其中尚熟和过熟烤烟的反面 a^* 与 ΔE 显著正相关,说明烤烟 a^* 的变化影响其颜色色调角的变化;烤烟正面 b^* 与 C^* 值呈显著正相关,其中适熟烤烟还与 ΔE 显著正相关,说明 b^* 值是影响烤烟颜色饱和度和色差的重要参数。

8.小　结

不同成熟度鲜烟叶中未熟烟叶的 L^*、a^*、b^* 值均最小,且四种成熟度烟叶的 L^*、a^*、b^* 值在烘烤同一温度点均随成熟度的提升(除个别)而升高,这说明烟叶田间的内含物积累程度影响烘烤中生理生化转化和变黄程度,进而影响烟叶颜色的变化。在烘烤过程中,烟叶的 L^*、a^*、b^* 值在不同成熟度间的差异均极显著,烟叶正面和反面颜色参数的相关性均极显著,这说明烟叶正反面的颜色变化在烘烤过程中基本同步。同一成熟度烟叶在烘烤同一温度点正面的 a^*、b^* 值分别大于反面的 a^*、b^* 值,而正面 L^* 值小于反面的 L^* 值,这说明烟叶正面颜色比反面偏红、偏黄,明度偏黑,从而论证了烟叶正面的变黄速度比叶背面快的结论。烟叶烘烤是一个与物理变化相伴随的复杂的生理生化过程,烟叶颜色是生理生化变化的集中外观体现,与烟叶水分的变化关系密切,受水分排出途径和路线的影响。

成熟度不同的烟叶在田间的生物质积累程度不一致,使其在烘烤中对环境温湿度反应不一致。因此,烟叶颜色的变化存在较大差异。颜色参数是利用色差计来定量表征色泽在三维空间变化的变量值,可以实现叶片色泽的量化。本试验结果表明,不同成熟度烟叶的Δa^*值以未熟烟叶的变化最为明显。这可能是因为烘烤中未熟烟叶体内各种化学成分的相互转化程度较低,未达到调制加工所要求的衰老程度,所以在烘烤前期(42 ℃前)进行生理生化反应的时间较长,叶绿素在叶绿素酶的作用下降解量达到90%

图4-20 烘烤中不同成熟度烤烟颜色参数相关分析

以上,但是前期降解产物仍是绿色,后期失绿是由于其中间降解产物卟啉环断裂及后续反应,失绿时间滞后可能导致其颜色变化与色素降解之间存在时间差。因此,反映烟叶正反面红绿色差的Δa^*值较小。随着烘烤温湿度升高,叶绿素的脱镁反应因氢离子浓度的增加而加剧,使叶绿素降解中间产物转变为无色物质的速度加快,烟叶正反面的外观颜色特征表现出较大变化,以致烟叶Δa^*值在48 ℃变化幅度较大,尤其是未熟烟叶最为明显。48 ℃后随着烟叶颜色基本固定,烟叶的Δa^*值较小;Δb^*反映的是叶正面和叶背面蓝黄色度的差值,其值越小,叶片正反两面的差异越小。因此,适熟烟叶的Δb^*在48 ℃后最小;在42~48 ℃温度段尚熟、适熟和过熟烟叶ΔL^*均稍有增大趋势,而Δb^*降低,未熟和过熟烟叶Δa^*明显变大。这说明此期是烟叶正反面颜色值差异较大的时期,成熟度偏低或偏高都增加了烤坏烟的可能性。

二、不同类型烤房烘烤过程中烤烟颜色参数的变化

1.不同类型烤房烘烤中烤烟明度的变化

由图4-21可知,烤烟烘烤过程中的明度L^*值基本呈现出先升高,后降低的趋势,且整个烘烤过程中烤烟反面的亮度一致大于正面。两种烤房烘烤的结果是,普通烤房烘烤过程中烤烟的亮度与密集烤房变化趋势相似,但是正反面的亮度值均分别一直小于密集烤房,尤其是在定色期的差别比较大,干筋后差别逐渐减小,但是与密集烤房相比仍较小。

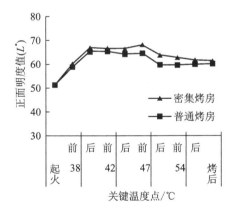
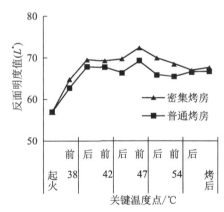

图4-21 烤烟明度值的变化

2.不同类型烤房烘烤中烤烟红度的变化

由图4-22可知,烤烟烘烤过程中的色度a^*值呈现出逐渐增大的趋势,且正面基本大于反面,普通烤房烘烤过程中烤烟正面a^*值与密集烤房差异不大,从定色后期开始,普通烤房烤烟反面的a^*值略小于密集烤房。

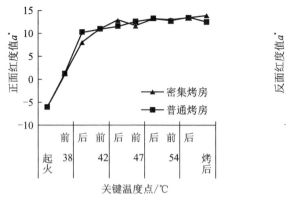
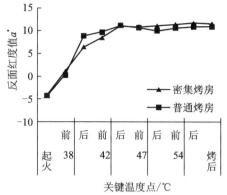

图4-22 烤烟红度的变化

3.不同类型烤房烘烤中烤烟黄度的变化

由图4-23可知,烤烟烘烤过程中的 b^* 值基本呈现出先升高后降低,后又趋于平稳的趋势,进入定色期后普通烤房烤烟的正反面 b^* 值均略小于密集烤房。总之,普通烤房烘烤后期亮度比密集烤房小,表明普通烤房烘烤的烤烟颜色较深,而密集烤房较鲜亮。

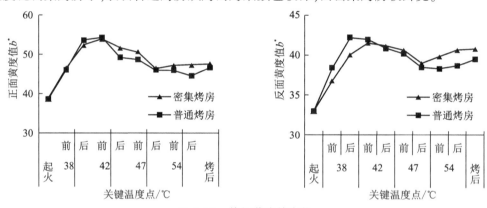

图4-23 烤烟黄度的变化

4.小结

烘烤中烟叶绿素的降解主要集中在变黄期,且叶绿素的降解速率远大于类胡萝卜素,导致烟叶内类胡萝卜素与叶绿素的比值逐渐增大,其综合作用使烟叶的颜色也逐渐由绿色转向黄色;进入定色期后烟叶内叶绿素和类胡萝卜素的含量逐渐稳定,影响烟叶颜色的糖或多酚类的深色复合物转化也基本稳定,其均在鲜烟叶至42 ℃结束时变化剧烈,42 ℃结束后变化幅度趋缓;其中在鲜烟叶至38 ℃结束烟叶变黄八九成。烘烤过程中烟叶的红绿颜色参数 (a)、蓝黄颜色参数 (b) 及其色相角 (H) 反映了烟叶的颜色逐渐由蓝绿色向红黄色的转变,而且主要在变黄期;烘烤过程中烟叶颜色的变化与色素的降解规律一致。本试验表明密集烤烟与普通烤房烘烤过程中颜色变化差异较小,烘烤过程中可以参考普通烤房的颜色变化,控制密集烤房的变化,进而控制烤烟形态与内在质量的变化,进一步提高烤烟质量。

三、不同组织烤烟烘烤过程中颜色的变化

1.烘烤中烤烟色度各参数的变化

由表4-24可知,随着烘烤的进行,叶片和主脉的明度 L^* 都是逐渐递增的,然后略有降

低。但是,两者变化的温度点却不一致,叶片在48 ℃的 L^* 最高,而主脉在54 ℃。在变黄期叶片 L^* 在各取样点的差异较大,而主脉的 L^* 变化最显著阶段是在38～48 ℃,尤其是42～48 ℃之间。叶片和主脉鲜样的 L^* 差异不显著($P>0.05$),但烤后样的 L^* 差异较大。烘烤中叶片和主脉 a^* 值(除叶片54 ℃后)基本是逐渐增大的。叶片 a^* 值变化最显著的阶段在鲜样至38 ℃之间,而主脉在54 ℃前。叶片 a^* 值在48 ℃最大。而主脉烤后样的值最大。叶片和主脉鲜样的 a^* 值差异不显著($P>0.05$),但烤后样的 a^* 值差异较大。烘烤中叶片和主脉 b^* 值变化趋势基本一致,均是先升高,再降低,但是叶片 b^* 值变化最显著的阶段在鲜样至38 ℃之间,并在48 ℃值最大,而主脉 b^* 值变化最显著的阶段在48 ℃后,并在54 ℃值最大。烘烤中叶片 b^* 变化最显著的阶段在鲜样至38 ℃之间,而主脉 b^* 在48 ℃至烤后干样之间变化最为显著。叶片和主脉鲜样的 b^* 值差异较大,而烤后干样的 b^* 值差异较大。

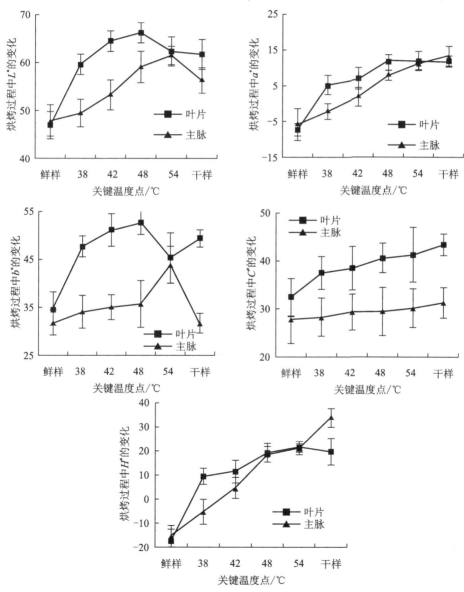

图 4-24　烘烤中烤烟不同组织色度变化

2.烘烤中烤烟色度各参数的相关性分析

由图4-25、图4-26可知,烘烤中烤烟色度相关分析表明,叶片色度各测定参数的相关性较好,在0.852~0.962之间,呈显著正相关,其中叶片的明度L^*与a^*、b^*呈极显著正相关。但是主脉色度的各测定参数的相关性一般,在0.423~0.893之间。除了主脉L^*与a^*呈显著正相关外,其余的相关性均不显著。此外,叶片的a^*与主脉的L^*、a^*也呈显著正相关。

图4-25 烘烤中烤烟叶片色度相关分析

3.小结

尽管叶片L^*、a^*和b^*值变化最显著和最大值出现的温度点不一致,但总是出现在主脉前。烘烤中随着叶绿素的降解,类胡萝卜类色素比例的增大,烤烟的黄色和橘色度明显增加。鲜样至38℃是叶片a、b值变化最显著的阶段,因而,在此期间调控烘烤环境及条件,将会对烤烟色度产生显著的影响。主脉的a值在54℃前差异均极显著,而b^*值在48℃至烤后样差异均极显著。因而,在48~54℃之间对主脉a^*、b^*的变化尤为重要。在此阶段,为了改变主脉的外观质量和内部化学成分,采取适当的烘烤措施,将更有利于提高烟梗的利用率。叶片L^*值在48℃最高,此时叶片已大卷筒,由于风速等环境的影响,使此后的烤烟色度略有降低。主脉L^*变化的关键期是42~48℃,54℃最高,烤后烟略有降低。

图4-26 烘烤中烤烟主脉色度相关分析

四、烘烤环境对外观变化的影响

烤烟烘烤是烘烤人员依据烤烟颜色与形态的变化调控烤房环境条件实现的,而烘烤人员在烘烤过程中对烤烟颜色与形态的判断主要依靠自己的主观感觉,因此在各烤烟产区造成因天气、品种、烤房结构等因素的改变而烤坏烟的情况相当普遍,给烤烟经济价值的体现带来一定的影响。再者烘烤环境的变化影响着烤烟颜色与形态的变化,因此调控适宜烘烤环境可以改善烤烟颜色与形态变化,进而可以在一定程度上改善烤烟烘烤效果。随着数字化技术的不断发展,图像处理技术通过采集物体颜色与纹理特征进行表征,在产品分类病害检测,及烤烟的工业加工、农业生产方面有着普遍的运用,烘烤过程中烤烟颜色与形态变化对烤烟生理生化变化有着重要影响,然而烘烤环境对烤烟颜色与纹理特征的影响鲜见报道。因此,本部分内容利用图像处理技术采集烤烟烘烤过程中颜色特征与纹理特征参数,并利用烤烟烘烤过程中温度、湿度、风速等一系列环境参数,分别对烤烟的颜色与纹理特征进行研究分析,以期为烤烟精准化烘烤提供一定的理论依据。

1.烘烤环境的变化

由图4-27可知,烘烤过程中温度、叶温及水汽压亏缺呈上升趋势,其中温度标准误差较小,表明烤房的控温能力较强,再者叶温在同一阶段略低于温度,表明叶温的上升具有一定的滞后性,水汽压亏缺呈指数增长趋势,表明烤房内热空气干燥能力不断增强,尤其是在42℃后;相对湿度在42℃前变化幅度较小,在42℃后呈直线下降。烘烤过程中叶间隙风速的变化呈"V"形,尤其是在46℃稳温达到谷值,而风压的变化与风速变化表现为相反趋势,表明随着风速的增加风压逐渐减小,但风速的标准误差略大,则表明烘烤过程中风速变化的稳定性较差。

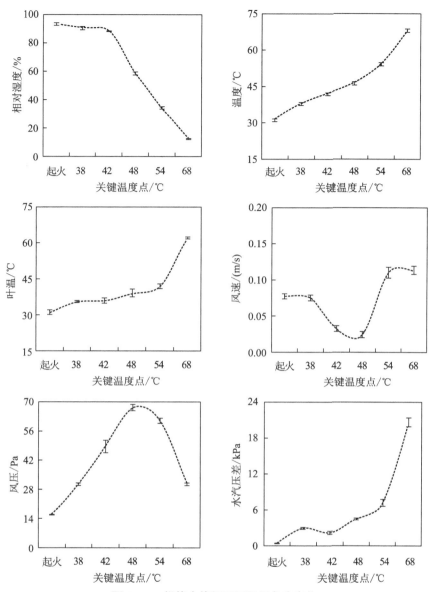

图 4-27　烘烤中烤烟不同组织色度变化

2.烟叶颜色的变化

由图 4-28 可知,烘烤过程中烟叶颜色的明度值(L^*)呈"S"形变化,拐点分别出现在 38 ℃与 54 ℃,且烟叶背面的亮度大于正面,54 ℃后烟叶的明暗程度基本固定;烟叶的红度值(a^*)呈"厂"字形变化,在 42 ℃前背面红度值大于正面,42 ℃后正面红度值大于背面,且红度值的在 46 ℃前的变化幅度大于 46 ℃后,在 46 ℃烟叶正面红度值基本稳定,而背面继续红度值增加,表明烟叶的正反面的红度色差逐渐减小;烟叶的黄度值(b^*)与饱和度(C^*)的变化与饱和度值的变化规律相似,在 54 ℃前缓慢上升,在 54 ℃后直线下降,且烟叶正面的色度值大于背面,这使烟叶红度值的比例大于黄度值的比例,烤后烟橘色烟的比例增加,烟叶的质量与经济效益提高;烟叶正反面的色相角变化规律基本一致,在 42 ℃后基本稳定,表明黄度值与红度值的比例基本稳定,烟叶的变黄基本完成。

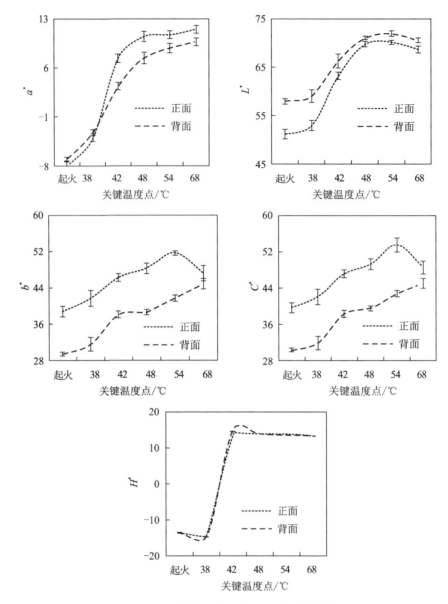

图4-28　烘烤过程中烟叶正反面颜色的变化

3.烘烤环境与烤烟颜色特征值的典型相关分析

由表4-1可知,烤烟烘烤环境与烤烟颜色变化的典型相关分析中有3组达到极显著水平($P<0.01$)相关系数分别为0.9697、0.9501与0.8952,后3组未达到显著水平,因此对前3组进行重点分析。

第1组典型相关变量为:$u_1 = 0.9833x_1 + 0.0427x_2 - 0.3182x_3 - 0.1046x_4 + 0.3611x_5 + 0.3586x_6$,$v_1 = 0.3523y_1 + 0.3632y_2 - 0.5121y_3 - 0.0455y_4 + 0.0104y_5 + 0.1319y_6 + 0.3891y_7 + 0.2334y_8 - 0.0148y_9 - 0.0431y_{10}$。在典型相关变量1中,$u_1$与烘烤环指标的相关系数可知,$u_1$与$x_1$的相关系数最大,为0.8128,随着烤房温度的升高u_1不断增加,因此u_1可以理解为主要描述了烤房温度(x_1)变化的综合指标。v_1与正面L^*(y_1)、正面C^*(y_4),背面L^*(y_6)、反面b^*(y_8)及反面C^*(y_9)有较大的相关系数,因此v_1可以描述为烤烟明度、饱和度及背面黄

度值变化的综合指标,由于 v_1 与 u_1 极显著相关,因此温度(x_1)对烤烟颜色明度与饱和度及背面黄度有较大影响,在一定范围内随温度的升高,它们逐渐增加。

第 2 组典型相关变量为:$u_2 = 2.4732x_1 - 2.2723x_2 + 0.1668x_3 + 0.5196x_4 + 0.9213x_5 - 0.3974x_6$,$v_2 = -0.8296y_1 - 0.1012y_2 + 1.1599y_3 + 0.5834y_4 - 0.0422y_5 + 0.6135y_6 + 0.1897y_7 - 0.0744y_8 - 0.1974y_9 - 0.0368y_{10}$。在典型相关变量 2 中,$u_2$ 与烘烤环指标的相关系数可知,u_2 与 x_2 的相关系数最大,为 -0.4542,随着烤房叶温的升高 u_2 不断减少,因此 u_2 可以理解为主要描述了烤房叶片温度(x_2)变化的综合指标。v_2 与正面 b^*(y_3)、正面色相角 $h*$(y_5)及反面色相角 $h*$(y_{10})有较大的相关系数,因此 v_2 可以描述为烤烟色相角及正面黄度值变化的综合指标,由于 v_2 与 u_2 极显著相关,因此叶温(x_2)对烤烟颜色的色相角与正面黄度值有较大影响,色相角在一定范围内随叶温的变化而变化。

第 3 组典型相关变量为:$u_3 = 0.8348x_1 + 0.5989x_2 - 0.0686x_3 + 1.1484x_4 - 0.7623x_5 + 0.7541x_6$,$v_3 = 0.2021y_1 - 1.4484y_2 + 1.7965y_3 + 0.4844y_4 + 0.0109y_5 + 0.8961y_6 - 0.4359y_7 - 0.1294y_8 - 0.1212y_9 + 0.0833y_{10}$。在典型相关变量 3 中,$u_3$ 与烘烤环境质量中的相对湿度(x_4)相关系数最大,为 0.6116,因此 u_3 可以理解为主要描述了烤房相对湿度的综合指标,随着相对湿度降低而增加;v_3 与正面 a^*(y_2)、正面 C^*(y_4)、背面 L^*(y_6)及背面 a^*(y_7)有较高相关度,但由于 u_1 与正面 C^*(y_4)及背面 L^*(y_6)有较高的相关度,因此 v_3 主要描述了烤烟颜色红度值(a^*)的变化,由于 v_3 与 u_3 极显著相关,因此相对湿度(x_4)对烤烟颜色红度值的变化影响较大,在一定范围内随着相对湿度的降低烤烟红度不断增加。

表 4-1　烘烤过程中烘烤环境与烤烟颜色的典型相关分析

变量	典型相关变量 1		典型相关变量 2		典型相关变量 3		典型相关变量 4		典型相关变量 5		典型相关变量 6	
	λ	r	λ	r	λ	r	λ	r	λ	r	λ	r
x_1	0.983	0.813	2.473	-0.062	0.835	-0.092	-1.443	-0.242	-0.597	0.093	1.198	0.239
x_2	0.043	0.675	-2.272	-0.454	0.754	0.058	0.433	-0.222	0.460	0.156	0.419	0.601
x_3	-0.318	0.548	0.167	-0.187	-0.762	-0.318	0.370	-0.266	0.240	0.132	-1.091	0.597
x_4	-0.105	-0.650	0.520	0.183	1.148	0.612	-0.247	0.034	0.049	0.004	-0.432	-0.444
x_5	0.361	0.050	0.921	0.021	0.599	0.092	-0.415	0.074	-0.312	-0.155	0.547	0.352
x_6	0.359	0.717	-0.397	0.071	-0.069	0.061	0.714	0.319	0.084	-0.086	-1.449	-0.880
y_1	0.352	0.924	-0.830	-0.148	0.202	0.311	-1.624	0.003	0.131	-0.008	1.217	-0.018
y_2	0.363	0.533	-0.101	0.740	-1.448	-0.348	0.676	-0.108	1.264	-0.080	-2.816	-0.075
y_3	-0.512	-0.011	1.160	0.952	1.797	-0.136	-1.202	-0.226	0.192	-0.094	0.983	-0.016
y_4	-0.046	0.815	0.583	-0.022	0.484	0.387	1.644	0.248	-0.523	-0.044	-0.690	-0.257
y_5	0.010	0.111	-0.042	0.934	0.011	-0.203	0.267	-0.215	-0.790	-0.099	0.209	-0.019
y_6	0.132	0.749	0.614	-0.464	0.896	0.437	0.249	0.008	-0.102	0.051	0.397	0.020
y_7	0.389	0.615	0.190	0.662	-0.436	-0.373	0.044	-0.147	-0.943	-0.112	2.416	0.070
y_8	0.233	0.807	-0.074	0.403	-0.129	0.226	0.035	-0.140	0.830	-0.003	-0.640	-0.168
y_9	-0.015	0.787	-0.195	-0.424	-0.121	0.318	-0.621	0.057	-0.338	0.066	-0.415	-0.118
y_{10}	-0.043	0.105	-0.037	0.936	0.083	-0.198	-0.121	-0.215	-0.416	-0.099	-0.316	-0.020
r	0.9697**		0.9501**		0.8952**		0.695		0.475		0.245	
P	0.0001		0.0001		0.0001		0.0601		0.0731		0.5711	

4.烘烤过程中烟叶纹理特征值的变化

纹理特征值中纹理能量反映了图像灰度分布均匀程度和纹理粗细度,值越大表明均匀性和规则变化越好,由图4-29可知,烘烤过程中烟叶纹理特征不断减小,表明烟叶的粗糙程度逐渐增加,在42℃后发生突变,由于烟叶在变黄阶段叶片表面相对光滑、纹理较细,而定色后期至干筋期烟叶皱缩粗糙,使前期纹理能量比后期大。熵是图像所具有的信息量的度量,表示了图像中纹理的非均匀程度或复杂程度,烟叶收缩、卷曲程度不断增加,使熵值不断增加。惯性矩反映了图像灰度复杂度,其值越大,图像沟纹越明显。惯性矩在54℃达到最大,后基本保持不变。相关度反映了图像纹理的一致性,值越大一致性越好,在42~46℃变化幅度最大,由于42℃后叶片失水速率变大,烟叶表面局部收缩明显。以上不同纹理特征值分析结果较能客观反映烘烤过程中烟叶失水收缩状态。

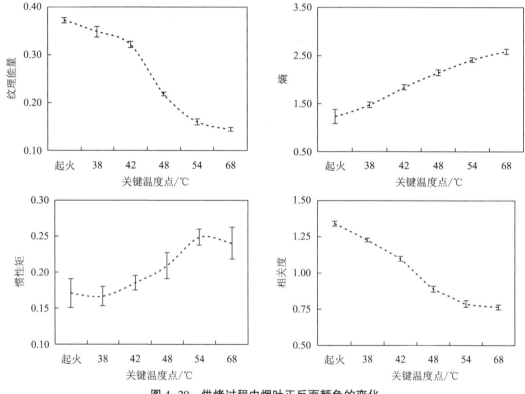

图4-29 烘烤过程中烟叶正反面颜色的变化

5.烘烤环境与烤烟纹理变化的典型相关分析

由表4-2可知,烘烤环境与烤烟形态的纹理特征值的典型相关分析中有2组典型相关变量达到极显著相关,相关系数分别为0.9828与0.5144。

第1组典型相关变量为 $u_1 = -1.1640x_1 + 0.1476x_2 + 0.0664x_3 - 0.0376x_4 + 0.0360x_5 - 0.1854x_6$, $v_1 = -0.4779z_1 - 0.1381z_2 - 0.0196z_3 + 0.4233z_4$。在典型相关变量1中,$u_1$ 与温度(x_1)及相对湿度(x_4)相关系数较大,因此 u_1 可以表述为温度与相对湿度综合指标,v_1 与纹理能量值、纹理熵及纹理相关值有高度的相关关系,因此 v_1 主要描述纹理能量值、纹理熵及纹理相关值的综合指标,由于 v_1 与 u_1 极显著相关,因此温度(x_1)与相对湿度(x_4)对纹理能量值、纹理熵及纹理相关值等影响较大,在一定范围内随着温度的升高,相对湿度的降低烤烟纹理能量值与纹理熵不断增加,而纹理相关度逐渐减小。

第2组典型相关变量为 $u_2 = -4.3439x_1 + 4.3890x_2 + 0.9443x_3 + 1.7683x_4 + 0.8514x_5 + 2.4273x_6$,$v_2 = 2.7134z_1 - 0.7607z_2 - 0.3692z_3 + 1.8636z_4$。在典型相关变量2中,$u_2$ 与风压(x_6)相关系数较大,u_1 可以表述为风压综合指标,v_2 与纹理惯性值有高度的相关关系,v_2 为主要描述了纹理惯性值的综合指标,由于 v_2 与 u_2 极显著相关,所以叶间隙风压对纹理惯性值等影响较大,在一定范围内随着风压的增加纹理惯性值不断增加。

表4-2 烘烤过程中烘烤环境与烤烟形态的典型相关分析

变量	典型相关变量1		典型相关变量2		典型相关变量3		典型相关变量4	
	λ	r	λ	r	λ	r	λ	λ
x_1	−1.1640	−0.9476	−4.3439	−0.0153	1.2315	0.0360	−2.3492	−0.0330
x_2	0.1476	−0.8059	4.3890	0.0326	−1.3216	0.0879	−1.0875	−0.0618
x_3	0.0664	−0.7424	0.9443	0.0356	1.3983	0.1351	1.1048	−0.0495
x_4	−0.0376	0.9108	1.7683	0.0460	0.4155	0.0225	−2.8500	0.0013
x_5	0.0360	−0.3117	0.8514	−0.0872	−1.0191	−0.0941	−1.0294	−0.1270
x_6	−0.1854	−0.5039	2.4273	0.1087	−0.8811	−0.1304	0.0148	0.1155
z_1	−0.4779	−0.9633	2.7134	0.0930	−0.4730	−0.0265	−0.2081	−0.0040
z_2	−0.1381	−0.8971	−0.7607	−0.0687	−0.4903	−0.0046	1.9853	0.0844
z_3	0.0196	−0.3886	−0.3692	−0.1227	−1.0666	−0.2786	−0.1194	−0.0707
z_4	0.4233	0.9595	1.8636	0.0883	−1.3653	−0.0185	1.5991	0.0263
r	0.9828**		0.5144**		0.3372		0.2319	
P 值	0.0001		0.0018		0.1950		0.3055	

6.小结

本研究结果表明烘烤过程中烤烟颜色的各特征值均呈上升趋势,其中烤烟的红度值、黄度值与饱和度均表现为正面色度值大于背面色度值,各颜色特征值在38~46℃变化幅度较大。再者研究表明烤房温度对烤烟明度值与饱和度及背面黄度有较大影响,而叶温对烤烟颜色的色相角与正面黄度值有较大影响;温度在变黄期对烤烟叶温的变化有较大影响,因此在烘烤过程中需要适当提高温度促进烤烟的变黄,提高烤烟色泽;相对湿度对烤烟颜色红度值(a^*)的变化影响较大,在保障烤烟正常变黄的前提下,需要适当增加相对湿度,促进胡萝卜素等色素的降解,进而提高橘色烟比例。

烘烤过程中每个烘烤阶段均有对烤烟颜色与状态的严格要求,尤其是烤烟状态,一些特殊烤烟在烘烤过程中易出现变黄快、不易失水的现象,一旦处理不当,烤烟发生褐变损失常严重。本研究结果表明烘烤过程中烤烟纹理能量、相关度与惯性不断增加,而纹理上不断减小。而纹理熵作为烤烟卷曲收缩的重要表征,受烤房温度与相对湿度的影响较大,在烘烤过程中烘烤变黄阶段后期需适当提高温度降低相对湿度,减小纹理熵,促进烤烟收缩,降低定色期排湿压力。纹理能量及相关度反映了烤烟局部收缩变化的均匀性,在烘烤定色期可以适当提高温度减低湿度,保障烤烟局部收缩一致,防止光滑烟的产生,纹理惯性主要是叶脉与叶片的均匀程度的表征,在烘烤过程中,定色后期需适当控制风压,减少叶片与叶脉尤其是支脉之间的明暗界线,增加叶片的均匀一致性。

本研究结果表明,烘烤过程中温度主要对烤烟颜色特征值中的明度、饱和度及黄度值有较大的影响,与烤烟纹理特征值中的能量、相关度及熵有较大的相关度,相对湿度对烤烟颜色的红度与烤烟纹理的能量、相关度及熵有较大影响,风压对烤烟纹理惯性有较大影响,其他环境指标对颜色与形态的变化的影响较小,烘烤过程中可以依据研究结果与烤烟特色适当调控烤烟颜色与形态的变化,进一步推进烤烟的精准化烘烤的实现。

第三节　烤烟烘烤过程中超微结构的变化

随着电子显微镜技术的发展,烟叶细胞超微结构的研究已经取得了较大进展,尤其是对病害情况下叶肉细胞的研究。据报道,受烟草花叶病或野火病伤害的细胞,叶绿体、线粒体和细胞核均表现异常并发现淀粉粒沉积,关于发育过程中叶片成熟度与细胞超微结构的变化关系也有较多研究。其中对调制中香料烟叶片细胞超微结构观察表明,变黄期细胞器渐失,淀粉粒降解,干筋期细胞壁收缩,内含有脂类物质和未降解的淀粉粒。对烤烟成熟过程中叶细胞观察发现,随着成熟度的增加,细胞轮廓逐渐模糊,叶绿体减少,淀粉粒增加。在烟叶成熟过程中对叶绿体片层结构的发育及体积变化也有报道。对不同成熟度烤烟叶片细胞超微结构研究指出,超微结构的变化,主要表现在叶绿体、线粒体及细胞核上。另外,腺毛细胞与香气物质的形成密切相关,对其超微结构的研究表明,不同类型腺毛细胞发育进程不一致,工艺成熟阶段是获得优质烤烟的最佳时期,其超微结构受水分丰缺的影响较大。据电子显微镜观察表明,过氧化氢稳态变化能够引发烟草的细胞主动死亡过程,冷诱导能够增强烟株的耐冷性。烟株细胞光和生理代谢与叶绿体功能密切相关,叶绿体超微结构的变化将影响其正常的生命代谢。随着烟叶成熟度的增加,叶片组织结构逐渐疏松,细胞轮廓逐渐模糊,细胞内叶绿体数量和叶绿素含量逐渐减少,淀粉粒数量逐渐增加。烟草腺毛细胞有长、短两种类型,均具有浓密的细胞质,大量的线粒体,很少空泡化的特征,最明显不同之处在于短腺毛细胞间隙具有电子致密物。

一、中烟 100 烘烤过程中超微结构的变化

由图 4-30 可知,鲜叶栅栏组织的叶绿体等细胞器紧贴细胞壁排列,中央大液泡中含有数量较多泡状物。叶绿体呈椭圆形,内含有体积较大较多的淀粉粒和嗜锇颗粒,其中嗜锇颗粒的电子密度较弱,而细胞质中存在的不规则形状嗜锇物质,则相对较强。叶绿体内的基质类囊体颜色较深,基粒片层数量较多,质膜紧贴细胞壁,细胞膜连续清楚。鲜烤烟线粒体基本正常,数量较少,不易观察到。细胞核双层膜结构清楚,核仁与核质界限分明,染色质均匀,核仁致密完整。细胞壁较厚,细胞壁物质密度较高,颜色较深。

38 ℃烤烟栅栏组织的叶绿体等细胞器仍然贴近细胞壁分布,中央大液泡中泡状物消失;而在细胞壁附近发现有较多的泡状物,并且在这些泡状物间有大量不规则形状的嗜锇物

质存在。在大多数烤烟细胞中,叶绿体所含的嗜锇颗粒大多数被一些大淀粉颗粒挤到一边,但嗜锇颗粒的电子密度较弱。叶绿体内的基质类囊体颜色较浅,基粒片层数量明显减少。细胞核中的染色质减少,核膜部分消失,核仁不完整,线粒体不易观察到。细胞壁部分稍有变薄,但物质密度仍然较高,颜色仍然较深。

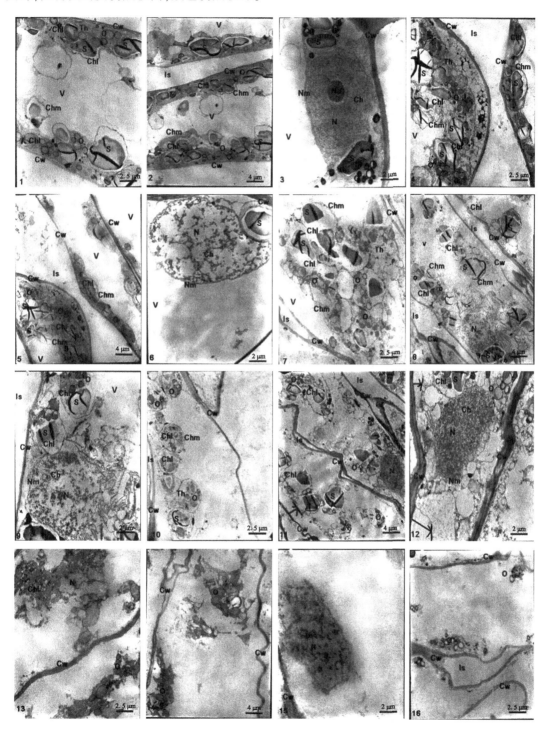

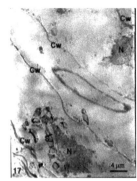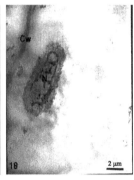

Cw-细胞壁;Is-细胞间隙;Chl-叶绿体;Chm-叶绿体膜;Th-基质类囊体;O-嗜锇颗粒;S-淀粉粒;V-液泡;
N-细胞核;Nm-核膜;Nu-核仁;Ch-染色质。(1~3 表示鲜样)1,2-叶绿体;3-细胞(细胞核);(4~9 表示变黄
期)4,5-38℃叶绿体;6-38℃细胞(细胞核);7,8-42℃叶绿体;9-42℃细胞(细胞核);(10~15 表示定色期)10,
11-48℃叶绿体;12-48℃细胞(细胞核);13,14-54℃叶绿体;15-54℃细胞(细胞核);(16~18 表示干样)16,
17-叶绿体;18-细胞(细胞核)。下同

图4-30 烘烤中中烟100烤烟细胞超微结构的变化

42 ℃为变黄末期,烤烟细胞出现质壁分离现象,叶绿体等细胞器游离在细胞中央,大多数叶绿体外膜和细胞核核膜、液泡膜破裂。叶绿体中所含的嗜锇颗粒多数出现半空状态,基质类囊体颜色十分浅,基粒片层几乎不存在。细胞核中的染色质处于不断减少状态,线粒体不易观察到,但一少部分大淀粉颗粒仍然能够观察到。细胞壁明显变薄,密度明显降低,颜色明显变浅,稍有扭曲。

48 ℃烤烟已经小卷筒,细胞中质壁分离现象加重,叶绿体等细胞器游离在细胞中央,叶绿体数量减少,并且大多数叶绿体外膜、核膜破裂,液泡已辨析不清,细胞核固缩。叶绿体中所含的嗜锇颗粒半空状态的面积增大,甚至出现空泡化,线粒体消失。大淀粉颗粒已不多见,但小颗粒的仍然能够观察到。细胞壁继续变薄,间隙增大,并有扭曲和散乱的破裂现象。

54 ℃烤烟叶片基本已干,观察发现细胞中质壁分离现象明显,所有细胞器固缩在细胞中央;叶绿体个体形状已不易区分,所含淀粉粒大部分消失,所存物质基本是电子密度较弱的嗜锇物质;核膜破裂,细胞核固缩。细胞壁较薄,密度较低,颜色较浅;细胞壁已不完整,扭曲破裂严重。烤后烤烟已经彻底干燥,细胞内部激烈的生化反应均已中止。电镜观察发现,细胞中能够分辨清晰的物质已经很少;叶绿体所含淀粉粒已所剩不多,所存物质基本上是电子密度较弱的嗜锇物质;细胞核固缩。细胞壁收缩扭曲,厚度更薄,颜色较浅;细胞壁模糊不清,破裂降解更严重。

二、秦烟96烘烤过程中超微结构的变化

由图4-31可知,鲜叶片栅栏组织的叶绿体等其他细胞器紧贴细胞壁排列,中央大叶泡中有很少量泡状物,叶绿体中淀粉粒体积较大、嗜锇颗粒相对较少,其中叶绿体中嗜锇颗粒的电子密度较弱,而在少量细胞质、细胞壁与质膜、叶绿体与叶绿体间有一些不规则形状嗜锇物质存在。叶绿体内的基质类囊体颜色较深,基粒片层数量较多,质膜紧贴细胞壁,细胞膜连续清楚。细胞核、线粒体基本正常,线粒体数量较少,不易观察到。但细胞核双层膜结构不清楚,核仁消失,染色质均匀,密度较大。细胞壁较厚,细胞壁物质密度较高,颜色较深。

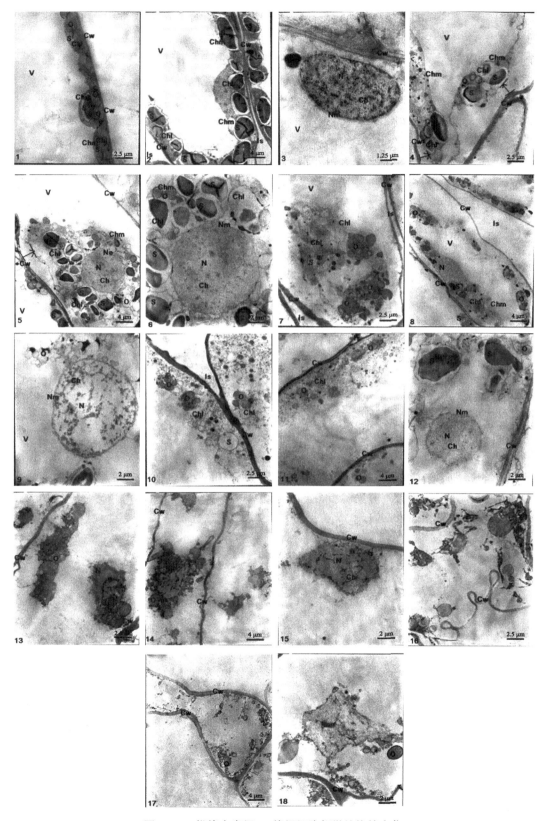

图 4-31　烘烤中秦烟 96 烤烟细胞超微结构的变化

38 ℃叶片细胞中大多数出现质壁分离现象,栅栏组织的中叶绿体等其他细胞器固缩在细胞中央。叶绿体中淀粉粒体积仍然较大、嗜锇颗粒相对较少。叶绿体内的基质类囊体颜色较浅,基粒片层数量明显减少。细胞核中的染色质的电子密度减弱,核膜部分消失,线粒体降解,有的已空泡化。细胞壁部分稍有变薄,但物质密度仍然较高,颜色仍然较深。

42 ℃叶片细胞中质壁分离现象,叶绿体等其他细胞器游离在细胞中央,叶绿体中所含的嗜锇颗粒多数出现局部空化状态,淀粉粒大部分消失,局部小颗粒偶见,基质类囊体颜色十分浅,基粒片层几乎不存在。大多数叶绿体外膜和细胞核核膜破裂。细胞核中的染色质减少,留有大片空白区域,线粒体降解。细胞壁明显变薄,密度明显降低,颜色明显变浅,稍有扭曲,细胞间隙增大。

48 ℃叶片细胞中质壁分离现象加重,叶绿体数量减少并且大多数叶绿体外膜、核膜破裂,液泡已辨析不清,细胞核固缩;叶绿体中所含的嗜锇颗粒游离在细胞中,淀粉粒大部分消失,局部偶见;线粒体空泡化。细胞壁继续变薄,间隙增大,并有扭曲和散乱的破裂现象。

54 ℃叶片基本已干,细胞中质壁分离现象明显,所有细胞器固缩成块,散落在细胞中,叶绿体个体形状已不易区分,所含淀粉粒消失,所存物质基本是电子密度较弱的嗜锇物质、核膜完全破裂,细胞核固缩,线粒体不易见到。细胞壁较薄,密度较低,颜色较浅,细胞壁已不完整,扭曲破裂严重。烤后叶片细胞内部激烈的生化反应均已中止,细胞中所剩物质很少,叶绿体所含淀粉粒全部消失,所存物质基本是电子密度较弱的嗜锇物质、细胞核、线粒体已彻底降解。细胞壁收缩扭曲,厚度更薄,颜色较浅,破裂降解更严重。

电子显微镜观察表明,秦烟96鲜烤烟细胞内部衰老的程度明显大于中烟100。鲜烤烟中烟100核仁清晰可辨,但秦烟96烤烟细胞核仁消失了;中烟100中央大液泡中含有数量较多泡状物,秦烟96烤烟中央大叶泡中有很少量泡状物;中烟100叶绿体内含有较多的嗜锇颗粒,其中嗜锇颗粒的电子密度较弱,而细胞质中存在的不规则形状嗜锇物质,则相对较强,秦烟96烤烟嗜锇颗粒相对较少,其中叶绿体中嗜锇颗粒的电子密度较弱,而在少量细胞质、细胞壁与质膜、叶绿体与叶绿体间有一些不规则形状嗜锇物质存在。生长后期,成熟程度不同的烤烟其内含物也会有很大的差异性,成熟度低的烤烟内含物较充实,降解较少,成熟度较高的烤烟内含物降解和转化较多,线粒体几乎已不存在,只有叶绿体结构还比较明显。

三、总结

38 ℃中烟100烤烟栅栏组织的叶绿体等细胞器仍然贴近细胞壁分布,而秦烟96栅栏组织的中叶绿体等其他细胞器固缩在细胞中央,且细胞中大多数出现质壁分离现象。相对于中烟100,秦烟96烤烟细胞核中的染色质的电子密度减弱较强,核仁消失。42 ℃中烟100烤烟细胞出现质壁分离现象,叶绿体等细胞器才游离在细胞中央,叶绿体中所含的嗜锇颗粒多数出现半空状态,大淀粉颗粒仍然能够观察到;秦烟96烤烟细胞叶绿体中所含的嗜锇颗粒多数出现局部空化状态,淀粉粒大部分消失。变黄期是淀粉大分子物质降解的关键时期,但由于品种或内在成分的差异,烘烤中两品种的变化并不一致,秦烟96烤烟细胞变化相对较为提前一步,内含物降解的程度也较高。

48 ℃中烟100烤烟叶绿体中所含的嗜锇颗粒半空状态的面积增大,甚至出现空泡化,但小颗粒的仍然能够观察到,细胞壁扭曲和破裂现象更明显。秦烟96烤烟细胞叶绿体中所含的嗜锇颗粒游离在细胞中,淀粉粒大部分消失;相对中烟100较少,细胞壁相对较完整。相对于秦烟 96,54 ℃ 中烟 100 烤烟淀粉粒仍有残存,细胞壁扭曲破裂现象更严重。相对于秦烟 96,中烟 100 烤后烤烟叶绿体所含淀粉粒较多,细胞壁收缩扭曲严重,颜色较浅,细胞壁模糊不清,细胞核固缩,而秦烟 96 细胞核几乎已彻底降解。定色期至烘烤结束,中烟 100 烤烟细胞结构破坏均较为严重,但是其内含物质降解相对不彻底。

秦烟 96 烤烟内细胞物质降解的较早,烘烤过程中秦烟 96 烤烟叶绿体和淀粉的降解较为彻底,烘烤后期色素和淀粉含量相对较低;中烟 100 烤烟细胞壁在烘烤中较早地扭曲变形,烤烟细胞内生理生化反应被过早地抑制,内部物质降解的程度在一定意义上受到限制。这表明烘烤中烤烟生理生化反应及其程度与超微结构变化有着紧密的联系,这也是导致中烟 100 和秦烟 96 同一成熟度烤烟差别的最重要的一个因素。

第五章 烤烟烘烤过程中生理生化变化

烤烟烘烤的实质是烤烟脱水干燥的物理过程、色素的降解及大分子物质的降解转化过程的协调统一。在人为控制温湿度条件下,控制烤烟水分的变化进而控制酶活性的变化,最终使色素的降解与物质降解转化向有利于烤烟品质形成的方向发展(图 5-1),建立以控制酶活性为核心,以烤烟颜色与形态变化为参考的烤烟烘烤系统是整个烤烟烘烤的核心所在。为此本章主要致力于烤烟的不同水分类型变化,不同种类色素与化学物质变化,不同相关酶活性变化的研究,对烤烟烘烤过程中内部生理变化进行全方位的分析,以期将烤烟的内部变化与外观形态变化相对应,为从事烤烟烘烤者更加深入了解烤烟,针对烤烟的变化实现灵活把握提供参考。

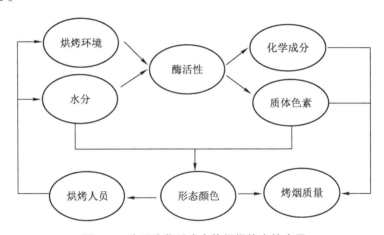

图 5-1 生理生化反应在烤烟烘烤中的应用

第一节 烘烤过程中水分的变化

烘烤中烤烟的一切生理生化活动都是以水为介质进行的,烤烟水分和温度的变化决定着烤烟组织细胞内生化变化的速度和方向,最终影响烤烟的形态、质构、色度变化和烘烤质量的形成,烘烤各阶段失水速率的快慢不仅对烤烟的烘烤过程中烤烟内各化学物质的变化有很大影响,同时对烤后烟的品质也有很大影响,变黄期失水速率过快、过多,烤后烤烟吃味平淡,并有强烈的苦涩味和青杂气;定色期失水速率过快,烤后烤烟有辛辣味,刺激性强,香气质粗糙。烤烟变黄期或定色前期,失水速率迟缓,烤后烤烟香气量不足,辛辣味和刺激性较强,合理调控烘烤期间的失水速率和不同温度段的失水量,是增进和改善烤烟内在品质的技术核心和关键。再者带茎烘烤的烤烟上部叶在烘烤过程中茎秆中的水分一部分由于高温而散失,另有一部分水分从茎秆到叶脉,再到叶基部、叶中部、叶尖部(图 5-2)。烘烤过程中水分的吸收速率受到环境温度的影响很大,吸收的能量越多水分散失的速率越大,然而烤烟水分的散失与能量的吸收方向相反(图 5-3),因此需

图 5-2 调制过程中烤烟对水分的吸收与散失

要保持两者的协调,才能促进水分的顺利散失,且烤烟烘烤过程中的水分动态呈现前期失水少,失水速度慢;中期失水多,失水速度快的特点。再者不同水分类型的含量对烤烟烘烤的控制影响较大,束缚水向自由水的转化在不利于品质形成的温湿度环境中(图5-4),破坏了烤烟在大田期间积累的物质代谢基础,不利于品质的形成。由于烤烟作为一种植物叶片各结构含水量及水分的变化规律会有所不同,主要表现在叶片与主脉的水分变化,因此水分作为烤烟烘烤过程中的重要指标,而烤烟烘烤的任务是在烘烤前期需要解决变黄问题,在烘烤后期需要解决叶片与主脉的干燥问题,因此本节主要针对不同烤烟品种、不同类型烤房、不同组织结构在烘烤过程中水分变化进行分析。

图5-3　调制过程中烤烟对水分的吸收与散失

图5-4　烘烤过程中烤烟水分的流动

一、变黄期烤烟各类型水分的变化

变黄期的主要任务是实现烤烟颜色由绿变黄及水分的蒸发,因此变黄期是烤烟对水分的利用与蒸发的过程,而此过程中外界环境对烤烟水分的影响非常显著,故此本试验设置4个试验处理(T1—低温慢烤,T2—低温快烤,T3—高温慢烤,T4—高温快烤),对变黄期烤烟的不同部位各类型水分进行分析。

1.烤烟自由水含量的变化

自由水是烤烟体内或是细胞内可以自由流动的水,是良好的溶剂和运输工具,在烘烤过程中酶活性的高低主要是自由水含量的高低所决定的,也是烤坏烟的主要诱因所在。由图5-5可知,鲜烤烟自由水含量中部烤烟最高,其次是上部烤烟,下部烤烟含量最低。其中下部烤烟T1处理自由水含量一直呈现下降的趋势,其余处理在12 h前缓慢升高,12 h后T2、T3处理下降缓慢,T4处理下降迅速,自由水含量相对较低;中部烤烟4个处理的自由水含量均直线下降,在48 h时T4处理的烤烟自由水含量比其余处理稍高;上部烤烟的T2、T3处理其自由水含量下降较慢,下降率分别为8.63%、6.70%,T1、T4处理的自由水含量在24~48 h下降较快,自由水散失率分别为68.9%、53.52%。

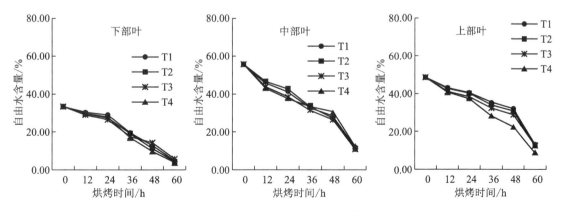

图5-5　不同部位烤烟自由水含量变化

2.烤烟结合水的变化

结合水是指在细胞内与其他物质结合在一起的水。烤烟结合水含量随着部位的提高而降低。烘烤过程中结合水向自由水的转换速率决定着烤烟失水的快慢,进而决定着烤烟烘烤得成功与否。由图 5-6 可知,在 24 h 前下部烤烟结合水含量降低,在 24~48 h 之间烤烟 T2、T3 处理结合水含量下降不明显,T1、T4 处理结合水含量升高;中部烤烟 T1 处理结合水含量呈下降趋势,其余处理均略有升高;上部烤烟 T2、T3 处理结合水含量略有升高,T1、T4 处理含量在 24~48 h 升高幅度明显。

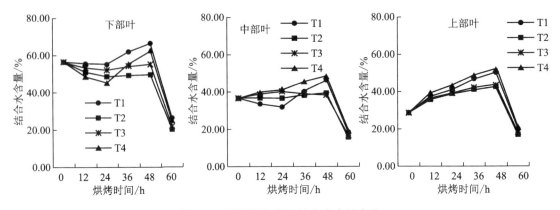

图 5-6 不同部位烤烟结合水含量变化

3.烤烟组织水的变化

组织水含量不仅反映烟草生长状况,还影响烤烟的烘烤特性。由图 5-7 可知,随着烤烟部位的升高,鲜烤烟水分含量依次降低,不同部位不同处理的烤烟在晾烤的 48 h 内均呈下降的趋势。中部烤烟的组织水含量在 48 h 各个处理相差较大,其中 T1 处理下降幅度最大,由 87.50%降低至 69.58%;上部烤烟 T1 处理的组织水含量在 24~48 h 下降幅度最大,下降率为 77.93%。这说明烘烤过程中烤烟水分散失较快。

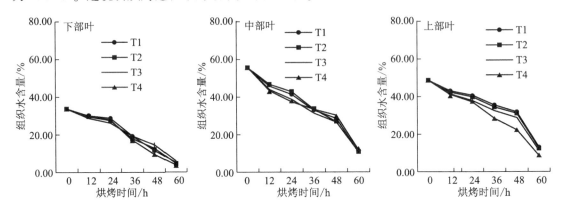

图 5-7 不同部位烤烟组织水含量变化

二、不同品种烘烤过程中含水量变化

不同的烤烟品种对环境的敏感性都有一定的差异,因此水分含量的变化固然存在一定差异,在烘烤过程中的环境控制也就有很大的不同。由图 5-8 可知,随着烘烤的进行烤烟的含水量逐渐降低,但 42 ℃前中烟 100 与秦烟 96 的含水量差异不大,但 42 ℃至中烟 100 的含水量明显低于秦烟 96,这充分表明中烟 100 的失水协调性较好,在定色期能够较顺利地将内部水分排出体外,烘烤难度降低,烤坏烟的风险低,更适用于产区种植。

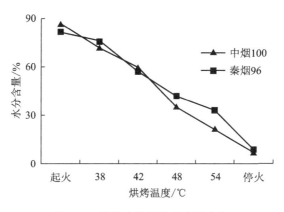

图 5-8　烘烤中烤烟水分含量变化

三、不同装烟方式水分变化

装烟方式的不同,使烤房内部的环境差异较大,烤烟所接受的环境不同内部水分的变化便有所差异。由图 5-9 可知,两种装烟方式烘烤过程中,叶片含水率 42 ℃前差异不大,42 ℃后烟夹烘烤的含水率迅速降低,但散叶烟箱的叶片失水速率较慢,烤后烤烟含水率差异不大,可见在烘烤过程中烟夹烘烤在定色阶段叶片水分的散失效率高于烟箱烘烤。主脉含水率在 42 ℃前两种装烟方式几乎无差异,在 42～48 ℃差异不大,但 48 ℃后主脉的失水速率增加,尤其是烟夹烘烤主脉的失水量大于散叶烟箱,烘烤过程中对于烟箱烘烤需要提前排湿,以保障烤烟烘烤质量。

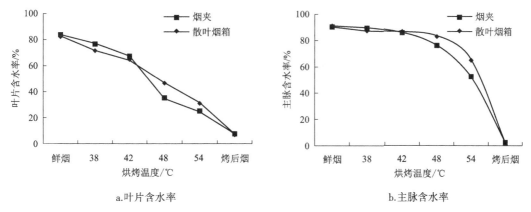

a.叶片含水率　　　　　　　　　　　　　　　b.主脉含水率

图 5-9　不同装烟方式烘烤过程中含水率的变化

四、不同烤烟组织烘烤过程中含水量变化

烤烟烘烤过程中水分的运输主要是由主脉通过叶脉输送给叶片进而实现散失的,而与叶片相比主脉的比表面积非常小,水分的散失与叶片相比差异很大。由图 5-10 可知,在整个烘烤过程中整片烤烟的含水量、叶片的含水量及主脉的含水量均呈现出比较一致的变化趋势,含水量的大小表现为主脉含水量>整片叶含水量>叶片含水量。其中,烘烤过程中烤烟的含水量变化大体上可以分为三个阶段:第一阶段三者的含水量基本保持不变,失水速率几乎为零。此阶段发生在烘烤进程的前 40 h,根据浏阳烤烟的烘烤特性可以判断此阶段的干

球温度约为 41 ℃,湿球温度约为 34 ℃,处于变黄阶段的后期,全房烤烟几乎达十成黄。第二阶段,主脉失水速率较小,而叶片与整片叶的失水速率较大,失水速率的大小关系表现为叶片>整片叶>主脉,此阶段约发生在烘烤进行的 40~87 h 之间,此阶段处于定色阶段的中前期,烤烟叶片由于组织较薄,在较高的温度条件下失水速率较大,叶片逐渐干燥,烤烟内部发生生理生化反应进程加快,各种大分子化学物质快速转化为小分子化学物质以提高烤烟的内在品质。而主脉由于表皮组织较致密细胞结构相对完整,应对外界高温环境的能力较强,内部的水分散失量较小。第三阶段发生在烘烤进行的 87 h 后,主脉失水速率加剧,导致整片叶的失水速率加剧,而叶片由于此阶段已基本干燥,失水速率保持在较低水平。

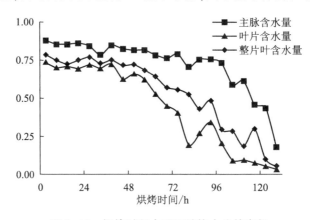

图 5-10　烘烤过程中不同结构水分的变化

五、总结

通过以上对烤烟烘烤过程中的水分分析研究可知,烤烟烘烤的关键在于变色速率和干燥速率等烘烤特性能否协调发展,不同品种的烘烤特性又有差别,包括物质经济烘烤效率,不同失水指标对烘烤措施采用的影响,有研究表明整个烘烤过程中水分动态变化大致呈反"S"形曲线变化,通过控制烤烟中的水分的变化可以改善烤烟内碳水化合物和含氮化合物分解转化及致香物质前体物的形成,此过程主要发生在变黄阶段,所以烘烤过程中的变黄阶段是烤烟优良品质形成的关键时期,烤烟调制过程中烤烟脱水速率在变黄前期脱水很少;后逐渐增强直至定色中期,主要表现为叶肉细胞脱水;定色后期表现为维管束脱水,再者散叶烘烤过程中烤烟的水分变化趋势与普通烘烤相似,都表现为前期下降慢,后期下降快,但含水率比普通烘烤下降要慢且脱水要困难一些,这可能与装烟密度的大小与烤房气流的流动方向有关。

烤烟烘烤是一个与物理变化相伴随的复杂的生理生化过程。烤烟水分含量在定色期前,尤其是 42~54 ℃ 之间变化最为显著。烤烟水分含量的变化决定着烤烟组织细胞内生理生化变化的方向和速度,叶片在变黄期 38 ℃ 烤烟已经变黄八成并发软,48 ℃ 后水分含量才有明显的损失,烤烟自由水在定色期 42~48 ℃ 急剧减少,烘烤后期主要是束缚水含量的损失,最终影响烤烟的形态、结构和烘烤质量的形成。烘烤过程中烤烟厚度和密度均发生显著变化,但变化趋势相反,而叶质重的变化幅度较小。烘烤过程中叶厚度变化受水分、细胞骨架结构的影响,随着烤烟水分的损失和细胞壁物质及细胞内含物的不断降解,烤烟细胞正常的超微结构被破坏,烤烟失水塌架,厚度减薄,叶密度增加。

第二节　烘烤过程中质体色素的变化

质体色素是烤烟颜色的内在机制,主要包括绿色素(叶绿素 a 与叶绿素 b)和黄色素(β-胡萝卜素、叶黄素、新黄质及紫黄质)(图 5-11)。质体色素在烤烟中的积累、转化和降解对烤烟香气风格的形成具有重要影响,降解产物主要包括叶绿素降解产物及类胡萝卜素降解产物,占中性挥发性香气物质总量的 85%~96%。叶绿素是进行光合作用的重要色素,含量的高低反映了叶片生理功能的强弱,其降解产物与烤烟的香气物质和品质有密切关系;类胡萝卜素在植物体内具有重要的生物功能,不仅保护叶绿素分子,使其不被光氧化而破坏;抑制或消除活性氧自由基的伤害,防止脂质过氧化。类胡萝卜素的含量与烤烟的香气量和香气质密切相关,降解产生的香味物质阈值相对较低、刺激性较小、香气质较好。就烤烟烘烤而言,色素的降解转化主要表现为颜色的变化,而颜色的变化是烤烟者对烤烟状态把控的最主要参考因素之一,叶绿素降解速率越高则烤烟的变黄任务完成得越早,烤烟的细胞活性越高,对烤烟的把控力越强,烤烟的可调控空间越大,使烤烟后续任务更加单一化(失水干燥),目标更加明确化,更容易实现烤烟烘烤的顺利进行。如果叶绿素的降解速率过慢,随着烤烟饥饿代谢的不断深入,烤烟的活力不断减弱,烤烟在接下来的烘烤过程中同时面临着变黄与失水的双重任务,而烤烟的变黄需要在水环境下才能实现,两者构成了相互矛盾体。面对着双重任务哪个是主,哪个是辅,对烤烟者来说都是严峻的挑战。了解不同色素的降解规律与降解环境对于烤烟者来说很有必要,故此本节针对不同的烘烤时期,不同的烘烤条件进行分析。

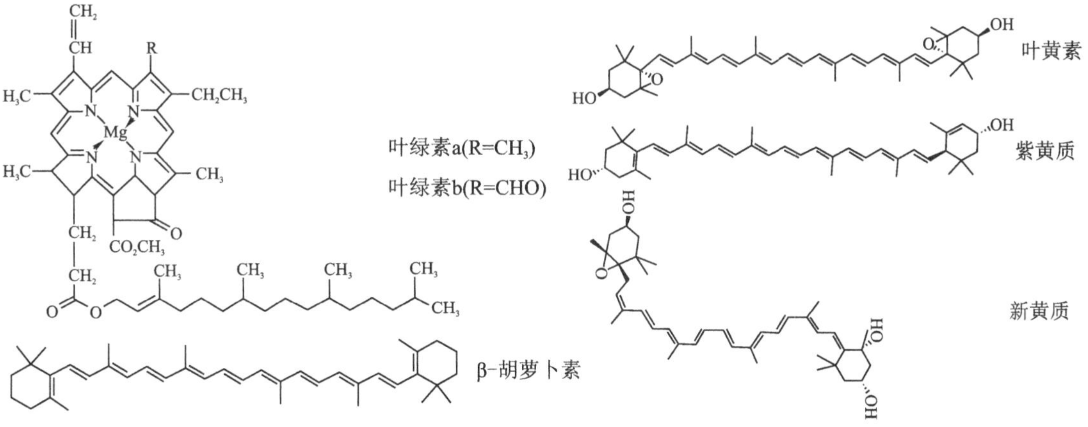

图 5-11　烤烟中主要的质体色素

一、变黄期烤烟质体色素的变化

烤烟烘烤过程中色素的降解主要发生在变黄期,而不同的烘烤环境对烤烟中质体色素的降解有着较大的影响,从而关系到烤烟进程的快慢与后期烘烤的任务压力,提前完成烤烟的变黄任务成为烘烤成功顺利进行的关键所在。

1.叶绿素 a 的变化

由图 5-12 可知,鲜烤烟叶绿素 a 含量表现为中部叶>上部叶>下部叶,在 24 h 前,不同处理烤烟降解幅度较大,T1 处理的降解量最大,T3 的降解量最小。中上部烤烟在 48 h 前的降解迅速,特别是中部烤烟,T1、T2、T3、T4 处理叶绿素 a 含量由鲜烤烟的 350.14 μg/(g·Fw)分别降解到 17.39 μg/(g·Fw)、37.94 μg/(g·Fw)、34.06 μg/(g·Fw)和 32.00 μg/(g·Fw),降解率达到 98.50%、98.72%、97.81%和 98.73%,在 48 h 后降解量较小。上部烤烟的 T1 和 T4 处理在 48 h 后有少量降解,其余 2 种处理降解量较少。烤后,下部烤烟 T3 处理的叶绿素 a 含量最低,中、上部烤烟的 T4 处理的含量最低。这说明 T4 处理有利于烤烟叶绿素 a 含量的降低。

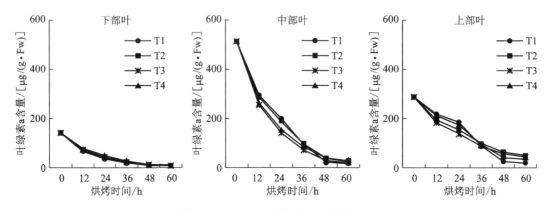

图 5-12　不同处理叶绿素 a 含量变化

2.叶绿素 b 的变黄

由图 5-13 可知,鲜烤烟叶绿素 b 含量表现为中部叶>上部叶>下部叶,下部和上部烤烟的降解规律较为相似,在晾制过程中不同处理的叶绿素 b 含量基本呈直线下降,中部烤烟在 48 h 前降解迅速,在 24 h 处 4 个处理间的差别较大,在 48 h 时处理间的差别较小,48 h 后各个处理的叶绿素 b 仍有降解,但是降解幅度相对较小,下、中部烤烟烤后 T4 的叶绿素 b 含量最低,T1 含量最高。上部烤烟烤后 T4 的叶绿素 b 含量最低,T2 含量最高。这说明 T4 处理有利于烤烟叶绿素 b 含量的降低。

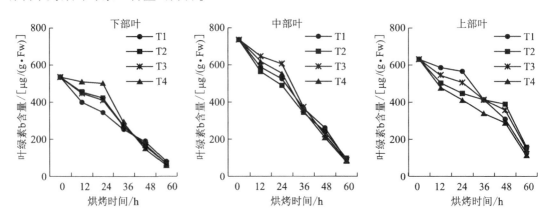

图 5-13　不同处理叶绿素 b 含量变化不同成熟度

3.新黄质的变黄

由图 5-14 可知,鲜烤烟新黄质含量表现为中部叶>上部叶>下部叶,下部烤烟含量为

5.09 μg/（g·Fw），中部烤烟为 10.63 μg/（g·Fw），上部烤烟为 7.24 μg/（g·Fw）。烤烟新黄质含量在 48 h 前降解幅度较大，其中下、中、上部位烤烟分别达到降解量的 82.02%、85.26%、68.35%。这说明晾制条件对上部烤烟新黄质降解的影响最小。在 24 h 时各个部位各个处理烤烟新黄质含量相差较大，而在 48 h 和烤后烤烟处理间的差别不明显，说明在晾制前期，晾制条件对新黄质降解的影响较大，在后期晾制时间对新黄质的影响较大。

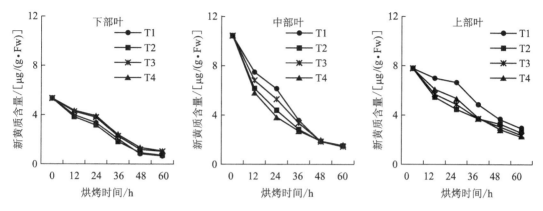

图 5-14　不同处理新黄质含量变化

4.紫黄质的变化

由图 5-15 可知，鲜烤烟紫黄质含量表现为中部叶>上部叶>下部叶，下、中、上 3 部位鲜烤烟紫黄质含量分别为 5.09 μg/（g·Fw）、10.63 μg/（g·Fw）和 7.24 μg/（g·Fw）。在 48 h 前下部烤烟紫黄质含量降解迅速，特别是 T1 处理，在 24 h 已经达到降解量的 78.76%；中部烤烟在 24~48 h 紫黄质的降解速度较快，T1 处理的降解率达到 92.17%。上部烤烟的 T1 和 T4 处理变化趋势一致，T2 和 T3 处理一致。T1 和 T4 处理在 24~48 h 的降解速度较快，而 T2 和 T3 处理在 0~24 h 的降解量较大。这可能和调制条件及烤烟自身的生理状况有关。

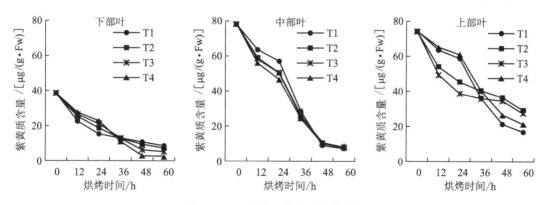

图 5-15　不同处理紫黄质含量变化

5.叶黄素的变化

由图 5-16 可知，中部鲜烤烟的叶黄素含量最高，达到 18.54 μg/（g·Fw），其次是下部烤烟为 10.71%，上部烤烟的含量最少，为 9.00%。其中，下部烤烟在 24 h 时 4 个处理的降解量表现为 T4>T1>T2>T3，48 h 处各个处理叶黄素含量趋于一致。中部烤烟在 48 h 前叶黄素降解速度迅速，T1、T2、T3、T4 处理的降解率分别为 88.12%、83.83%、86.28%和 85.87%，在 48

h 后仍在进行缓慢降解。上部各个处理烤烟的叶黄素在 24 h 前降解缓慢,在 24~48 h 降解迅速,48 h 后 T1 处理的烤烟基本保持稳定,而其余 3 种处理仍较大幅度的降解。

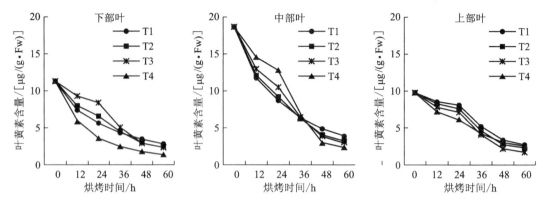

图 5-16　不同处理叶黄素含量变化

6.β-胡萝卜素

由图 5-17 可知,下部烤烟的 β-胡萝卜素在 24 h 前降解幅度差别不明显,在 48 h 差别较大,此时 T1、T2、T3、T4 处理的 β-胡萝卜素含量分别为 346.95、285 μg/(g·Fw).15 μg/(g·Fw)、231.67 μg/(g·Fw) 和 103.53 μg/(g·Fw)。烤后 T1 和 T3 处理 β-胡萝卜素含量较为接近。中部烤烟 T3 处理在 24 h 前降解幅度较小,在 24~48 h 之间快速降解,其余 3 种处理均呈直线下降趋势。上部烤烟 T1 和 T4 处理变化相似,在 24~48 h 快速降解,在 0~48 h T2 和 T3 处理降解量相对较大,48 h 后 T2 处理仍有降解,而 T3 处理烤烟的 β-胡萝卜素一直保持在较低水平,在 48~60 h 含量仍有小幅度的降低。

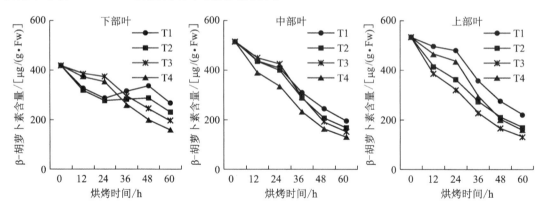

图 5-17　不同处理 β-胡萝卜素含量变化

二、不同成熟度烤烟烘烤过程中色素的变化

1.叶绿素的变化

烤后烤烟的叶绿素含量过高对烤烟品质不利。不同成熟度处理对鲜烤烟叶绿素含量和烘烤过程中降解速率有比较显著的影响(图 5-18~图 5-20)。鲜烤烟叶绿素含量随成熟度的提高而降低,即表现为未熟>尚熟>适熟>过熟。在烘烤过程中,成熟度低的烤烟叶绿素降解较快,明显大于成熟度高的烤烟,未熟烤烟总叶绿素的总降解量为 1.92 mg/(g·Fw),尚

熟烤烟由 1.46 mg/（g·Fw）降至 0.09 mg/（g·Fw），降解量为 1.37 mg/（g·Fw），适熟和过熟烤烟的降解量分别为 1.02 mg/（g·Fw）、0.53 mg/（g·Fw）。在整个烘烤过程中，不同成熟度烤烟叶绿素 a、叶绿素 b 和总叶绿素含量在 38 ℃前降解最快，后逐渐减慢。但未熟烤烟叶绿素的降解过程会延续到 54 ℃。烘烤结束后，不同处理烤烟叶绿素含量基本不存在差异。

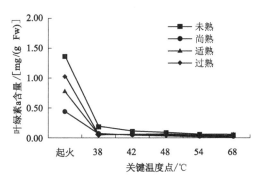

图 5-18　不同成熟度叶绿素 a 含量的变化

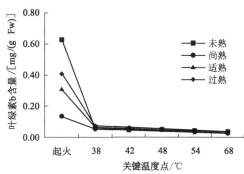

图 5-19　不同成熟度叶绿素 b 含量的变化

2.类胡萝卜素的变化

类胡萝卜素是烤烟香气物质的重要来源，烘烤中类胡萝卜素降解和转化的程度对烤烟品质有很大的影响。本试验结果表明，不同成熟度鲜烤烟类胡萝卜素含量随成熟度提高而降低（图 5-21）。与叶绿素的降解相比整个烘烤过程中类胡萝卜素的降解相对温和一些，没有大幅度的降解。再者烘烤过程中类胡萝卜素的降解与叶绿素不同，随成熟度增加呈现不同的变化趋势。在烘烤过程中，适熟烤烟降解量最少，为 0.08 mg/（g·Fw），而未熟、尚熟和过熟烤烟降解量相对较大分别为 0.16 mg/（g·Fw）、0.13 mg/（g·Fw）、0.16 mg/（g·Fw）。尚熟烤烟在变黄期降解较快，过熟烤烟在变黄期以后降解较快。不同成熟度烤烟类胡萝卜素降解量的大小表现为过熟＞未熟＞尚熟＞适熟。

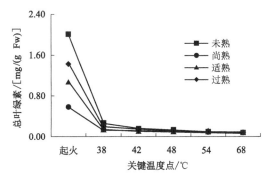

图 5-20　不同成熟度总叶绿素的变化

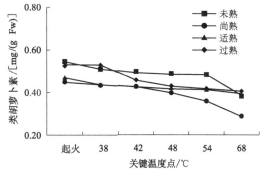

图 5-21　不同成熟度类胡萝卜素的变化

三、烤烟烘烤环境对质体色的降解的影响

1.灰色关联分析

灰色关联分析是根据因素间发展态势的相似或相异程度来衡量因素间关联程度的一种分析手段。它提示了事物动态关联的特征与程度，以发展态势为立足点。首先对原始数据

进行初值化处理,然后对散叶堆积烘烤过程中质体色素与烘烤参量进行灰色关联分析(表5-1),可知质体色素与各烘烤参量的灰色关联度均表现为类胡萝卜素>叶绿素 a>叶绿素 b,其中 4 个烘烤参量对两种叶绿素的含量变化的影响水平相当;再者由相对湿度与质体色素的灰色关联度可知,相对湿度对 3 种质体色素影响水平几乎相当,表明烤房内的相对湿度,有利于三种色素的降解有较大的影响,在烘烤的变黄期控制好烤房的相对湿度有利于烤烟顺利变黄,为定色打下基调,甚至对整个烘烤进程的顺利进行都有着比较大的影响。4 个烘烤参量与类胡萝卜素含量变化的灰色关联度均较大,依次为干球温度 0.5484、湿球温度0.4841、相对湿度 0.332、叶温 0.6817,这表明烘烤过程中烘烤各参量对类胡萝卜素的降解与转化均有较大影响。

表 5-1　灰色关联分析

烘烤参量	质体色素	灰色关联度	灰色关联序
干球温度	叶绿素 a	0.2224	2
	叶绿素 b	0.2097	3
	类胡萝卜素	0.5484	1
湿球温度	叶绿素 a	0.2072	2
	叶绿素 b	0.1965	3
	类胡萝卜素	0.4841	1
相对湿度	叶绿素 a	0.3244	2
	叶绿素 b	0.2932	3
	类胡萝卜素	0.332	1
叶温	叶绿素 a	0.2346	2
	叶绿素 b	0.2171	3
	类胡萝卜素	0.6817	1

2.典型相关分析

仅对这两组变量进行灰色关联分析,只能反映单个指标之间的相关关系,难以客观反映散叶堆积烘烤过程中烘烤参量与色素指标两组变量的整体间的综合内在联系,而典型相关分析能够揭示出两组变量之间的内在联系,对两组变量初值化的数据进行典型相关分析(表5-2),结果表明有 2 组典型相关变量关系达到了显著水平,其中第 1 组典型相关系数分别为 0.9714 与 0.9873,达到极显著水平,得典型变量为 $u_1 = 0.4655x_1 - 0.61x_2 + 1.0121x_3$,$v_1 = 0.357y_1 + 0.2238y_2 - 0.2003y_3 + 0.4988y_4$,在典型变量$(u_1, v_1)$中,$u_1$ 代表了三类质体色素的综合性状,由 u_1 与原始数据的相关系数可知,u_1 与烘烤过程中烤烟的类胡萝卜素(x_3)存在较高的正相关,而与叶绿素 a(x_1)、叶绿素 b(x_2)含量变化呈负相关,因此 u_1 可以描述为散叶堆积烘烤过程中类胡萝卜素(x_3)含量的变化,即随着类胡萝卜素含量的增加 u_1 呈增加趋势。再者 v_1 与干球温度(y_1)、湿球温度(y_2)与叶温(y_4)之间存在较高的正相关,典型相关系数分别为 0.9906、0.991,而与相对湿度(y_3)之间存在较低的负相关,相关系数为 2444,因此 v_1 可以理解为主要描述了烘烤过程中温度与叶温的变化综合性状,即随着干球温度与叶温的增加呈现增加的趋势。再者叶温即烤烟叶片的温度,这一线性组合说明了烘烤过程温度控制对类胡萝卜素的含量有非常大的影响,在一定烘烤阶段,控制较高的温度有利于胡萝卜素的降解与转化。

表 5-2　典型相关分析

质体色素	典型变量 I		典型变量 II		典型变量 III	
	m_i	r_{ui}	m_i	r_{ui}	m_i	r_{ui}
x_1	0.4655	−0.2319	−0.1293	−0.9488	4.59	0.2147
x_2	−0.61	−0.1865	−0.8622	−0.9824	−4.4699	−0.0088
x_3	1.0121	0.9823	−0.1942	−0.1557	0.2351	−0.104
y_1	0.357	0.9906	0.1588	−0.0788	−4.7179	0.0968
y_2	0.2238	0.8978	3.3285	−0.3154	8.9548	0.3019
y_3	−0.2003	0.2444	−2.0753	−0.8234	−2.5309	0.4979
y_4	0.4988	0.991	−2.6624	−0.1327	−2.7725	−0.0049
R	0.9873**		0.8866*		0.5375	
P	0.0009		0.0348		0.0647	

第 2 组典型相关系数分别为 0.8878 与 0.8866,达到显著水平,得典型相关变量 $u_2 = -0.1293x_1 - 0.8622x_2 - 0.1942x_3$, $v_2 = 0.1588y_1 + 3.3285y_2 - 2.0753y_3 - 2.6624y_4$,由 u_2 与 3 种色素的典型相关系数可知,u_2 与叶绿素 a 与叶绿素 b 之间存在较高的负相关,与类胡萝卜素之间存在较低的负相关,因此 u_2 可以描述为烘烤过程中叶绿素 a 与叶绿素 b 的变化,随着叶绿素 a 与叶绿素 b 含量的减少,u_2 呈增加趋势;由 v_2 与 4 个烘烤参量的典型相关系数可知,v_2 与相对湿度存在较高的负相关,典型相关系数为 −0.8234,与其他 3 个烘烤参量之间存在较低的负相关,因此 v_2 可以描述为烤房内相对湿度变化,即随着相对湿度的降低 v_2 呈增加趋势。这一线性组合表明散叶堆积烘烤过程中叶绿素的变化与烤房内的相对湿度有着密切关系,在一定的湿度范围内叶绿素随着湿度降低而减少。

四、总结

叶绿体是烤烟细胞中最明显的细胞器之一,淀粉与质体色素主要位于叶绿体内。本试验结果表明,叶绿素含量 38 ℃前显著降低,后逐渐降低,但类胡萝卜素含量在 38~48 ℃升高。这是因为烤烟调制是采后烤烟进行饥饿代谢的生理生化过程,其内含物处于不断损耗中。相对于其他内含物(淀粉、叶绿素等)的降解进程,在 38~48 ℃类胡萝卜素降解速率明显减缓,其含量在烤烟总物质中所占的比例增加,故呈上升趋势。烤烟烘烤过程中质体色素的降解在不同的部位不同的成熟度均有着较大的差异。此外,质体色素与各烘烤参量的灰色关联度均表现为类胡萝卜素>叶绿素 a>叶绿素 b,其中 4 个烘烤参量对两种叶绿素的含量变化的影响水平相当,相对湿度对三种质体色素影响水平几乎相当,4 个烘烤参量与类胡萝卜素含量变化的灰色关联度均较大,表明烘烤过程中烘烤各参量对类胡萝卜素的降解与转化均有较大影响,烘烤过程温度控制对类胡萝卜素的含量有非常大的影响,在一定烘烤阶段,控制较高的温度有利于胡萝卜素的降解与转化,烤烟烘烤过程中叶绿素的变化与烤房内的相对湿度有着密切关系,在一定的湿度范围内叶绿素随着湿度降低而减少。

第三节　烘烤过程中化学成分的变化

烤烟烘烤过程中在酶的作用下化学成分发生着降解转化,这直接影响了烤烟风格特色的形成,烤烟烘烤过程中常规化学成分的变化主要包括了淀粉、糖类、植物碱及蛋白质的降解转化。其中糖类是影响烟草质量的重要因素,烟草中的糖类主要有淀粉、还原性糖等。氨基酸作为烟草中的一类重要化合物,不仅对烤烟的香味品质有重要贡献,还是一些含氮化合物合成的前体物或酶解物。烤烟中的蛋白质分为可溶性蛋白质和不溶性蛋白质,其中可溶性蛋白质又可分为组分Ⅰ-蛋白质和组分Ⅱ-蛋白质,在烘烤过程中蛋白质含量的变化主要是组分Ⅰ-蛋白质降解引起的。烘烤过程中蛋白质与氨基酸含量呈现出互为消长的关系,即烤烟中蛋白质含量随烘烤进程发展逐渐减少,氨基酸含量逐渐增加,且均在变黄中期和定色期有一个快速变化阶段,烟碱在烘烤过程中比较稳定,不容易发生降解。本节主要立足不同的烘烤条件、不同的烤烟成熟度对烤烟烘烤过程中化学成分的变化进行分析,以期烤烟烘烤者能据此对烤烟的烘烤状态及内部化学成分的变化有所把握,提高烤烟质量。

一、不同装烟方式烤烟常规化学成分的变化

烤烟的常规化学成分主要包括总氮、淀粉、总糖及烟碱等化学物质,其中糖类的分解、转化、消耗或积累状况决定着烤烟内在品质和外观商品等级的优劣。淀粉的水解作用是大分子物质逐渐裂解为小分子的过程,淀粉在酶的作用下先后水解生成蓝糊精、红糊精、无色糊精、麦芽糖和葡萄糖,其中从红糊精到无色糊精,从麦芽糖到葡萄糖分别由淀粉酶和葡萄糖酶催化,不同生态条件、不同部位及不同烘烤工艺的烤烟测定的烤烟降解速度和降解量有所不同,但具有相同的变化规律。在烘烤中烤烟中总糖和还原糖的含量急剧增加,自烘烤开始到烘烤结束,总糖含量由5%逐渐增加到约25%,总糖的积累与淀粉的降解转化是同步的,都是在变黄期变化速率快,至定色期减慢,烘烤过程中淀粉降解量与总糖和还原糖的含量呈显著相关。鲜烤烟中蛋白质含量比较高,正常成熟的鲜烤烟中蛋白质含量为12%~15%,而经过烘烤以后蛋白质降解量约为鲜烤烟含量的35%。烟碱含量随烘烤进程的推移呈递减的趋势,而且烘烤前期下降幅度大于后期。

1.淀粉含量的变化

由图5-22和图5-23可知,刚成熟采收时烤烟淀粉含量很高,随着烘烤的进行,淀粉大量且快速的降解,变黄期是烤烟降解速度最快、量最大的时期。不同装烟方式烘烤过程中,烘烤初始不同部位烤烟淀粉含量体现为上部叶中部叶下部叶,随烘烤过程的进行,淀粉含量逐渐减少,在烘烤变黄阶段急剧下降,尤其在烘烤过程的前36 h尤其剧烈,72 h后降解缓慢。烤后不同部位烤烟的淀粉含量相比较下部<叶中部<叶上部叶。由表5-4可知,挂竿烘烤的烤烟,烘烤至36 h时,下部叶从23.3%降至11.9%,中部叶从24.1%降至14.5%,上部叶从24.8%降至15.2%。36~60 h内降解减缓,下部叶从降11.9%至9.1%,中部叶从降14.5%至14.2%,上部叶从降15.2%至12.5%。72 h后降解缓慢,下部叶从5.5%降至4.5%,中部叶从12.2%降至6.4%,上部叶从12.2%降至7.3%。与挂竿烤烟相比较,散叶烘烤的烤烟在烘烤过程中降解的时间较长一些,使淀粉含量降解得更多一些,因此,烤后的淀粉含量也比挂竿烘烤的烤烟低。散叶烘烤的烤烟淀粉含量变化体现为在烘烤的前12 h淀粉降解较慢,

12~60 h 内大量的降解,72 h 后降解缓慢。下部叶淀粉降解持续至 84 h,中上部叶持续至 96 h。至烘烤结束时,上部叶淀粉含量为 4.1%,中部叶淀粉含量为 4.6%,下部叶淀粉含量为 5.4%。

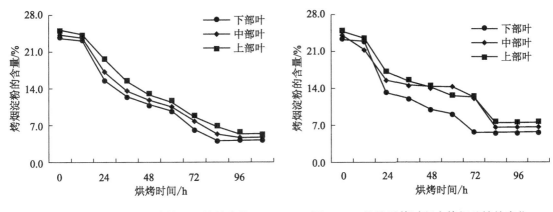

图 5-22　散叶烘烤过程中烤烟总糖的变化　　图 5-23　挂竿烘烤过程中烤烟总糖的变化

2.总糖含量的变化

由图 5-24、图 5-25 可知,挂竿烘烤的烤烟在烘烤进行至 72 h 时,总糖含量达到最大值。不同部位总糖含量的变化体现为:下部叶由烤前的 7.2% 增加到 19.8%,中部叶由烤前的 7.8% 增加到 22.9%,上部叶由烤前的 8.5% 增加到 26.3%。而散叶烘烤的烤烟,由于装烟方式的不同,导致总糖含量增加的速度也与挂竿烘烤的烤烟不同,其不同部位烤烟的总糖含量均比挂竿烤烟的高,且下部叶总糖含量在 84 h 时达到最大值,中部叶和上部叶则在 96 h 时才达到最大值。至烘烤结束时,下部叶总糖含量为 21.5%,中部叶为 23.2%,上部叶为 26.8%。因为散叶烘烤的烤烟淀粉降解的时间较长些,所以总糖含量的变化时间也随之相应的延长,因此,散叶烘烤的烤烟总糖含量较高。在密集烤房烘烤过程中,碳水化合物中的总糖含量随着淀粉的大量分解而大幅度增加。在整个烤烟烘烤过程中,总糖含量随着时间呈持续上升趋势。烤后不同部位的总糖含量相比较:上部叶>中部叶>下部叶。

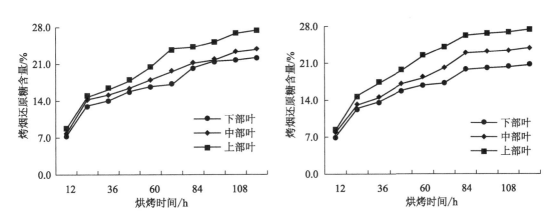

图 5-24　散叶烘烤过程中烤烟总糖的变化　　图 5-25　挂竿烘烤过程中烤烟总糖的变化

3.还原糖含量的变化

由图 5-26、图 5-27 可知,对于挂竿烘烤的烤烟,烘烤过程中不同部位烤烟的还原糖含量变化分别为:下部叶由 5.1% 上升至 17.9%,中部叶由 5.9% 上升至 20.6%,上部叶由 6.8% 上升至 23.5%。在烘烤至 72 h 时,不同部位的烤烟还原糖含量均达到最大值。散叶烘烤的烤烟,烘烤过程中不同部位烤烟的还原糖含量变化分别为:下部叶还原糖含量由 5.3% 上升到 18.3%,中部叶从 5.7% 上升至 21.3%,上部叶从 6.6% 上升到 24.1%。散叶烘烤的烤烟还原糖含量的增加比挂竿烤烟慢,持续的时间也比挂竿烤烟长,其下部叶的还原糖含量至 84 h 时达到最大值,中上部叶的还原糖含量则直至烘烤的 96 h 才达到最高峰。因此,散叶烤后的还原糖含量也比挂竿烤烟的高,这对于改善烤烟的品质也有较大的益处。由于烤烟中还原糖的积累受到淀粉分解程度的影响,如果烘烤时间继续延长,还原糖含量还会因为淀粉分解趋于彻底、呼吸作用继续消耗而逐渐降低。还原糖含量与总糖含量的变化趋势相似,还原糖含量也随着烘烤时间的推移呈逐步上升趋势。烤后不同部位烤烟还原糖含量相比较,体现为:上部叶>中部叶>下部叶。

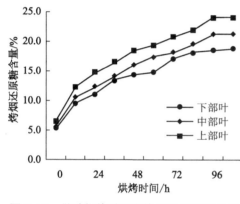 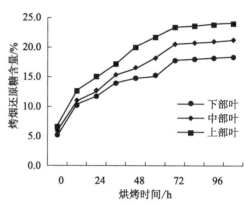

图 5-26　散叶烘烤过程中烤烟还原糖的变化　　图 5-27　挂竿烘烤过程中烤烟还原糖的变化

4.总氮含量的变化

由图 5-28、图 5-29 可知,不同装烟方式的不同部位烤烟总氮含量在烘烤过程中均是逐渐减少的,且随时间的延长呈递减趋势,其原因可能是在氧的作用下,经氧化分解消失。但与碳水化合物变化的量相比较,其变化幅度很小。挂竿烘烤的烤烟,烤后不同部位总氮含量的比较结果为:下部叶<上部叶<中部叶,中部叶和上部叶的总氮含量相近。烘烤至 72 h 时,烤后不同部位烤烟总氮含量分别是:下部叶为 2.058%,中部叶为 2.357%,上部叶为 2.325%。

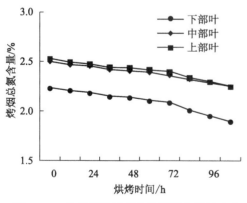 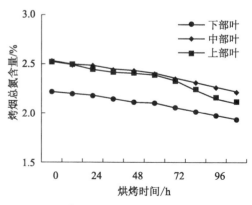

图 5-28　散叶烘烤过程中烤烟蛋白质的变化　　图 5-29　挂竿烘烤过程中烤烟蛋白质的变化

对于散叶烘烤的烤烟,在烘烤过程中分解得比挂竿烘烤的烤烟慢,下部叶分解比中上部叶快,其不同部位的总氮含量均比挂竿烘烤的烤烟低,其原因与装烟方式有较大的关系。至烘烤结束时,不同部位烤烟的总氮含量分别是:下部叶为2.011%,中部叶为2.297%,上部叶为2.301%。散叶烤后不同部位总氮含量的大小体现为:下部叶<中部叶<上部叶。散叶烘烤的烤烟总氮含量变化一直持续至烘烤的96 h。

5.蛋白质含量的变化

由图5-30、图5-31可知,不同装烟方式下蛋白质的降解主要发生在变黄和定色阶段,定色结束后变化很小。蛋白质的降解在烤烟开始烘烤时较慢,烘烤24 h后降解速度明显加快,定色后降解速度又逐渐下降,损失量较小,呈现"慢-快-慢"的变化规律。在整个烘烤过程中,蛋白质含量的变化表现为:上部叶>中部叶>下部叶。蛋白质的分解,使含氮化合物有了较大程度的降低。总的来说,蛋白质在烘烤过程中变化的幅度是很小的。由表5-8可知,对于挂竿烘烤的烤烟,烘烤前的蛋白质含量分别是:下部叶为11.766%,中部叶为14.125%,上部叶为15.300%。经过烘烤过程,蛋白质被分解,在烘烤结束时,下部叶下降至9.020%,中部叶降至11.582%,上部叶降至12.600%。由表5-8还可知,散叶烘烤烤烟的蛋白质的降解周期比挂竿烘烤的烤烟长,下部叶的烘烤过程持续至84 h,而中上部烤烟则一直持续到烘烤的96 h,这说明散叶烘烤的烤烟降解速度比挂杆烤烟慢。由于蛋白质降解的时间较长,所以,散叶烘烤的烤烟的蛋白质有足够的时间充分降解,其烤后蛋白质的含量也比挂竿烘烤的烤烟低。

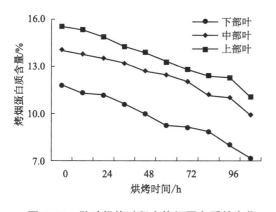

图5-30　散叶烘烤过程中烤烟蛋白质的变化

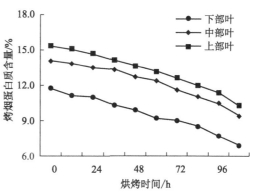

图5-31　挂竿烘烤过程中烤烟蛋白质的变化

二、不同成熟度烤烟烘烤过程中主要化学成分变化

由图5-32可知,不同成熟度烤烟总糖和还原糖含量呈现先升高后降低的趋势,且不同处理均在48 ℃前含量增大,后降低,总体表现为适熟>尚熟>过熟>欠熟。不同成熟度烤烟淀粉、总氮含量在烘烤中呈降低趋势,在48 ℃前降低幅度较大,后降解缓慢,不同成熟度的淀粉含量总体表现为鲜烤烟适熟>尚熟>欠熟>过熟,烘烤过程中表现为欠熟>尚熟>适熟>过熟;总氮的含量在烘烤过程中表现为欠熟>尚熟>适熟>过熟。总酚含量总体上呈上升趋势,在42 ℃前其含量升高,42~48 ℃之间降低,后升高。烘烤过程中不同成熟度烤烟的总酚含量表现为欠熟与尚熟大于适熟与过熟。烘烤过程中蛋白质的含量表现为欠熟>尚熟>适熟>过熟。总体而言,不同成熟度烤烟的常规化学成分在烘烤过程中有较大差异,在烘烤时针对

不同成熟度的烤烟需要设计相适宜的烘烤工艺,以达到彰显烤烟风格特色的目的。

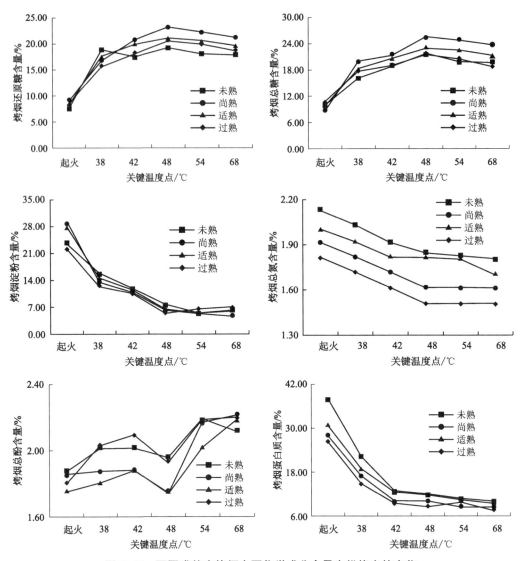

图5-32 不同成熟度烤烟主要化学成分含量在烘烤中的变化

三、烤烟氨基酸含量的变化

氨基酸在烤烟中扮演着重要角色,如丝氨酸、甘氨酸、缬氨酸含量较高,钾/氯比值较高,烤烟品质较好。天门冬氨酸、谷氨酸、赖氨酸、精氨酸、脯氨酸等5种氨基酸直接参与烟草根系烟碱合成代谢,再者氨基酸参与构成酶、激素、部分维生素,转变为糖或脂肪,平衡氮含量。所有碱性氨基酸和杂环氨基酸都与氢氰酸呈显著正相关,所有酸性氨基酸与氢氰酸都没有呈现显著相关性,对烟草主流烟气中氢氰酸释放量起主要作用的氨基酸依次是:苯丙氨酸、色氨酸、组氨酸、丙氨酸、脯氨酸和丝氨酸;不同部位烤烟各类型游离氨基酸与卷烟氨释放量建立的回归方程均显著,然而对烘烤过程中所有氨基酸对烤烟及烟气中的主要含氮化合物形成的影响研究鲜见报道,故本部分内容运用系统聚类分析与主成分分析对烤烟氨基酸含量进行研究,为提高烤烟感官质量、降低烟气中的有害物质的释放量的烤烟调制技术研究提供理论基础。

1.氨基酸的测定

氨基酸采用 SYKAM 433D 型全自动氨基酸分析仪将样品烤烟置于 40 ℃下干燥 2 h,粉碎过筛,混合均匀后,密封保存备用。称取 1 g 样品(精确至 0.0001 g)于 100 mL 磨口三角瓶中,加入 50.0 mL 一定浓度的盐酸溶液,塞上塞子、超声、过滤。准确移取 2 mL 滤液浓缩蒸干(温度不超过 60 ℃),加入 1 mL 样品稀释液,摇匀。溶液经 0.45 μm 滤膜过滤后上机分析。用外标法测定样品溶液中各游离氨基酸的含量。分析柱温度 37 ℃;反应管温度 130 ℃;进样量 50 μL;缓冲溶液采用不同 pH 值的柠檬酸锂缓冲溶液;其中脯氨酸在 440 nm 波长下检测,其他 15 种氨基酸在 570 nm 波长下检测。总氮、总植物碱、蛋白质的测定采用烟草行业标准方法测定。氨气按照《卷烟　主流烟气中氨的测定　浸渍处理剑桥滤片捕集-离子色谱法》(YC/T 377—2019)规定的方法进行测定。氰化氢采用《卷烟　主流烟气中氰化氢的测定　连续流动法》(YC/T 253—2019)规定的方法测定。

2.烘烤过程中氨基酸含量的变化

由图 5-33 可知,烘烤过程中 16 种氨基酸含量的变化差异较大,含量最高的氨基酸为丙氨酸,蛋氨酸的含量再之,含量最少的氨基酸为精氨酸。但依据烘烤过程中氨基酸含量的变化趋势总体上可以分为 3 类:第 1 类氨基酸含量表现为先降后升,包括天门冬氨酸、丙氨酸、甘氨酸、异亮氨酸等 4 种氨基酸;第 2 类氨基酸含量变化为下降后基本保持平稳,包括精氨酸、缬氨酸与亮氨酸;第 3 类氨基酸含量表现为基本不变,包括赖氨酸与苯丙氨酸;第 4 类氨基酸表现为先升后降,包括苏氨酸、脯氨酸、组氨酸、谷氨酸、酪氨酸、丝氨酸及蛋氨酸等 7 种氨基酸。

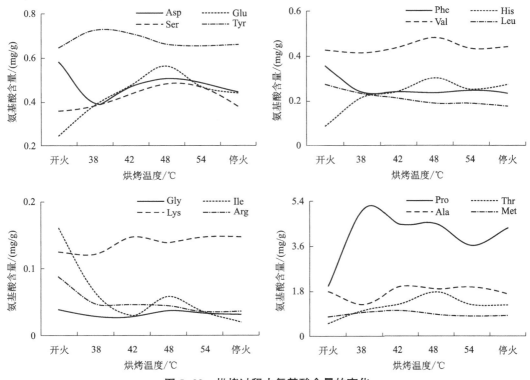

图 5-33　烘烤过程中氨基酸含量的变化

3.烘烤过程含氮化物的变化

由图 5-34 可知,烘烤过程中总氮、总植物碱与蛋白质的含量总体上表现为下降趋势,总氮含量下降最快的时间出现在定色后期,而总植物碱下降最快的时期出现在 38~54 ℃,表明在烤烟烘烤的变黄期与定色期,烤烟中总植物碱的降解量最多,蛋白质降解的主要时期发生在 42 ℃前,最大值与最小值的极值差分别为 3.67 与 1.07;而氨含量表现为上升趋势,且有两个突变的时期一个是 38 ℃前,一个出现在 42~48 ℃;硝酸根的含量表现为先下降后上升再下降的趋势,其中谷值出现在 38~42 ℃之间,而峰值出现在 48 ℃,极值差与最大值的比值为 0.59,而 HCN 的含量变化有相反的趋势,峰值出现在 42 ℃,谷值出现在 48 ℃,但极值差占最大值的比重较大(为 0.46),表明烘烤过程中硝酸根与 HCN 含量变化的幅度的百分含量较大。

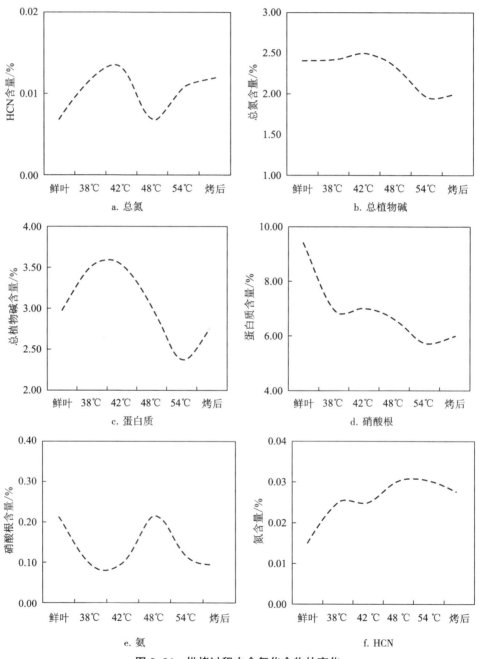

图 5-34　烘烤过程中含氮化合物的变化

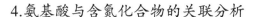

4.氨基酸与含氮化合物的关联分析

对测得的16种氨基酸进行因子分析,由因子载荷矩阵(表5-3)可知,分析得到6个主因子,其中因子1主要反映了缬氨酸与异亮氨酸的变化;因子2主要反映了谷氨酸与苏氨酸的变化;因子3主要反映了酪氨酸的含量变化;因子4、因子5与因子6主要反映了赖氨酸、甘氨酸与蛋氨酸的影响。根据因子分析结果,选择缬氨酸(Val)、异亮氨酸(Ile)、谷氨酸(Glu)、苏氨酸(Thr)、赖氨酸(Lys)、酪氨酸(Tyr)、甘氨酸(Gly)与蛋氨酸(Met)作为16种氨基酸的代表与烤烟及烟气中的主要含氮化合物进行灰色关联分析。由表5-4可知,甘氨酸、缬氨酸及异亮氨酸与总氮含量有较高的相关度,分别为0.4437、0.4114与0.3931;甘氨酸与总植物碱有较高的关联度,蛋白质与甘氨酸、缬氨酸及异亮氨酸有较高的关联度,关联系数为0.4426、0.4564与0.4589;硝酸根的含量与甘氨酸、缬氨酸、异亮氨酸及酪氨酸有较大的关联度;烟气中氨含量与苏氨酸的含量有较高的相关度;烟气中HCN的含量与缬氨酸(Val)、蛋氨酸(Met)、赖氨酸有较大的关联度,谷氨酸与各主要含氮化合物的灰色关联度较小。

表5-3 因子载荷矩阵

氨基酸	因子1	因子2	因子3	因子4	因子5	因子6
Asp	0.6137	0.3579	0.2580	0.3125	0.3213	−0.2633
Thr	−0.0009	0.9650	0.0650	0.0750	0.0787	−0.0061
Ser	0.3072	0.8258	−0.2123	−0.0821	0.3221	−0.0009
Glu	−0.0672	0.9342	−0.0549	0.0797	0.0152	0.0771
Gly	0.4436	0.3710	−0.0901	−0.0613	0.7477	−0.0749
Ala	0.6566	−0.1496	−0.4933	−0.1754	0.1297	−0.3406
Val	0.9343	0.1284	−0.0371	0.0403	0.2718	0.0219
Met	−0.3253	0.1419	0.2081	0.1193	−0.0380	0.8873
Ile	0.9113	−0.0595	0.2021	−0.0270	0.1215	−0.1964
Leu	0.8682	0.1213	−0.3043	−0.1307	−0.0947	−0.1006
Tyr	0.0322	0.2811	−0.9160	−0.1696	0.0709	−0.1730
Phe	0.3918	0.7930	−0.2816	0.0247	0.3066	−0.0434
Lys	−0.1178	0.1071	0.1482	0.9584	−0.0277	0.1087
His	−0.2651	0.8848	−0.0841	0.0920	0.0170	0.1405
Arg	0.8817	−0.0239	−0.1985	−0.1736	0.2316	−0.2507
Pro	−0.6843	0.3343	−0.3588	0.0527	0.4479	0.0394

表5-4 灰色关联分析

关联矩阵	总氮	总植物碱	蛋白质	硝酸根	氨	HCN
Thr	0.3077	0.3261	0.3173	0.3196	0.4194	0.3625
Glu	0.3764	0.3045	0.3193	0.3393	0.3745	0.3612
Gly	0.4437	0.4087	0.4426	0.398	0.3456	0.3647
Val	0.4114	0.3735	0.4564	0.4239	0.3151	0.4023
Met	0.297	0.2891	0.3263	0.3504	0.3772	0.4506
Ile	0.3931	0.3803	0.4589	0.4149	0.3383	0.3793
Tyr	0.3596	0.3664	0.3587	0.3957	0.3446	0.3558
Lys	0.3523	0.2992	0.3366	0.2703	0.3228	0.3881

四、总　结

在密集烤房烘烤过程中,散叶烘烤和挂竿烘烤的同一部位烤烟的化学成分呈现相似的变化规律。烘烤过程中,淀粉含量的变化较大,尤其在变黄阶段降解速度最快。总糖含量随着时间的进行呈持续上升趋势。还原糖含量与总糖含量的变化趋势相似,也随着烘烤时间的推移呈逐步上升趋势,烤后不同部位烤烟还原糖含量差异明显。总氮在烘烤过程中是减少的,但变化幅度均很小,蛋白质在烘烤过程中变化的幅度是很小的。烘烤过程中散叶烘烤所经历的烘烤时间比较长,因此散叶烘烤的烤烟化学变化比挂竿烤烟进行得更彻底,更有利于烤烟良好品质的形成。

通过对烘烤过程中,氨基酸含量变化的研究可知 16 种氨基酸含量变化差异较大,氨基酸含量最高的为脯氨酸,这与赵田等的研究结果是一致的,根据变化趋势可以分为 4 类,但各氨基酸的含量在 38~48 ℃变化幅度较大,有研究测得了烘烤过程中 17 种氨基酸的含量,但本研究仅检测到 16 种氨基酸的含量,半胱氨酸未检测到,这可能与烤烟品种有关。本文研究表明烤烟烘烤过程中含量较高的氨基酸为脯氨酸、丙氨酸、苏氨酸与蛋氨酸 4 种氨基酸。本研究表明烘烤过程中蛋白质与总植物碱的波动幅度较大,烤后烟 HCN 的含量与 42 ℃相比有一定的下降,表明烘烤过程中可以采取相应措施降低卷烟烟气中 HCN 的含量,提高卷烟制品的安全性,氨的含量大体上随着烘烤的进行不断增加,且在 42~48 ℃增加幅度较大,后略有下降,烘烤过程中应尽量减少 42~48 ℃的时间,以降低烟气中氨的含量。而总氮含量变化幅度较小,含量基本保持在 2%~3% 之间,符合优质烟的标准。通过氨基酸与主要含氮化合物的关联分析可知,烘烤过程中缬氨酸等 8 种氨基酸的变化可以用来代表所有氨基酸的变化,其中苏氨酸(Thr)与烟气中氨含量的灰色关联度最大,是由于其所测得氨基酸种类中不包括苏氨酸,谷氨酸(Glu)赖氨酸(Lys)、酪氨酸(Tyr)等与 6 种含氮化合物的关联度差异不大;甘氨酸(Gly)与总氮、总植物碱、蛋白质及硝酸根等烤烟中的含氮化合物有较高的关联度,而与烟气中的两种含氮化合物关联度较小,缬氨酸(Val)对烤烟中总氮、蛋白质、硝酸根及烟气中 HCN 的含量有较高的关联度。蛋氨酸(Met)与烟气中 HCN 的关联度较高,异亮氨酸(Ile)与烤烟中蛋白质与硝酸根的关联度较高。

第四节　烘烤过程中相关酶的变化

一、烘烤中烤烟细胞壁物质与相关酶活性的变化

植物细胞壁是存在于植物细胞外围的一层厚壁,主要成分为多糖物质(图 5-35)。细胞壁不但参与维持细胞的一定形态、增强细胞的机械强度,而且与细胞的生理活动有关。部分植物细胞在停止生长后,其初生壁内侧继续积累的细胞壁层,位于质膜和初生壁之间。细胞壁内填充和附加了木质素,可使细胞壁的硬度增加,细胞群的机械力增加,这样的填充木质素的过程就叫做木质化。植物细胞的细胞壁主要成分是纤维素和果胶。细胞壁主要有由胞间层、初生壁、次生壁三部分构成。

(1)胞间层。胞间层又称中胶层。位于两个相邻细胞之间,为两相邻细胞所共有的一层膜,主要成分为果胶质。有助于将相邻细胞粘连在一起,并可缓冲细胞间的挤压。

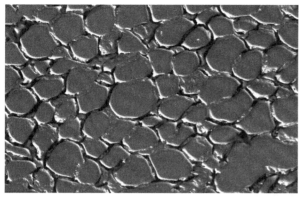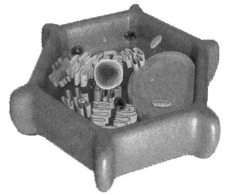

图 5-35　烟草的细胞壁结构

（2）初生壁。初生壁细胞分裂后,最初由原生质体分泌形成的细胞壁,存在于所有活的植物细胞,位于胞间层内侧,通常较薄,1~3 μm 厚,具有较大的可塑性,既可使细胞保持一定形状,又能随细胞生长而延展。其主要成分为纤维素、半纤维素,并有结构蛋白存在。

（3）次生壁。部分植物细胞在停止生长后,其初生壁内侧继续积累的细胞壁层位于质膜和初生壁之间,主要成分为纤维素,并常有木质存在。大部分具次生壁的细胞在成熟时,原生质体死亡。纤维和石细胞是典型的具次生壁的细胞。烤烟烘烤过程中细胞壁水解的快慢与烘烤进程息息相关,更与烤烟的柔软度相关,烘烤过程中烤烟的柔软度越高,烤烟的水分散失越快,在定色期越容易定色,从而防止烤坏烟的发生,因此本节主要针对不同品种不同烤房烘烤过程中烤烟的细胞壁成分及相关水解酶的活性进行分析,为烤烟柔软度提供理论依据。

1.烤烟烘烤中烤烟纤维素与纤维素酶的变化

（1）不同品种烤烟烘烤中烤烟纤维素的变化。纤维素是构成烤烟细胞组织和骨架的基本物质,烤烟中全纤维素含量集中在 150~250 mg/g 之间,它随着烤烟等级的下降而增加。由图 5-36 可知,在烘烤过程中秦烟 96 和中烟 100 纤维素在烘烤过程中不断分解,纤维素含量逐渐降低。但在 38 ℃ 中烟 100 纤维素含量最高,且明显高于秦烟 96;42 ℃ 秦烟 96 比中烟 100 含量高;定色期后期中烟 100 纤维素含量略高于秦烟 96。

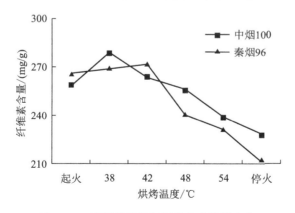

图 5-36　不同品种烤烟纤维素含量的变化

（2）不同品种烤烟烘烤中烤烟纤维素酶的变化。纤维素酶在促进纤维素的降解中起到重要的作用。一般纤维素酶的最适温度范围为 40~60 ℃。由图 5-37 可知,不同品种烤烟的纤维素酶活性大体上均表现为先增加后降低的趋势,但均保持较高的酶活性,中烟 100 的酶活性在 38 ℃达到峰值;秦烟 96 纤维素酶活性在 42 ℃达到峰值,且在变黄后期与定色中前期秦烟 96 的酶活性高于中烟 100,54 ℃时秦烟 96 纤维素酶活性低于中烟 100。中烟 100 酶活性在烘烤变黄阶段前期明显高于秦烟 96,并且要早一个时期。

(3)不同类型烤房烤烟烘烤中烤烟纤维素的变化。由图 5-38 可知,在烘烤过程中纤维素含量大体上表现为先升高后逐渐降低的趋势,两烤房均在 38 ℃达到峰值,且新型烤房的纤维素含量比普通烤房约高 12 mg/g;42 ℃时普通烤房的纤维素含量高于普通烤房,但两者差距较小;变黄期后新型烤房的纤维素含量高于普通烤房,就纤维含量的变化而言,普通烤房对烤烟的烘烤更加有利,在烘烤过程中烤烟发软塌架早,有利于烤烟的排湿。

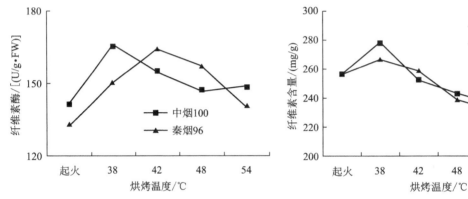

图 5-37 不同品种烤烟纤维素酶活性的变化   图 5-38 不同类型烤房烤烟纤维素含量的变化

(4)不同类型烤房烤烟烘烤中烤烟纤维素酶的变化。由图 5-39 可知,烤烟烘烤过程中纤维素酶活性表现为先增加后降低的趋势,其中新型烤房在 38 ℃酶活性达到最高峰,为 182.3 U/g,且明显高于普通烤房。而普通烤房的纤维素酶活性在 42 ℃达到峰值,为 165.01 U/g,明显高于新型烤房;42 ℃后普通烤房的纤维素酶活性仍比普通烤房高。但新型烤房酶活性在烘烤前期明显高于对照,并且要早一个时期。

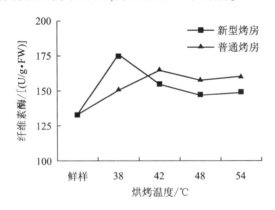

图 5-39 不同类型烤房烤烟纤维素酶活性的变化

2.烘烤中烤烟果胶与果胶水解酶的变化

(1)烘烤中烤烟果胶的变化。

1)烤烟烘烤过程中可溶性果胶的变化。

A.不同品种。由图 5-40 可知,烤烟果胶质含量集中在 1%~4% 之间。秦烟 96 和中烟 100 可溶性果胶含量在 38 ℃以前增加十分明显,但两者在 38 ℃时差异很大;在 48 ℃以后两者总的变化趋势基本是一致的,但中烟100可溶性果胶含量在42℃以后明显高于秦烟96,两者在48℃、54℃和烤后样之间的差异较大。

B.不同类型烤房。由图5-41可知,处理和对照可溶性果胶含量在38℃时分别为2.54%、2.94%,且差异极显著。处理可溶性果胶含量在42℃以后明显高于对照。处理总果胶含量在42℃时最高,为6.34%。在38℃以后处理原果胶、总果胶含量明显高于对照,并在42℃、54℃和烤后样差异均达到极显著水平。其中烤后样处理总果胶含量比对照高0.38%。

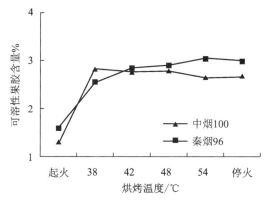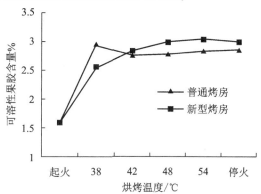

图5-40 不同品种烤烟可溶性果胶含量的变化　图5-41 不同类型烤房烤烟可溶性果胶含量的变化

2)烘烤中烤烟原果胶的变化。

A.不同品种。由图5-42可知,秦烟96和中烟100原果胶含量在烘烤中变化趋势基本一致,中烟100与秦烟95在38℃前原果胶的变化不大,在38~48℃时有较大幅度的降低,在48~54℃以后变化不大,但在烘烤过程中定色期前中烟100的原果胶含量明显低于秦烟96,但在烘烤结束后中烟100与秦烟96的原果胶含量差异不大。

B.不同类型烤房。由图5-43可知,烘烤过程中两种类型烤房的原果胶含量逐渐降低,新型烤房的原果胶含量明显高于普通烤房,且在42℃前新型烤房的原果胶含量基本无变化,在42~48℃原果胶含量有较大幅度降低,而普通烤房,在54℃前基本呈直线下降趋势,可见普通烤房烘烤过程中原果胶的降解速率要高于新型烤房。换言之,普通烤房烘烤过程中烤烟的发软塌架要提前一些,这对上部叶的烘烤是有利的,但对于中下部烟叶而言,过早发软塌架,水分散失过快,烤青烟的状况容易发生,因此在烘烤过程中需要依据烤房的属性,适当调控环境温度。

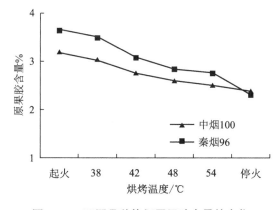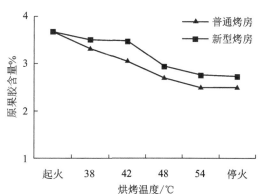

图5-42 不同品种烤烟原果胶含量的变化　图5-43 不同类型烤房烤烟原果胶含量的变化

3)烘烤中烤烟总果胶的变化。

A.不同品种。由图5-44可知,秦烟96和中烟100总果胶含量在烘烤开始时上升,然后逐步下降。中烟100总果胶含量在42 ℃时最高,秦烟96在38 ℃时最高,并且整个烘烤过程中中烟100总果胶含量明显高于秦烟96,尤其是在54 ℃后中烟100的总果胶含量明显高于秦烟96。

B.不同类型烤房。由图5-45可知,烘烤过程中总果胶的含量表现为先增加后降低的趋势,且普通烤房的总果胶含量的峰值出现在38 ℃时,而新型烤房出现在42 ℃时,且在38 ℃时普通烤房略高于新型烤房,在42 ℃及之后的烘烤过程中,新型烤房的总果胶含量明显高于普通烤房。

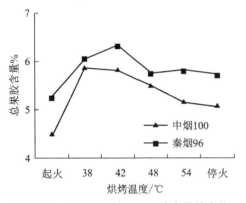

图5-44　不同品种烤烟总果胶含量的变化　　图5-45　不同类型烤房烤烟总果胶含量的变化

(2)烘烤过程中烤烟果胶水解酶活性的变化。

1)烘烤中烤烟果胶甲酯酶(PME)活性的变化。

A.不同品种。PME在细胞壁降解中起着重要的作用,水解果胶分子中甲酯化的羧基,使果胶中高度甲酯化的糖醛酸残基生成多聚半乳糖醛酸和甲醇。由图5-46可知,秦烟96和中烟100 PME活性在烘烤中总的变化趋势是一致的,即在42 ℃以前逐步上升,在42 ℃时达到峰值,以后逐步下降,但在48 ℃后又稍有回升。在38 ℃时,中烟100 PME活性比秦烟96高;42 ℃以后,秦烟96烤烟PME活性逐步高于处理。在38 ℃、42 ℃、48 ℃时两者差异均大。

B.不同类型烤房。由图5-47可知,普通烤房的PME活性在38~42 ℃前,略高于新型烤房,且两者均在42 ℃时达到峰值,后逐步下降,但在48~54 ℃以后又稍有回升,并且普通烤房的PME活性在42 ℃后逐步高于新型烤房。

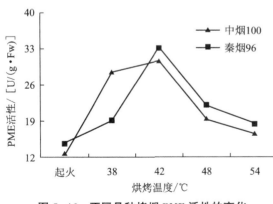

图5-46　不同品种烤烟PME活性的变化　　图5-47　不同类型烤房烤烟PME活性的变化

2)烘烤中烤烟多聚半乳酸醛酶(PG)活性的变化。

A.不同品种。PG是主要的果胶水解酶之一,能够水解植物细胞壁及胞间层的果胶物质;细胞壁的分解导致细胞内含物外泄,促使细胞内不同小区的酶与底物的结合,发生多种反应。由图5-48可知,烘烤过程中各品种烤烟的PG活性表现为先增加后降低的趋势,且在48℃时达到峰值,其中中烟100 PG活性在38℃前比秦烟96略低,在42℃时略高于秦烟96;在42~48℃两品种烤烟的PG活性差异较小,表明两者细胞壁的降解较快,均能实现烤烟水分的排出;在54℃时中烟100的PG活性明显高于秦烟96,表明进入干筋期秦烟96的干燥速率要高于中烟100。

B.不同类型烤房。由图5-49可知,新型烤房的PG活性在38℃时比对照低153.98 U/kg,在42~48℃明显高于对照,并在48℃时达到峰值,比普通烤房高108.66 U/kg,在54℃时却比普通烤房低61.83 U/kg。

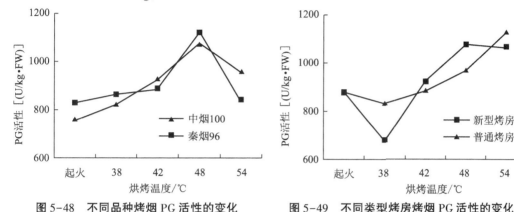

图5-48　不同品种烤烟PG活性的变化　　　　图5-49　不同类型烤房烤烟PG活性的变化

二、烘烤中烤烟氧化作用相关酶活性的变化

1.烘烤中烤烟过氧化物酶(POD)活性的变化

POD是活性氧清除的重要酶之一,主要催化H_2O_2和有机氧化物,加速多种有机物和无机物的氧化,活性大小反映了其清除自由基能力的强弱。若POD活性减小,烤烟体内自由基大量积累,发生急剧膜脂过氧化作用,从而影响烘烤过程中烤烟生理特性变化及烤后烤烟品质。由图5-50可知,下、中、上3个部位烤烟的4个处理POD活性总体上均呈下降趋势,其中下部烤烟POD活性在24 h前以T1处理的活性高,在48 h时以T4处理的活性高;中部烤烟在24 h前T2、T4处理的POD活性略微升高、后降低,T1、T3处理在48 h前的POD活性均下降,在48 h时以T1处理的活性较高;上部烤烟在48 h时以T3处理的POD活性较高。

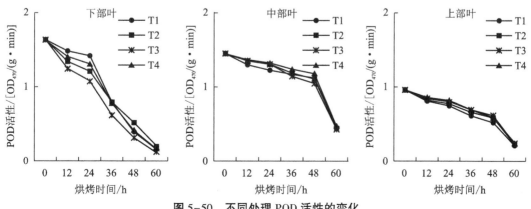

图5-50　不同处理POD活性的变化

2.烘烤中烤烟多酚氧化酶(PPO)活性的变化

PPO 又称儿茶酚氧化酶、邻苯二酚氧化还原酶等,它是烤烟调制过程中决定烤烟色泽的重要酶类,若调制不当,可氧化各种酚类物质生成醌,再经聚合形成黑色素,导致棕色化反应。由图 5-51 可知,下、中、上部烤烟 T1 处理的 PPO 活性变化一致,表现出先略微下降后又升高的趋势;T2、T3 和 T4 处理的 PPO 活性趋势一致,在 24 h 前升高,在 24~48 h 之间降低。下部叶和中部叶的 T1 处理 PPO 活性最高,而上部叶的 T3 处理 PPO 活性最高。

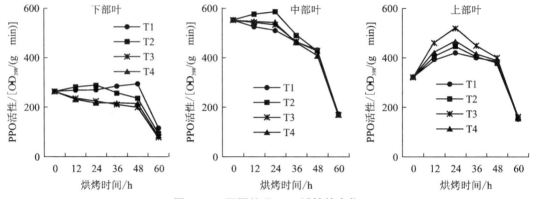

图 5-51　不同处理 PPO 活性的变化

3.烘烤中烤烟苯丙氨酸解氨酶(PAL)活性的变化

PAL 是植物苯丙烷类次生代谢途径总路第一步关键酶,它催化苯丙氨酸脱氨基后产生肉桂酸并最终转化为木质素,是这一途径的关键酶和限速酶。PAL 是催化烤烟中多酚类物质生成的关键酶之一。由图 5-52 可知,下、中、上三个部位 4 个处理的烤烟 PAL 活性变化趋势一致,在 24 h 前其 PAL 活性升高,在 24~48 h 之间大部分处理有所下降。在 48 h 时,下部烤烟的 T3 处理 PAL 活性最高,中部和上部烤烟 T4 处理的 PAL 活性最高。

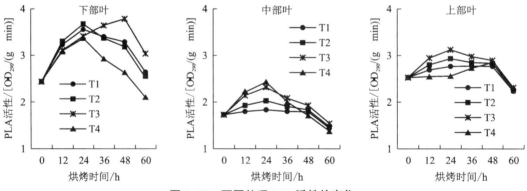

图 5-52　不同处理 PAL 活性的变化

4.烘烤中烤烟脂氧合酶(LOX)活性的变化

LOX 活性与自由基含量呈密切相关,是影响类胡萝卜素降解的关键酶。由图 5-53 可知,在 24 h 前,下、上部烤烟的 4 个处理和中部烤烟的 T1、T2 处理 LOX 活性呈现降低的趋势,之后活性快速升高;中部烤烟的 T3、T4 处理 LOX 活性在 48 h 前均呈现升高的趋势。下、上部烤烟在 48 h 处 T2 处理的 LOX 活性最高,中部烤烟以 T3 含量最高,说明环境湿度对 LOX 活性影响较大。

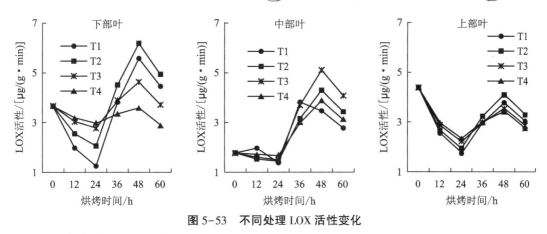

图 5-53　不同处理 LOX 活性变化

5. 烘烤中烤烟淀粉酶（AM）活性的变化

淀粉作为细胞内容物之一可维持细胞的正常膨压,在 AM 的作用下水解为水溶性糖时会引起细胞内的膨压下降,叶片在形态上表现为茎叶夹角增大、叶片由脆硬变为质软而宜于烘烤。成熟期间较高的 AM 活性有利于淀粉分解和优质烤烟的形成。由图 5-54 可知,下、中、上部烤烟变化趋势基本一致。除下部烤烟的 T4 处理和中部烤烟的 T2 处理外,其余处理的 AM 活性在 24 h 前均表现为快速升高的趋势,在 24~48 h 之间又快速下降。在48 h 时下部和中部烤烟的 T2 处理的 AM 活性最高,上部烤烟的 T4 处理的活性最高。

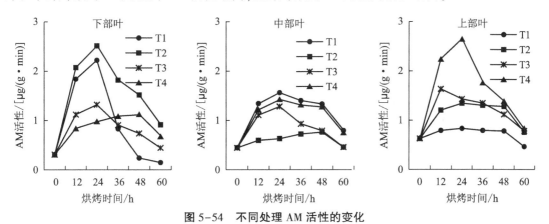

图 5-54　不同处理 AM 活性的变化

三、总结

烘烤中秦烟 96 和中烟 100 三种细胞壁酶活性的差异总的趋势较为一致,即秦烟 96 烘烤后期酶活性比中烟 100 高。但是,三种细胞壁酶活性高于中烟 100 的温度点却略有不同,在 42 ℃以后,秦烟 96 烤烟 PME 和纤维素酶活性高于中烟 100;在 48 ℃前后秦烟 96 的 PG 活性明显高于中烟 100。中烟 100 可溶性果胶含量在 42 ℃以后明显高于秦烟 96;定色期及其后中烟 100 烤烟原果胶含量明显高于秦烟 96;在 38 ℃及其以后中烟 100 总果胶含量明显高于秦烟 96;定色期后期中烟 100 纤维素含量略高于秦烟 96。即烘烤后期秦烟 96 烤烟细胞壁物质含量相对较低,这与烤烟细胞壁酶活性的表达与变化是分不开的。烘烤中秦烟 96 烤烟细胞壁酶活性持续的时间较长,生理代谢时间长,有利于烘烤后期降低细胞物质,改善烤烟的组织结构。烘烤过程中秦烟 96 和中烟 100 烤烟细胞壁物质不断分解,其含量逐渐降低。烘烤后期烤烟细胞壁酶活性的充分表达,致使秦烟 96 烤烟细胞壁物质含量较低。

新型烤房对细胞壁酶、组分和水分的影响十分显著。新型烤房有利于抑制前期烤烟硬变黄和后期酶促棕色化反应的发生,但中后期较低的酶活性不利于细胞壁物质的继续降解。新型烤房对上部烤烟的经济性状影响较大,能增加烤烟产量和总产值,明显提高烤烟的等级结构和均价,有助于提高烤烟的干燥速度、缩短烘烤进程。

第五节 烘烤过程中烤烟质地的变化

质地是物品本身所具有的硬度、黏性、回复性等物理特性特征,与物品的组织结构、形态结构和内在成分密切相关。烤烟的质地特征是烤烟质量的重要构成要素。过去,我国在提高上部叶可用性方面进行了较多的研究,但目前我国卷烟生产中中部叶位仍是利用率最高的部位,并且与国外上部叶在整个烤烟产量和品质利用率高达40%相比,差距甚远。质构仪是对试样进行两次压缩的机械过程,而色差计是一种常见的光电积分式测色仪器。目前烤烟生产中多是依靠眼观、手感,存在过多的主观性和随意性,缺少量化指标。质构仪质地分析检测能够根据物品的物性特点做出数据化的准确表述,是精确的感官量化测量仪器,其结果具有较高的灵敏性与客观性。尽管过去从烤烟成熟度、采收方式、组织结构、色素等方面提高烤烟可用性进行了较多的研究,但质地分析检测在烟草生产中还鲜有报道,本节针对烤烟烘烤过程中的质地变化进行分析,以便在研究烤烟烘烤过程中发软塌架的把控中得以应用。

一、烘烤中烤烟质地的变化

1.烤烟组织硬度的变化

(1)不同烤烟组织硬度的变化。硬度可以反映样品的坚实度,是样品达到一定变形量时所必需的力。由图5-55可知,烤烟叶片在烘烤中硬度的变化是先增大,然后又降低,总趋势是不断降低的。在48 ℃时叶片的硬度值最大,为烤后烤烟的31.25倍。在烘烤中烤烟主脉硬度和叶片的变化不大一致,其硬度值在42 ℃前先增大,至42 ℃时达到最大值,然后降低,54 ℃时最小,随后又增大。在42 ℃前主脉的硬度不但没有降低,反而升高,42 ℃时最大,是硬度最小值的2.77倍。在42 ℃后烤烟主脉组织结构变软,硬度值变小,烤后烤烟主脉的硬度明显增大。

(2)不同烤烟品种硬度的变化。由图5-56可知,烘烤中中烟100和秦烟96烤烟硬度随着烘烤的进行而增大,至38 ℃时其值最大,然后不断降低。中烟100和秦烟96鲜样硬度差异较小,均在38~42 ℃前后差异最大,而且在此期间两品种差异较大。在38~48 ℃之间秦烟96烤烟硬度显著高于中烟100,在54 ℃后低于中烟100,差异较小。

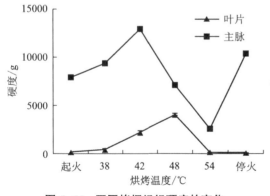

图 5-55　不同烤烟组织硬度的变化

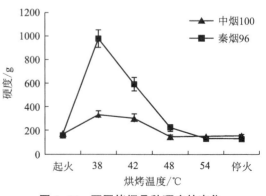

图 5-56　不同烤烟品种硬度的变化

2.烘烤中烤烟咀嚼性的变化

（1）不同烤烟组织烘烤中咀嚼性的变化。咀嚼性综合反映了烤烟对咀嚼的持续抵抗性。由图5-57可知，烘烤中叶片咀嚼性值随着烘烤的进行而增大，在48℃时最大，然后不断降低。叶片在48℃时咀嚼性值是最小值干样的26.51倍。烘烤中主脉咀嚼性随着烘烤的进行而增大，在42℃时最大，是54℃时最小值的4.59倍。

（2）不同烤烟品种烘烤中咀嚼性的变化。由图5-58可知，烘烤中中烟100和秦烟96烤烟咀嚼性值随着烘烤的进行而增大，至38℃时最大，然后不断降低。中烟100和秦烟96鲜样咀嚼性值差异较小，均在38~42℃前后差异最大，而且在此期间两品种差异较大。在38~48℃之间秦烟96烤烟咀嚼性值显著高于中烟100，在54℃后低于中烟100，差异较小。

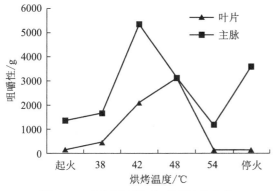

图5-57　不同烤烟组织咀嚼性的变化　　图5-58　不同烤烟品种咀嚼性的变化

3.烘烤中烤烟回复性的变化

（1）不同烤烟组织烘烤中回复性的变化。回复性是变形样品在与导致变形同样的速度、压力条件下回复的程度。由图5-59可知，烘烤中烤烟叶片回复性随着烘烤的进行逐渐降低，38℃出现一个低谷，随后升高至42℃，然后又降低。其中鲜样的回复性值最大，为烤后样最小值的1.96倍。烘烤中主脉回复性值随着烘烤的进行而增大，48℃主脉失水适度，弹性增强，回复性值最大，随后不断降低。

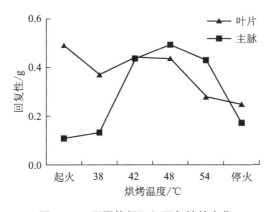

图5-59　不同烤烟组织回复性的变化

（2）不同烤烟品种烘烤中回复性的变化。由图5-60可知，不同品种鲜烟叶的回复性基本一致，烘烤中中烟100和秦烟96烤烟回复性在随着烘烤的进行逐渐降低，38~42℃两个品种的回复性有较大差异，且秦烟96明显高于中烟100，在48℃后中烟100回复性略高于秦烟96。从烘烤的角度分析,烤烟的回复性越高,表明烤烟的质量越佳,就烤后烟的回复性而言,中烟100的质量优于秦烟96。

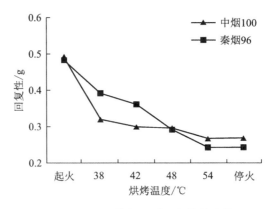

图5-60　不同烤烟品种回复性的变化

4.烘烤中烤烟黏聚性的变化

(1)不同烤烟组织烘烤中黏聚性的变化。黏聚性反映的是挤压烤烟时,叶肉或主脉抵抗受损并紧密连接,使结构保持完整的性质。由图5-61可知,烘烤中烤烟叶片黏聚性值变化不大,在0.79~0.87之间,其中鲜样和烤后烤烟的黏聚性值较大,在48℃时的黏聚性值最小。烘烤中主脉在48℃时黏聚性值最大,是黏聚性最小值鲜样的2.76倍。在48℃时主脉已失去了部分水分,组织结构受损,内部黏合力增强;在54℃后,主脉黏聚性则不断降低。

(2)不同烤烟品种烘烤中黏聚性的变化。由图5-62可知,在38~42℃之间秦烟96烤烟回复性显著高于中烟100,中烟100和秦烟96烤烟黏聚性值变幅在0.79~0.93之间,其中鲜样和烤后烤烟的黏聚性值较大。烘烤中在38℃时秦烟96的黏聚性值显著高于中烟100,而在48℃时又显著低于中烟100。但烤后秦烟96的黏聚性值略高于中烟100。

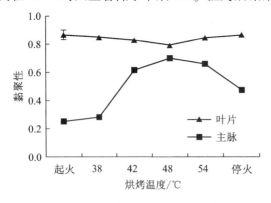

图5-61　不同烤烟组织黏聚性的变化

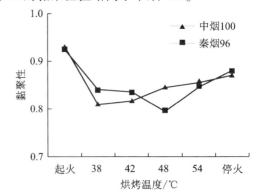

图5-62　不同烤烟品种黏聚性的变化

5.烘烤中烤烟拉力和剪切力的变化

拉力和剪切力表示烤烟在一定水分条件下被拉伸、剪切至断裂时所能够承受的最大外力。由图5-63、图5-64可知,随着烘烤的进行和水分的损失,烤烟的柔性增加,拉力在54℃前呈逐渐下降的趋势(除秦烟96在38℃时),烤后干样的拉力值比在54℃时略有增加。中烟100和秦烟96烤烟剪切力在48℃前呈逐渐下降的趋势(除秦烟96在38℃时),在48℃后基本呈现上升的趋势(中烟100烤后干样)。烘烤过程中秦烟96除鲜样的拉力值小于中烟 100 外,其余值均大于中烟 100,尤其是在 38 ℃ 左右和 54 ℃ 后。烤烟剪切力和拉力的变化规律较为一致,秦烟 96 烤烟剪切力也是在 38 ℃ 左右和 54 ℃ 后明显大于中烟 100 烤烟的剪切力。

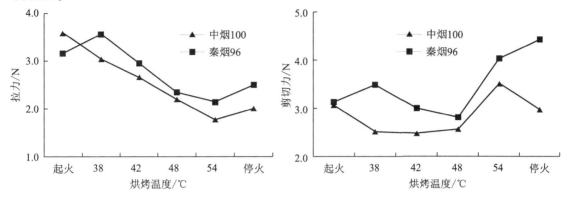

图 5-63　烘烤中烤烟拉力的变化　　　　图 5-64　烘烤中烤烟剪切力的变化

6.烘烤中烤烟质地各参数的相关分析

由图 5-65 可知,烘烤中烤烟叶片质地的相关分析表明,硬度和咀嚼性呈高度正相关,相关系数达到 0.99,烤烟的咀嚼性与黏聚性有较高的负相关,烤烟的回复性与黏聚性、拉力(剪切力)及弹性均有较高的相关度,而烤烟的黏聚性与其他各指标均有较高的相关性,表明烤烟的黏聚性在烘烤过程中可以用来表征烤烟的质地。烤烟的弹性与回复性、黏聚性及拉力(剪切力)均有较高的相关度,而烤烟的弹性与黏聚力、拉力及弹性则有较高的相关度。

图 5-65　烘烤中烤烟 TPA 测定各参数及水分的相关分析

二、总结

果胶等细胞壁物质的降解对硬度影响较大,烤烟硬度的变化可能是由细胞组织结构降解进程引起的。随着烘烤的进行(在 48 ℃ 前)叶片黏聚性值减小,叶肉细胞之间的结合力下降,以致叶肉组织疏松。黏聚性与细胞间结合力密切相关,烤烟主脉的绵软在某种程度上是细胞间结合力减小的结果。叶片回复性变化最大的阶段在鲜样至 42 ℃ 之间,尤其是在 38 ℃ 前后。因而,在 38 ℃ 时烤烟塌架、变黄八成左右时调控烘烤进程,使烤烟叶片的硬度和回复性等降低,可使叶片组织结构遭到更大的破坏,有利于抑制烤烟形成致密的组织结构。烘烤中烤烟回复性和咀嚼性的变化都是随着烤烟内部生理生化反应进行的程度和存在的状态而变化的。其中,影响最大的因素就是水分和组织结构的变化。

随着烘烤中烤烟水分的损失和生理生化代谢反应的继续,其外观形态有显著的变化,不同的烤烟变化状态,其质地有显著的差异。秦烟 96 烤烟变黄期质地各参数值较大,烤后烤烟的硬度和咀嚼值较小,这表明烤烟组织结构破坏较严重,叶片致密程度较低。而且回复性与烤烟的组织结构的致密程度密切相关,如果样品组织遭受较大破坏,则回复性趋向于零。秦烟 96 的回复性在 38~42 ℃ 之间显著高于中烟 100($P<0.01$),但在 54 ℃ 后回复性显著降低,这表明变黄期秦烟 96 烤烟的组织结构破坏相对较轻,但烘烤后期组织结构较疏松。烤烟组织结构的疏松在某种程度上是细胞间结合力减小的结果;烘烤中烤烟黏聚性不断减小,叶肉细胞之间的结合力不断下降,以致叶肉组织疏松。拉力和剪切力表示烤烟在一定水分

条件下被拉伸、剪切至断裂时所能够承受的最大外力。烤烟剪切力和拉力的变化规律较为一致。烘烤过程中秦烟96除鲜样的拉力值小于中烟100外,其余值均大于中烟100,尤其是在38 ℃左右和54 ℃后。两品种烤烟烘烤中拉力和剪切力的差别,一方面与烘烤进程有关,另一方面在同一烘烤操作下与烤烟素质的关系更密切。综上所述,中烟100烤烟质地测定参数在38~48 ℃之间发生显著变化,在此期间细胞壁酶活性较高,细胞壁物质降解量和水分的变化较为显著。在38 ℃时烤烟塌架、变黄八成左右时调控烘烤进程,在42 ℃时适当延长烘烤时间,并结合烤烟的外观形态变化,合理调控烘烤期间的环境及烘烤进程,使烤烟的回复性和拉力等参数值降低,可降低细胞壁物质含量,抑制致密组织结构的形成。

相关分析表明,烤烟叶片硬度、黏聚性、咀嚼性、拉力及弹性的相关性较好,绝对值在0.952~0.992之间,是评价叶片TPA(质构剖面分析法)变化的可靠性指标;烤烟主脉TPA测定参数黏聚性、回复性可以灵敏地反映烤烟主脉的质地变化。

第六章 烤烟回潮技术

烤后烟叶含水率极低,通常为3%~5%,最多不超过8%,极易破碎。为使堆放期间不发生霉变,因此回潮烟叶的含水量以15%较为适宜。对这种烟叶,手摸起来有干燥感,摇动起来稍有响声,叶脉基部容易折断,叶片较容易破碎。此外,烤后烟含水率的高低会影响烟叶的物理性能,如质量、抗破碎力、填充力等,也会影响烟叶的生物化学变化,影响烟叶的色、香、味。如回潮不好,将损失一两成,严重时当年无法出售,损失难以估量。再者回潮效率的高低对烟叶烘烤周期及烟农的经济收益有着重要影响,尤其是在外界天气持续干燥少雨及烘烤旺季烤房数量不足的情况下表现更加明显,但当前针对烤烟的回潮多采用传统方法,在技术革新与理论创新方面有较大的不足,为此本章内容以烤烟回潮机的运用与回潮过程中水分动力学模型为研究对象,以期为烤烟回潮理论与新技术的应用提供理论依据。

第一节 回潮机在烤烟回潮中的应用

烟叶的回潮是一个与周围空气的水分平衡的过程,烟叶与周围空气的含水量水分梯度越大,回潮效率越高。烤烟的回潮受到诸多方面因素的影响,其中回潮温度对烟叶吸湿速率及烟叶质量有较大影响,再者借助外力人为增加烤房的湿度能够影响烤烟的回潮速率。有研究表明密集烤房烤后烟叶加湿回潮适宜温度为50~55℃,然而对于不同部位烤烟回潮时回潮效果的研究鲜见报道。因此,本节利用回潮机设置4个处理:T1—停火后干球温度降至65℃时开始进行回潮,T2—干球温度降至55℃时开始回潮,T3—干球温度降至45℃时开始回潮,T4—干球温度降至35℃时开始回潮。研究不同部位烟叶的适宜回潮温度及回潮效果,可对提高烟叶回潮效率,减少烟叶烘烤周期提供一定的理论依据。

一、当前烤烟回潮的主要方式

1.借房回潮

烟叶烘干后,在不出房、不下竿的情况下,利用热风室中的风机和专业回潮设备靠蒸汽循环将密闭的烤房内烟叶进行回潮的一种方法。当前,在全国推广的新型密集式烤房全部都是烤房群,至少4座为一组,有的地方达几十上百座,没有回潮用的空闲地方。遇同时出房,空间矛盾更加突出。而利用热风室中的风机和专业的回潮设备(如便携式烤烟回潮器)可将这一矛盾充分化解,省力、省工、省空间,回潮时间短,回潮均匀,且烟叶破碎率明显降低,完全符合现代烟草农业的发展方向。此种回潮方法值得推广。

2.借露回潮

在烤烟季节的前、中期,空气中相对湿度较高。一般在晴天晚上8时以后把烟叶连竿从烤房中卸出,呈鱼鳞状平铺于地上,让其自然吸潮。烟叶贴地的一面回潮快,适度时翻转。整竿烟叶达到回潮一致时,再收竿入仓,防止烟叶过潮。在烤烟季节的后期,空气中相对湿度较小,借露回潮比较困难。可先在地上洒水,待明水渗下后,再铺烟叶回潮,适时翻转,回潮一致,立即收竿入仓,防止烟叶再次变干。有些烟农直接往叶上喷水,这样回潮不匀,叶片上局部干燥脆硬易碎,局部潮过霉变。不要在阳光直射下回潮,以免使烟叶脱色。

3.地窖回潮

地窖回潮是一种借用储鲜的菜薯窖或水果窖来进行烟叶回潮的方法。由于窖内湿度较大,可垫一层稻草、麦秸或玉米秆后,烟叶尖向上依次竖向整齐摆放,封住窖口进行烟叶回潮。也可在窖内搭烟架封住窖口回潮,使烟叶破碎更少,回潮程度也更加均匀一致。回潮时留出过道,便于不断检查和随时取出回潮达标的烟叶,防止泅筋或潮红。此种方法不受外界气候条件干扰,但操作稍有点不方便。

二、烤烟回潮过程中水分测定

烤烟含水率运用烘箱干燥法进行测定。试验过程中每隔 15 min 取一次样,每次取 60 片用分析天平测定烟叶质量,后于干燥箱内 85 ℃ 烘干后再测定一次烟叶质量,计算烟叶的湿基含水率,计算公式为

$$W = (w_1 - w_2)/w_1 \times 100\%$$

式中,W 为烟叶含水率,%;w_1 为烘干前样品质量,g;w_2 烘干后烟叶样品质量,g。

三、下部叶回潮过程中水分变化

由图 6-1 可知,不同回潮温度对烟叶含水率的影响有较大差异,但均呈"厂"字形变化,其中在回潮的 3 h 里有 65 ℃、55 ℃、45 ℃ 三个回潮温度处理的拐点,3 h 后烟叶的含水量的变化基本趋于稳定,仅有小幅度变化,基本维持在 16% 左右,而回潮温度为 35 ℃。处理的拐点在回潮进行 6 h 时,后又有较大幅度的提升,后含水量也保持在 16% 左右,而自然回潮在 7 h 内烟叶含水量变化不大。与自然回潮相比相同回潮时间内烟叶含水率的变化均有大幅度的提升,显著提高了烟叶的回潮效率。

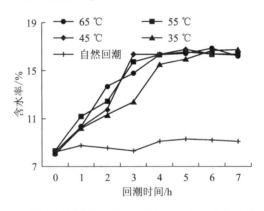

图 6-1 回潮过程中不同回潮温度对下部叶含水率的影响

由表 6-1 可知,不同回潮温度回潮后的烟叶色度有一定的差异,其中回潮温度为 55 ℃ 时,烟叶的色度表现为浓,可见回潮温度对烟叶色度有一定的影响;油分均表现为稍有,这主要是由下部叶的结构属性所决定的。出烟时的含水量为 16%~17%;利用回潮机完成烟叶回潮的时间约为 8 h,且最短回潮时间为 7.8 h,而自然条件下不采取任何措施,烟叶的回潮时间为 15.8 h,分别比 65 ℃、55 ℃、45 ℃、35 ℃ 条件下利用回潮机多 8 h、7.1 h、7.5 h、7.1 h,利用回潮机可以提高效率约 47%。

表6-1 下部叶回潮效果

回潮条件	色度	油分	出烟时含水量	回潮时间/h	节省时间/h
65 ℃	中	稍有	16.12%	7.8	8.0
55 ℃	强	稍有	16.31%	8.7	7.1
45 ℃	中	稍有	16.25%	8.3	7.5
35 ℃	中	稍有	16.28%	8.7	7.1
自然回潮	中	稍有	16.17%	15.8	—

四、中部叶回潮过程中水分变化

由图6-2可知,与下部叶相比,不同回潮温度对烟叶含水率的影响同样有较大差异,且均呈"厂"字形变化。其中,回潮温度为65 ℃的处理的拐点在回潮进行的6 h;55 ℃、45 ℃两个回潮温度处理的拐点在回潮进行的5 h,5 h后烟叶的含水量的变化基本趋于稳定,仅有小幅度的变化,基本维持在16%~17%;而回潮温度为35 ℃的处理在回潮进行7 h时达到16.5%左右,自然回潮在7 h内基本维持在8.5%,仅在6 h后有略微增加,7 h时回潮机回潮的烟叶含水量与自然回潮相比提高约9%。

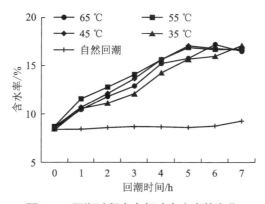

图6-2 回潮过程中中部叶含水率的变化

由表6-2可知,中部叶不同回潮温度回潮后的烟叶色度有一定的差异。其中,回潮温度为65 ℃与55 ℃时,烟叶的色度表现为浓,而其他回潮条件均表现为强,可见较高的回潮温度对烟叶色度有一定的改善;回潮温度为65 ℃时与自然回潮的烟叶油分均表现为多,而其他温度条件下则表现为有,可见较高的回潮温度对烟叶油分也有一定的影响。出烟时的烟叶含水量为16%~17%;利用回潮机完成烟叶回潮的时间为8~9 h,且最短回潮时间为8.4 h,而自然条件下不采取任何措施,烟叶的回潮时间为18.6 h,分别比65 ℃、55 ℃、45 ℃、35 ℃条件下利用回潮机多9.4 h、10.2 h、9.9 h、9.2 h,利用回潮机可以提高效率约50%。

表6-2 中部叶回潮效果

回潮条件	色度	油分	出烟时含水量	回潮时间/h	节省时间/h
65 ℃	浓	多	16.33%	9.2	9.4
55 ℃	浓	有	16.71%	8.4	10.2

续表 6-2

回潮条件	色度	油分	出烟时含水量	回潮时间/h	节省时间/h
45 ℃	强	有	16.25%	8.7	9.9
35 ℃	强	有	17.08%	9.4	9.2
自然回潮	强	多	16.87%	18.6	—

五、上部叶回潮过程中水分变化

由图 6-3 可知,与中部叶相比,上部叶不同回潮温度对烟叶含水率的影响同样有较大差异,基本均呈"厂"字形变化。其中回潮温度为 65 ℃、55 ℃、45 ℃ 三个回潮温度处理的拐点在回潮进行的 5 h,5 h 后烟叶含水量的变化基本趋于稳定,仅有小幅度的变化,基本维持在 15%~16% 范围内;而回潮温度为 35 ℃ 的处理在回潮进行 7 h 时达到 15.7% 左右,而自然回潮在 7 h 内烟叶含水量基本维持在 8.3%,且在 2~3 h 后有略微下降,7 h 时回潮机回潮的烟叶含水量与自然回潮相比提高 10% 以上。

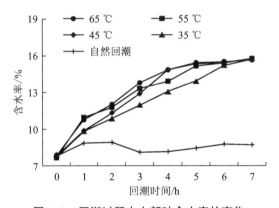

图 6-3 回潮过程中上部叶含水率的变化

由表 6-3 可知,上部叶在利用相同回潮温度回潮后的烟叶色度没有差异,均表现为强;但对烟叶油分的影响差异较大,回潮温度为 65 ℃、55 ℃ 时的烟叶油分均表现为多,回潮温度为 45 ℃ 时与自然回潮的烟叶油分均表现为有,而 35 ℃ 条件下则表现为少,可见较高的回潮温度对烟叶油分也有一定的影响。出烟时的烟叶含水量为 15%~16%;利用回潮机完成烟叶回潮的时间为 9~10 h,且最短回潮时间为 9.4 h,而自然条件下不采取任何措施,烟叶的回潮时间为 20.3 h,分别比 65 ℃、55 ℃、45 ℃、35 ℃ 条件下利用回潮机多 10.9 h、10.7 h、10.7 h、10.4 h,利用回潮机可以提高效率 50% 以上。

表 6-3 上部叶回潮效果

回潮条件	色度	油分	出烟时含水量	回潮时间/h	节省时间/h
65 ℃	强	多	15.33%	9.4	10.9
55 ℃	强	多	15.71%	9.6	10.7
45 ℃	强	有	15.25%	9.6	10.7
35 ℃	强	稍有	15.68%	9.9	10.4
自然回潮	强	有	15.37%	20.3	—

六、总结

试验表明,各处理均能达到较好的回潮效果,不同处理回潮过程烟叶的含水量变化呈"厂"字形变化,尤其是在回潮温度为65 ℃、45 ℃与55 ℃时回潮烟叶达到平衡含水率的时间较短,效率较高。就回潮效率而言,中部叶65 ℃时烟叶回潮效率较低,可能是中部叶烘烤时外界空气较为干燥,65 ℃时烤房的温度较高,使烟叶水分的蒸发效率相对较高,烟叶净吸水量较少,回潮速率较低;不同部位的烟叶35 ℃时烟叶的回潮效率均相对较低,尤其是烟叶的吸湿速率在前期很低,可能是由于回潮温度较低,烤房空气内的绝对含湿量相对较低,烟叶与烤房空气的水分梯度较小,吸收的动能较弱,使烟叶从空气中吸收的水分相对较少,烟叶的回潮效率较少。

利用回潮机进行回潮能够在一定程度上对烟叶色度及油分产生一定的影响。研究结果表明在65 ℃、55 ℃回潮时能够提高中、下部烟叶的色度,对中上部烟叶的油分影响较大;烟叶出房的含水量,下部叶约为16.2%,中部叶约为16.8%,上部叶约为15.5%;再者回潮机回潮的烟叶与自然回潮相比,下部叶回潮效率可以提高约47%,中部叶回潮效率可以提高约50%,上部叶回潮效率可以提高50%以上,这在一定程度上提高了烟叶的生产效率。

第二节 烤烟的回潮特性及其动力学模型

回潮方式不仅对烟叶吸湿速率及感官质量有较大影响,还对烟叶质量有较大的影响。由于烤烟的烘烤均在广大农村地区进行,工业化程度较低,且回潮设备相对落后,再者回潮对象具有密度大、含水量低等特点,对初烤烟叶进行回潮的局限性相对较大。而密集烤房烤后烟叶加湿回潮适宜温度为50～55 ℃。水分动力学是研究农作物回潮干燥特性的重要手段,国内外学者通过一些水分动力学干燥模型对农作物干燥过程水分含量变化进行试验研究,取得了重要成果。然而,对于烤烟回潮过程中的回潮特性动力学模型研究却鲜见报道,基于此,本节重点研究烤烟烘烤调制结束后、下炕前干烟叶在不同温度条件下的回潮特性,探索回潮温度对其回潮速率的影响规律,建立回潮动力学模型,寻找烤烟低耗高效的回潮方法,旨在为研发新型的生产用回潮设备提供可能的途径和设计的基础数据。

一、烤烟回潮试验设计

1.试验处理

试验选取4座运行正常、保温保湿性能好的烟夹烤房,设置以下4个处理:T1—停火后干球温度降至65 ℃时开始进行回潮;T2—停火后干球温度降至55 ℃时开始回潮;T3—停火后干球温度降至45 ℃时开始回潮;T4—停火后干球温度降至35 ℃时开始回潮。

试验过程中始终保持烤房内的相对湿度为65%,然后选取烟夹烤房与散叶插钎烟叶烤房各1座,在停火后干球温度降至50 ℃时进行回潮,在同样湿度条件下进行模型的验证。

2.烟叶的吸湿回潮速率

用以下公式计算:

$$v_i = (W_i - W_0)/t$$

式中,v_i 为 i 时刻烟叶的回潮速率,%/h;W_i 为 i 时刻烟叶的含水率,%;W_0 为开始回潮时烟叶的含水率,%;t 为回潮时间,h。

3.烟叶的水分比

用以下公式计算:

$$MR = (W_t - W_e)/(W_0 - W_e)$$

式中,MR 为水分比;W_t 为 t 时刻烟叶的含水率,%;W_0 为开始回潮时烟叶的含水率,%;W_e 为烟叶样品的平衡含水率,%。文中以最大含水率为烤烟回潮的平衡含水率。

4.回潮温湿度的控制

回潮温度通过热泵进行稳定控制,回潮风机转速为 960 r/min,当烤房内的相对湿度达到65%时,回潮机停止工作。

5.干燥模型

干燥模型采用 Page 模型与单经验模型。

二、不同处理烤烟的回潮特性

由图 6-4a 可知,回潮前期烟叶含水率随回潮时间增加上升较快,回潮后期上升较慢,回潮时间最短的为 45 ℃和 55 ℃,65 ℃的回潮时间最长,但不同处理回潮过程水分的吸收均呈对数规律上升。图 6-4b 所示为烟叶回潮的水分比曲线。由图 6-4b 可知,前期烟叶回潮的 MR 降低较快,后期较慢,不同处理差异较大的时间出现在回潮的 1.5~2.5 h 之间,35 ℃回潮的烟叶前期 MR 值较大,后期较小,65 ℃的烟叶回潮的 MR 值表现为前期较小、后期较大,但整个回潮过程烟叶的水分比呈指数规律下降。图 6-4c 所示为烟叶的回潮速率。由图 6-4c 可知,35 ℃的烟叶回潮吸湿速率在整个回潮过程中最小,65 ℃烟叶的回潮吸湿速率降低幅度较大,这可能是由于回潮温度过高所致。烟叶的回潮速率分为两个快速阶段与慢速阶段,在回潮初期烟叶的含水量较低,当烤房内空气湿度增加时,烟叶与空气的水分梯度较大,吸湿速率急速上升。随着回潮的推移,烟叶的水分含量不断增加,两者的水分梯度降低,烟叶的吸湿动能减小,回潮速率减小。

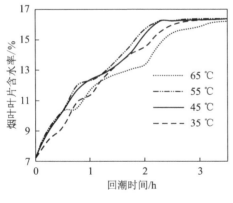

a.不同回潮温度烟叶含水率的变化

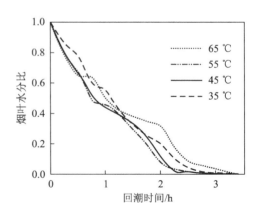

b.不同回潮温度烟叶水分比

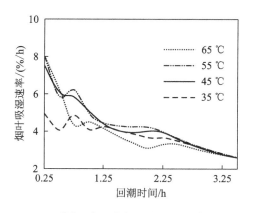

c.不同温度回潮烟叶的吸湿速率

图 6-4　不同处理烤烟的回潮特性

三、烤烟回潮的动力学模型

烟叶作为一种多孔介质、薄层材料,其干燥吸湿过程符合热动力学规律,因此选用 Fick 第二定律中普适性较好的 Page 模型与单经验模型:

$$单经验模型\ MR = a\exp(-Kt)\text{,Page 模型}\ MR = \exp(-Kt^{n})$$

式中,K,n 为参数。

将两个模型对数化为

$$单经验模型\ \ln MR = -Kt + \ln a\text{,Page 模型}\ \ln(-\ln MR) = \ln K + n\ln t$$

将烤烟的水分比数据按照两个模型作图,得图 6-5a 和图 6-5b。

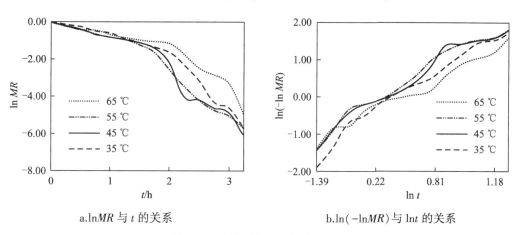

a.$\ln MR$ 与 t 的关系　　　　　b.$\ln(-\ln MR)$ 与 $\ln t$ 的关系

图 6-5　两模型的 MR 与时间关系

由图 6-5 可知,图 6-5b 所示曲线的线性更加显著,因此可以选择 Page 模型作为烤烟回潮的动力学模型,利用 Mathematica 10.0 进行拟合,得到不同温度下的烤烟回潮模型及表 6-4:$\ln(-\ln MR) = -0.2303 + 1.0913\ln t$,65 ℃;$\ln(-\ln MR) = 0.0259 + 1.3099\ln t$,55 ℃;$\ln(-\ln MR) = -0.0015 + 1.3237\ln t$,45 ℃;$\ln(-\ln MR) = -0.2799 + 1.4577\ln t$,35 ℃。

由表 6-4 可知,4 个处理的 Page 模型均表现为极显著水平。这表明所构建的烤烟回潮模型具有真实性、有效性。

表 6-4　Page 模型参数

温度/℃	K	n	R^2	p
65	0.794 2	1.091 3	0.945 4	0.000 1
55	1.026 2	1.309 9	0.971 2	0.000 1
45	0.994 9	1.323 7	0.963 3	0.000 1
35	0.757 4	1.457 7	0.980 3	0.000 1

注：K、n 为模型参数，无量纲；R^2 为决定系数；p 为假设检验结果。

运用 Mathematica 10.0 将不同温度条件下的 K，n 进行多项式拟合，结果如下：

$$K = -1.96558 + 0.1188 \times T - 0.00117 \times T^2$$
$$n = 1.852\,15 - 0.0113 \times T$$

利用 65 ℃、55 ℃ 温度下的烤烟回潮模型及 Page 模型可得，烤烟回潮的动力学模型为

$$MR = \exp\left[\,(1.96558 - 0.1188T + 0.00117T^2) \times t^{1.85215 - 0.0113\,T}\,\right]$$

式中，T 为回潮温度，℃；t 为回潮时间，h。

四、回潮模型的验证

随机各选取 1 座烟夹烤房与散叶插钎烤房，均在烘烤温度降至 50 ℃ 时开始利用回潮机进行回潮，并每隔 25 min 取一次样测其含水量，对回潮过程中烟叶的水分参数的实验值与理论值进行验证。由图 6-6a 可知，Page 模型的理论值与实际值的拟合度很高，决定系数 R^2 达到 0.957 3。由此可知，在所建立的模型对 50 ℃ 烟夹烤房的回潮特性预测的稳定性较好；然而由图 6-6b 可知，针对散叶插钎烘烤所建模型的预测值与实际值的差异略大，对实际值与预测值回归分析，得回归方程的决定系数为 0.945 6，与烟夹烘烤相比略低，但依旧有较好的适用性。因此，所建立的模型对不同回潮温度与不同装烟方式均有一定的适用性。

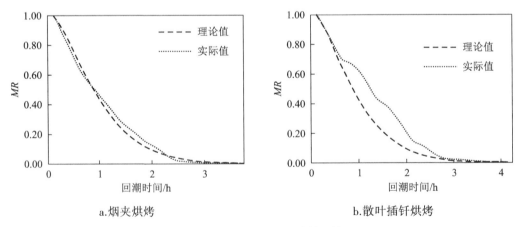

a.烟夹烘烤　　　　　　　　　　　　b.散叶插钎烘烤

图 6-6　实际值与理论值的比较

五、总结

（1）各处理均能达到较好的回潮效果，其中以烤干后降至 45 ℃ 与 55 ℃ 的两个处理回潮效果最好。不同处理回潮过程烟叶的含水率变化呈对数规律上升，而烟叶的含水量比呈指

数减少趋势,尤其是在 45 ℃ 与 55 ℃ 时进行回潮时,烟叶达到平衡含水率的时间较短,效率较高。就回潮效率而言,65 ℃ 时烟叶回潮效率较低,主要是 65 ℃ 烤房的温度较高使烟叶水分的蒸发效率相对较高,而烟叶净吸水量较少,回潮速率较低;35 ℃ 时烟叶的回潮效率相对较低,尤其是烟叶的吸湿速率在前期很低,可能是由于温度较低,烤房空气内的绝对含湿量相对较低,烟叶与烤房空气的水分梯度较小,吸收的动能较弱,使烟叶从空气中吸收的水分相对较少,烟叶的回潮效率较低。

(2)回潮后的烟叶表现为叶片回潮效果较好,但主脉的回潮基本不明显,烟叶出房时会有一定程度的造碎,对主脉的回潮还需进一步研究;再者,强制回潮与自然回潮相比,对烟叶质量有哪些影响尚未曾涉及,也需在后续研究中给予一定的关注。

随着科技的不断进步,烟叶生产将会向着高效化、智能化方向发展,而回潮作为烟叶烘烤的重要环节,对烟叶生产效率的提高有重要作用,因此不断优化完善回潮技术则会成为将来对烟叶回潮研究的重要对策。Page 干燥模型表达式参数少、拟合度高,能够准确地反映烤烟回潮的水分动态。在实际生产中,可以利用此模型进一步开展参数优化,开发回潮设备,实现精准控制烤烟的回潮效果,减少电、水消耗,提高生产效率,降低劳动成本。另外,回潮模型的构建可能会在一定程度上加快对烟叶回潮自动化控制研究的进程。

第七章　烤烟烘烤人员与实操技术

作为世界上烟叶生产第一大国,我国烟草种植区域跨纬度之大世界之最,当前我国烤烟的种植区域主要分布在五大烟区(西南烟区、东南烟区、华中烟区、黄淮烟区、东北烟区),且种植面积可观,在原料供应与品种多样性方面提供了强有力的保障,当前我国烟草常年种植面积100余万公顷(图7-1),年产量达200多万吨,对我国经济的发展作出重大贡献。据统计,烟草行业对GDP的贡献约为2%,但行业中央税占中央税收总额的8%左右并保持稳定增长,充分说明了烟草行业收益在国民生产总值中占据相对重要的地位。但就全国平均而言,地方财政对烟草行业的依赖性较小,但是由于烟草行业的地域集中,导致在某些地区(如云南、湖南、贵州等地)地方财政对烟草行业的依赖性极其高,由此导致烟草发展与其他发展方向产生激烈冲突。

随着《关于加大改革创新力度加快农业现代化建设的若干意见》(2015年中央一号文件)的发布,烟草的发展对建设现代农业、加快转变农业发展方式、促进农民增收等"三农"问题上有不可小觑的作用,在这方面烟草农业发展与上述文件的主体内容是相吻合的。当前由于信息化、智能化、机械化尚未完全普及,行业的发展必须以实际人员为基础。而当下我国烟草行业产业链最基础、最关键的第一环就是人,与烟农息息相关的因素对烟草生产、烟草行业的稳定发展、农村社会稳定和"三农"问题的解决发展都具有至关重要的意义。为此,本章以烤烟烘烤为出发点,聚焦分析烘烤人员在面对烤烟烘烤时存在的问题与不足,并就当前的一系列问题,依据近10年来从事烟叶烘烤所积累的经验与思考着力提出解决方法,以便为烤烟烘烤的顺利进行提供参考。

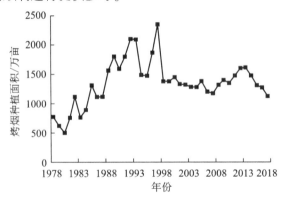

图7-1　改革开放以来全国烟草的种植面积

第一节　烤烟烘烤中存在的人员问题

20世纪70~90年代由于农村经济相对贫困,耕作方式以传统方式为主,植烟土壤中的施肥多以农家肥为主,而化肥的使用量相对较少,且重金属的有害成分含量较低,各种病原菌的积累也相对较少;再者土壤中有机质含量较高,通透性较好,碳氮比协调性较好,这对烤烟的生长习性及需肥规律非常有利。因此,烤烟的成熟度相对较高,易烤性与耐烤性相对较好,烤后烟的品质能够很好地满足卷烟工业需求。此外,以前我国各大烟区普遍采用土建烤房进行烘烤,由于装烟量相对较少,烘烤过程中容易掌控烤烟的变化,为此针对烟叶的烘烤,烟农积累了丰富实战经验。然而,在国家烟草专卖局的大力支持下,密集烤房以其装烟量大、操作掌控性好等优势,迅速在各烤烟产区得到推广,也正是如此解决了烤烟种植面积与烤房烘烤能力不匹配的难题。然而,对土建烤房有着丰富实战经验的烟农,便把以前的烘烤技术直接照搬照抄至密集烤房的烘烤,加上当前土壤因化肥施用量过重,造成土壤板结、碳氮比失调等问题,甚至部分产区有偷施尿素等含高氮肥料的情况出现,这无疑给烤烟本来成熟度就不足的情况雪上加霜,因而造成多数烤烟易烤性与耐烤性均较差的难题出现。烤烟的易烤性与耐烤性较差,烘烤难度大,加上烘烤人员的经验性错误,使烤烟的烘烤质量不断下降,经济效益不断减少,再加上田间管理及采烤措施不完善,烟农的种植积极性不高,严重阻碍我国烟草生产的发展。为此,本节就当前我国烟草种植人员的问题进行剖析,以期对烤烟的生产的改善提供理论支撑。

一、中国烟草种植人员的年龄问题

1.烤烟种植人员年龄结构不合理

当前我国烟草产烟第一大省为云南,第二大省为贵州,第三大省为四川,可知我国当前烟草的种植多集中在西南山区的欠发达地区,西南烟区特殊的地理环境使交通不便、机械化程度相对较低,为了生计,年轻人多外出打工,故老人、妇女及儿童便形成了烤烟生产的主力军(图7-2),进而形成了"99、38、61"的烤烟生产人员模式,这在一定程度上阻碍我国烟草种植的发展,也给我国烤烟生产技术的推广应用带来很大阻碍,一些先进的生产技术,尤其是烘烤技术很难在产区得到认可,进而蒙受较大的经济损失,导致烟农的种植积极性不高,对烤烟种植的信心逐渐下降。

图7-2　我国烟草种植人员年龄分布

2.劳动力不足与烤烟种植面积锐减的恶性循环

近年来随着扶贫攻坚战的不断深入,广大农村的经济状况有了很大程度的提高,但要更进一步实现脱贫,除了国家出台的多项惠民政策外,还需要内源性脱贫,也就是依靠农民自身的能力实现脱贫,即造血式脱贫,而烟草作为一项重要的经济作物,给贫困山区农民的创收作出了较大贡献。但当前我国的烟草种植面积日益萎缩,使农民的经济效益下降,不足以满足家庭的生活开销,而满足不了家庭的生活开销,青壮年劳动力必然外出务工,剩下老人、妇女、儿童留守家园,造成老人、儿童留守等社会问题的出现;反过来,农村青壮年劳动力不足,老人等不合理年龄结构人群成为烟草种植的主力军,由于缺乏劳动能力和劳动持久性,对烟田的人力物力投入有限,使得种植能力下降,再加上烘烤不当,烘烤效果价差,经济效益下降,这样便造成了劳动力不足与烤烟种植面积锐减的恶性循环。因此,缓解两者的矛盾不仅需要政策性的支持,还需要更多先进种植烘烤技术的推广与应用。

二、烘烤人员文化水平问题

1.烘烤人员文化水平普遍较低

当前我国烤烟的种植与烘烤多数还是由同一人完成,部分地区以烟农合作社的形式进行,在一定程度上实现了专业化烘烤,但多数烘烤人员的烘烤技术依旧沿袭以往的技术,一些比较先进的技术得不到推广应用,而烘烤人员的文化水平与年龄在一定程度上决定了烤烟烘烤人员对新技术的认可与掌握程度。由图7-3可知,当前我国从事烟草生产人员的文化程度普遍较低,大专以上学历仅占1.5%,而高中以下学历则占98.5%,这些因素很大程度上阻碍了一些先进技术在生产中的推广应用。再者由于烤烟的生产是精耕细作的一项农事操作,多数农民由于受文化水平的限制,把种植烟草像水稻、玉米等一样进行田间管理,没有对烤烟有更加深入的认识,"中国式过马路"在当前烟草生产中体现得淋漓尽致,当看到别人施肥打药时,不论自己的烟田是否需

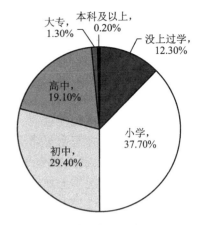

图7-3　我国烟草生产人员的文化水平

要均进行一样的农事操作,这无疑给本来烤烟素质就不足的情况下雪上加霜。这就需要基层烟草公司对从事烤烟生产的农民进行专业化的管理与生产指导,将新技术以现场示范的形式说服农民去接受,以便达到提高生长质量,提升经济效益的目的。

2.烘烤人员文化水平普遍较低所引发的问题

近年来随着国家烟草专卖局提出"减工、降本、提质、增效"烤烟生产理念的不断深入,烤烟的质量不再一味地追求"黄、鲜、净",而是对烤烟的生产质量提出了更高的要求,尤其是香气质与香气量方面。由于受地形地貌的限制,一些烤烟产区人员的烘烤技术信息比较闭塞,不能及时有效地接收运用新技术,都会造成烟叶烘烤质量的下降。当前烘烤技术的掌握途径主要是依靠过往经验,在21世纪初前,中国普遍的烤房是土建烤房,当时的农民在烤烟的生产中积累大量的烘烤经验;而当下普遍采用的密集烤烟,而密集烤烟与土建烤房最大的区别体现在装烟量与传热方式等两个方面,密集烤房的装烟量是土建烤房的3.5~4倍,密集烤房的传热方式是热风循环,而土建烤烟的传热方式为辐射传热。由于受文化水平与技术水平的限制,多数年龄较大的烟农便把前土建烤房的烘烤技术照搬照抄到密集烤房中,结果造成无法估量的损失,甚至年纪较小的农民获取烘烤技术的主要途径便是从父辈那里获取,这样便形成了"传帮带"的烤烟技术传播模式,烘烤人员的技术交流更加地少之又少。因此烟草行业的专业技术人员在技术培训时,不但要进行理论培训,更要进行实操培训,以看得见的结果使烟农接受新技术。

三、烘烤人员对新技术的接受程度

1.烘烤人员对新技术的接受程度不高

农作物作为一种独立的群体存在,不仅有着自身的一些属性,还受自然环境的影响,这些都是不以人的意志为转移的,或说人为干预的成本过高,不适宜产区生产;尤其是烤烟的栽培表现得更加明显,往往是靠天吃饭;而烤房则是人为活动产物,完全受到人意识的调控,许多人错误地认为虽然烤烟存在一定缺陷,但烘烤可以解决诸多问题,故而将全部的希望寄托在烘烤环节。然而,烤烟的烘烤是建立在烤烟栽培的基础之上的,没有优质的烤烟如何能烘烤成功,烘烤的实质只是将原本存在烤烟质量最大限度地彰显出来,而不是凭空地去创造质量。由于抱着这种思想,新技术在应用中往往不能达到其想要的目的,故而对新技术产生怀疑;再者由于农民个体差异对新技术的掌握程度也有一定的差异(图7-4)。

2.烘烤人员对新技术的接受程度不高原因

接受烤烟烘烤新技术会产生两种后果:一是烘烤成功烘烤效果得到改善,然而由于近年来,围绕供热方式与装烟方式等两个技术突破点,新型烤房层出不穷,烘烤技术与能耗成本也有一定差异(图7-5),多数新型烤房面临着能耗成本较高,但烘烤效果较好的矛盾出现,然而烟农一旦看到能耗过高便不再采用新技术,这给新技术的推广带来了不小挑战;二是烘烤效果没有改善,甚至更坏,造成更大的经济损失,这对农民来说是不能接受的,因为一个家庭的收成全部寄希望于这些烤烟。基于以上两点考虑,农民是不敢轻易尝试新技术的。此外,一些新的烘烤技术一旦与农民固有的烘烤理念相违背,则他们错误地以为新的烘烤技术操作流程过于复杂或是错误的,不如自己的经验效果好,更没有精力和意识去消化吸收这些新技术,也有一些农民愿意去接受新技术来改善现状,但苦于没有专业化的指导,只好选择放弃,为此只能采用老一辈留下的烘烤经验,将土建烤房的烘烤技术直接运用到密集烤房中,以稳扎稳打的方式进行烘烤,再加上烟农之间很少有技术交流这样的行为出现,所付出的代价是惨痛的。基于以上分析,各产区专业技术人需要做好新技术实施的示范性工作,将新技术的利弊关系给农民解释清楚,虽然在能耗成本方面有一定的增加,但总体成本有所下降,实际收益有所提高。

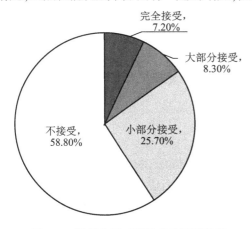

图7-4 烘烤人员对新技术的接受程度

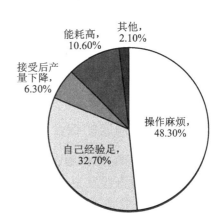

图7-5 烘烤人员对新技术的
接受程度不高的原因

四、烘烤人员对设备的维护问题

1.烘烤人员对设备的维护周期

设备的正常运作是保障烤烟烘烤的重要前提,一旦在烘烤过程中出现设备停车,其后果不堪设想,尤其是在烘烤的中后期;当然对设备的提前维护也不能保障烤烟烘烤的顺利进行,中间会有多种突发情况出现,例如因打雷、下雨造成的电路击穿,因燃料含水量过高造成的火炉炸膛,因停电造成的设备停转等因素均会对烤烟的烘烤带来较大的损失。但设备维护不仅可以延长设备寿命,还会将损失降到最低。然而调查发现,烟农对烘烤设备的维护是不够的(图7-6),

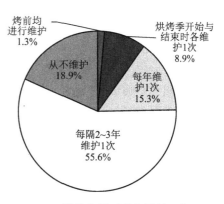

图7-6 烘烤人员对设备维护周期

正常情况在每房烟烘烤结束后均要进行一次维护,但多数烟农对烤房设备维护周期一般是2~3年及以上,有些甚至从不维护,一旦烘烤结束便不再管理烤房,只是在每年临烤前进行简单的打扫。由于烤房的风机、锅炉等设备均是由钢铁材料所制的,如果所处环境较为潮湿,无疑会减少设备的使用寿命。

2.烘烤人员对设备的维护意愿

烤烟烘烤设备顺利运转不仅是烘烤成功的关键因素,还是降低因烘烤设备运作不灵敏所带额外功的重要前提,由于产区多数农民只知道如何去使用装备,但装备一旦出现问题便无法找出问题所在,只好将就地进行烘烤;由于烘烤设备的维护意味着成本的增加,然而自烤房建成之日起,农民内心深处是不愿意进行丝毫人力、物力、财力的投入,因此产区的多数烟农对此态度是能用多久便用多久(图7-7)。也有一些烟农知道问题出现在何处,非常想及时维修,但出于材料购买渠道的限制,无法及时有效购买材料进行维护,这些因素都严重阻碍了烟农对烘烤的维护周

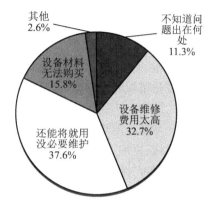

图7-7 烘烤人员对设备不维护的原因

期。因此,各基层烟站需要及时储备烤房设备,并妥善保存,以便出现问题时及时更换;此外还应将设备价格公开化,让烟农更加放心地购买更换;此外关于烤房的维护与问题的判断还需进行专业培训,以便烟农及时发现问题并解决问题。

五、烘烤人员问题的综合分析

烟草行业主要参与主体为农民,因此行业的发展必须与"三农"问题、政策实行相结合。随着"三农"问题逐渐被重视,农民收益与土地管理利用逐渐成为国家和行业关注的重点。通过优化烟农年龄组成、合理规划植烟面积、进一步提高烟草生产管理措施等均可提高烟农收益,改善农村经济发展;此外烟农收益的提高是以烟草产品的质和量为载体的,通过一系列改进措施提高烟草的质、量,在提高烟农收益的同时也进一步解决了粮、烟征地问题,在保证烟草质、量不变及对地方财政贡献持平的情况下进一步保持或压缩烟草种植面积,一定程度上实现了农业多元化发展模式,缓和了烟草发展与其他发展方向的矛盾,从最基层的农业生产方面为践行国家"三农"政策、坚持"农地农用"作出坚实的努力。

实际生产中影响烟农收益的因素有许多,基本可分为生态因素、品种因素、社会因素。本研究旨在从影响烟农收益的复杂模糊的众多因素中分析确定影响烟农收益的主要社会影响因素。运用决策试验与评价实验室法(DEMATEL法),由影响烟农收益的各项社会因素之间的相互影响出发,通过构建因素之间直接影响矩阵,通过运算求得综合影响矩阵、各因素的影响度、被影响度、中心度、原因度。通过DEMATEL法的数据因素关系,确定影响烟农收益的主要因素为种植面积、田间管理措施、烟农年龄、资金扶持补贴、劳动力数量、劳动力价格等6方面因素,由研究分析结果对主要影响因素进行系统讨论调研分析,为提高烟农收益,激发烟农植烟积极性及良好的改善"三农"问题提出建议。

1.系统影响因素的分析提取

在查阅、参考文献的基础上,与烟草行业产、学、研及基层多年从事烟草生产工作的专家

学者及相关人员进行交流与沟通,通过诊断分析,应用层次分析法归纳总结,确定了13个主要影响烟农收益的社会因素,其均对烟农收益有直接或间接地影响,见表7-1。为明确分析因素间的相互影响关系,进而明确对烟农收益具有关键影响的因素,研究采用DEMATEL法对上述影响因素展开分析。

表 7-1 影响烟农收益的社会因素

代号	因素	代号	因素
e_1	田间管理措施	e_8	配套基础设施
e_2	种植面积	e_9	资金扶持补贴
e_3	劳动力数量	e_{10}	生产资料成本
e_4	劳动力性别比例	e_{11}	烟农年龄
e_5	劳动力价格	e_{12}	烟农学历
e_6	政策制度	e_{13}	植、烤烟经验
e_7	技术交流培训		

2.烟农收益社会影响因素的辨识

(1)建立因素间的直接影响矩阵。采用DEMATEL方法,根据不同层面专家、人员的调查问卷,依据因素间的相互分析判断建立直接影响矩阵。在本文中直接影响矩阵表征上述13个不同因素之间的量化影响关系。如果矩阵中元素 y_i 对元素 y_j 有直接影响关系,则相对应的第 i 行第 j 列元素数值为1;如果没有直接影响关系,则对应的量化数值为0。

(2)明确烟农收益社会主要影响因素。由上述直接影响矩阵,规范化后利用算法公式求得综合影响矩阵;再根据综合影响矩阵求得因素间的综合影响关系,见表7-2。影响度 H_i、被影响度 L_j 若数值大于1,则表明该因素在系统中比较重要;如果数值小于1,则说明该因素在系统中起到次要影响作用。通过数据量化的方式由计算求得各因素的影响度相关分析结果如表7-2所示。

表 7-2 因素间综合影响关系

因素	影响度	被影响度	中心度	因素	影响度	被影响度	中心度
e_1	0.1813	2.1875	2.3688	e_8	0.1688	0.6804	0.8491
e_2	1.4486	1.0559	2.5045	e_9	0.8829	0.7068	1.5898
e_3	0.7960	0.7117	1.5077	e_{10}	0.2690	0.8919	1.1609
e_4	0.3498	0.5015	0.8513	e_{11}	1.2657	0.4714	1.7371
e_5	0.9418	0.4547	1.3966	e_{12}	0.3820	0.0000	0.3820
e_6	1.3332	0.0000	1.3332	e_{13}	0.4924	0.8449	1.3373
e_7	0.3820	0.3867	0.7686				

由因素间综合影响量化关系分析(表 7-2)可得,因素 e_2、e_6、e_{11} 对应的影响度数值均大于 1,分别为 1.4486、1.3332、1.2657。由上述分析可知,此 3 个因素是影响烟农收益的主要社会因素;此外,由被影响度数值分析可知,因素 e_1、e_2 数值均大于 1,分别为 2.1875、1.0559,因此可知 e_1、e_2 在影响烟农收益的社会因素中也同样起非常重要的影响作用。由中心度量化指标数值可知各因素在影响烟农收益的社会因素中主次顺序为 e_2、e_1、e_{11}、e_9、e_3、e_5、e_{13}、e_6、e_{10}、e_4、e_8、e_7、e_{12},此外 e_2、e_1、e_{11}、e_9、e_3、e_5 中心度量化数值均大于影响烟农收益的 13 个社会因素的中心度平均值 1.3682;综合分析上述影响度、被影响度、中心度量化指标可得 e_2、e_1、e_{11}、e_9、e_3、e_5,即种植面积、田间管理措施、烟农年龄、资金扶持补贴、劳动力数量、劳动力价格 6 因素是制约烟农收益的主要社会影响因素。

3.烟农收益主要社会影响因素成因分析

(1)种植面积、劳动力数量与劳动力价格。目前我国仍是世界烟叶生产大国,常年烟草种植面积约为 100 万公顷,烟叶产量多年维持在 200 万吨左右。但由于中国国情限制,烟草生产方式仍以家庭为主导单位,且烟草种植面积差异较大,多数表现为生产规模小、效益差等特点。在实际生产过程中由于多数农民责任田面积有限,植烟面积有限,但对于家庭有效劳动力人均管理面积而言,其比大面积种植存在明显管理优势。植烟小面积的家庭烟农中,对烟田有较多的精力投入,且管理较为精细;除此之外,由于植烟面积较少,在烟叶采烤过程中不需要或较少使用雇工采烤,因此植烟面积较小的烟农普遍存在相对较高的亩均产值。而随着我国经济水平的发展,地区省份间出现经济发展水平差异,农村普遍出现劳动力外逃现象,且多为农村青壮年,失去主要劳动力的家庭多数由老人、妇女、儿童参与农田管理,其对烟田的精力投入、管理经验方面存在较大的缺陷,从而造成烟农收益受到劳动力数量的影响。而农村劳动力流失导致相当一部分农民将自己的土地租赁给他人,这一现象则直接促进烟草行业植烟大户的产生。但目前为止,我国机械化程度依然偏低,因此在烟叶生产过程中必然存在雇工现象,而老人、妇女则成为种烟大户主要雇佣的廉价劳动力对象,此外加上人员素质、烟叶生产经验等因素的综合影响,大面积种烟更趋向于粗犷式烟叶生产。因此植烟面积、劳动力数量、劳动力价格成为影响烟农收益的主要社会因素。

(2)田间管理措施。烟草栽培管理工作烟叶生产过程中最为持久。烟草栽培工作中最直接的就是烟农对烟田的管理措施。烟叶生产过程中田间管理较好的一般为植烟面积适中、存在主要青壮年劳动力、有较长植烟年限、不需要或较少雇工的家庭,其对烟田管理的投入较多且可长时间持续从事田间管理,除此之外烟农由较长的植烟年限积累了丰富的经验,对田间出现的突发情况有较好的应变能力。因此,田间管理措施不同必然会影响烟农植烟收益。

(3)烟农年龄。由于城市经济的发展,城市普遍出现用工危机,此时农村经济发展相对落后,造成经济发展程度的差异,从而致使农村大部分闲置劳动力向城市迁移。在农村表现为劳动力外逃,从而出现较多的留守老人、儿童。因此,在烟草生产过程中存在一些年龄偏大或年龄偏小的烟农来从事烟田的相关工作,但是随之而来的问题在植烟收益上得到较为明显的表现。年龄较小的烟农在从事烟草生产的过程中难免会出现经验不足、处理不当的现象,且年轻人不愿将较多的精力投入到农业方面;年龄大的烟农往往拥有较为丰富的植烟经验,但存在体力、精力不足现象,缺乏长时间不间断对烟田的管理。因此烟农年龄也是制约烟农植烟收益的主要影响因素之一。

（4）资金扶持补贴。烟草是我国的主要经济作物之一，在我国烟草生产为计划经济。在全国种粮补贴的大形势下，烟草行业同样存在植烟补贴。因为烟草是以叶为收获对象的作物，且对产量和质量有较高的要求，所以在烟草生产过程中存在肥料、农药、优化结构等多种资金扶持；当遭遇极端特殊天气造成烟叶产量受到较大损失时，相关部门会给予一定的资金补贴。因此政府方面的资金扶持补贴同样对烟农收益有较大影响。

4.结论与对策

烟草生产工作最基础的环节是烟农，而烟农的收益直接关乎烟农种烟积极性，因此保证烟农植烟收益是保证烟草生产最为基础重要的工作。运用决策试验与评价试验室法对影响烟农收益的多种社会因素进行量化分析，确定出种植面积、田间管理措施、烟农年龄、资金扶持补贴、劳动力数量、劳动力价格6个因素是影响烟农收益的主要社会因素。研究结果表明，在今后的烟叶生产工作中应围绕上述6个方面进行改进、调整、优化，以期增加烟农收益，稳固烟叶生产的基础环节，从社会层面改善"三农"问题，并推进社会主义新农村的发展。故此，对影响烟农收益的社会因素改进优化提出以下建议：

（1）从指导烟农最佳植烟面积入手。建议最优的人均管理面积，积极开展现代烟草农业植烤烟合作社，减小因家庭联产承包经营的零碎地块影响土地收益。探讨农村土地流转机制，此时土地相对集中、经营规模化，有利于统一管理。加入合作社的烟农仍为自主的个体，合作社仅限于对土地的大规模整体安排布局、合理建议等，因此合作社与土地流转机制既避免了种烟大户粗犷式生产，同样又能有效地安排相关农业生产力与生产资料。

（2）各级烟草生产部门需加强对烟农的科普培训工作。介于中国农村的基本国情，农民受教育程度较低，缺乏基本的技能，因此，单纯依靠经验来种烟是远远不够的。合作社的建立是连接烟草公司与烟农的纽带，也是连接科学新技术与传统经验的纽带，通过烟草公司、合作社等机构可为烟农提供专业化服务，对烟叶生产各个环节的资源进行优化配置，依托技术优势、公司培训、相关扶持政策，实现烟草生产的经济效益。

（3）加大扶持力度吸引高素质农民返乡。通过政策、制度的倾斜吸引农村广大中青年回乡，对其进行相关技术培训，并与有学历、有经验的烟农或团体建立合作机制，扩大经营范围，从而吸引更多的高素质劳动力回乡从事烟草生产工作。此外，加快农村剩余劳动力安置步伐，发展乡村产业，使更多的人投身乡村农业产业，从而减少农村劳动力外流。

第二节　烤烟烘烤的意义与烤房问题处理

一项技术的研发与推广需要一定媒介的参与，而烤烟烘烤技术的推广主要是由奋战在生产一线的烤烟技术人员完成的，当然更离不开一些地市县区从事烘烤人员的技术传播。烤烟的烘烤对烟农而言是运用技术将烤烟烘烤成功，而对于烤烟技术人员而言不仅仅如此，而是将先进的烘烤技术用某种更加有效的方式进行传播，对于高水平专业技术人员而言甚至需要全面掌握烤烟栽培信息，如栽培时间、栽培品种、发病情况、施肥情况、管理状况、天气情况、种植面积、采收情况等一系列细枝末节的情况；更需要全面掌握烤房的情况，如建造时间、设备使用寿命、设备使用时间、设备维护情况、设备出问题的表现及如何更换设备等，只有对烤烟与烤房有全面的掌握,才能面对不同素质的烟叶、不同类型的烤房,做好相对应烤前烘烤方案、烤中应急预案及烤后问题溯源等工作。然而,当下烟草生产面临着专业烘烤技术人员过少与种植面积不匹配的情况和专业技术人员应变能力相对较低的情况,为此本节主要结合自身从事烤烟烘烤近10年、数百余房的实操经验与理论学习,围绕烤烟的本质是什么、为什么烘烤烟、如何烤好烟三个问题,从烤烟、烤房两个方面对烤烟烘烤进行阐释,以期为我国烤烟烘烤技术人员进行技术交流与推广提供参考。

一、烤烟对专业技术人员的意义

1.什么是烤烟?

对一名资深的专业技术人员而言,烤烟不仅是一种有着不同的烤烟品种,分为下、中、上三个部位的经济作物,还是奋斗终身的对象,赖以生存的依托,人生价值的体现。这无疑给专业技术人员提出了更高的专业要求,面对烤烟时,专业技术人员眼中不仅仅是烤烟,更多是需要思考,烤烟当前的情况是由什么引起的,烤烟内部大分子物质的含量是什么状态,烤烟的成熟度怎么样,这样的烤烟的烘烤特性如何,烘烤难点在哪里,需要采用什么样的方法来解决。这一系列的问题都需要逐一回答。在烤烟的烘烤中旧问题尚未解决,新问题便随之而来,可见烘烤师的成长之路是道阻且长的,基于此若想成为一名优秀的烘烤师,不仅需要付出千百倍的努力,还需要有面对困难时一往无前的决心。

2.为什么要烤烟?

对于烤烟而言,烘烤是一种由普通的植物叶片到具有使用价值的一种方式,是短暂几个月生命意义的升华,对于一名优秀的烘烤师而言,烘烤是无处安放的内心世界的一种间接表达,是自我人生价值的一种彰显,更是为人谋福祉的一种途径,当面对烤烟烘烤时,全身心的投入,不再理会外界的纷纷扰扰,不论是采烟的披星戴月,还是烧火的劳苦困顿,都不及内心此刻的安宁,这就烤烟烘烤的魅力所在。

二、专业技术人员对烤房的掌握

烤房是烤烟烘烤行为进行的场所,各个系统分工明确、协调工作,保障各个系统的正常运作是保障烤烟烘烤顺利进行的基石。虽然近年来烤房的发展日新月异,如隔热涂料烤房、便携式烤房、新能源烤房、不同装烟方式烤房及大型流水线烤房均为烤烟质量的改善、用工成本的降低作出很大贡献,但是内部烤房烘烤系统依旧不曾改变,只是在某种形式上进行了一些替代或改进,故此对于烤烟烘烤专业技术人员而言,不仅需要掌握烘烤技术,还需要充分了解烤房各部位运作原理、烤房设备出现问题的表现和出现问题后的解决措施,以及如何对烤房进行维修。

1.供热系统操作注意事项及问题解决措施

(1)烧火操作事项。

1)煤的选取。当前多数产区密集烤房的燃料以煤为主,在不同形态的煤中,首先推荐的煤形态是原煤。为了保障燃料的节约与高效利用,故建议采用以下大小形态的煤进行烧火:第1天以粉煤与矿泉水瓶盖大小的煤块为主,第2天以手掌大小的煤为主,第3天以(大)苹果大小煤为主,第4天在能放进燃烧炉的前提下有多大放多大,第5天以大号柚子大小煤块为主,第6、7天以(小)柚子大小为主(图7-8)。

| 第1天 | 第2天 | 第3天 |

| 第4天 | 第5天 | 第6、7天 |

图7-8 不同时期煤块大小的选取

2)烧火的姿势。烧火时由于温度较高,开炉门时,为了避免烫伤或炉内气压过高造成炉内煤块崩出,因此不能用手或带上手套直接去开启炉门。在烧火时正确开炉门的方式是:立于炉门转轴侧,用铁锹将手柄挑起,沿边线撬开。炉门打开后,站距在炉门1 m处,双腿前后呈"V"形,重力脚在前,重心脚在后。双手握铁锹柄,间距40~60 cm,熟练手在前(控方向),次熟练手在后(控力度),依靠惯性将燃料隔空送入(图7-9)。

图7-9 烤烟烘烤过程中的烧煤姿势

3)煤在燃烧炉中的放置位置。为了增加通风,便于清渣,煤块放置的原则是:先放块状燃料再放粉状燃料便于观察;此外为了提高燃煤热量的利用效率,烧火时尽量将燃料往炉膛最内侧放(图7-10)。

图7-10　烤烟烘烤过程中的烧煤原则

4)炉渣的清理。在烘烤的前1~2 d用撬杠后端在炉膛里前后推拉,将废渣自然落入炉算下方,将下方出灰口打开,用铁锹铲出3~4 d每隔6~7 h用撬杠前端或铁锹背面,将火堆由下到上用力翘起,看炉膛内是否有亮斑状(亮而不燃)固体(炉渣)出现,如有,用撬杠后端将其勾出,用铁锹直接从烧火口清出(图7-11)。

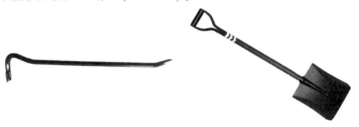

图7-11　炉渣清理工具

(2)供热系统易出现的问题与解决方案。在实际生产中密集烤房的供热系统出现的常见问题主要表现在散热器散热管的破裂与鼓风机的运转失灵两个方面。

1)散热器的维修。散热器内胆发生破裂的表现有3个:一是在正常的烘烤中当燃烧炉炉门打开时炉膛内的火向炉门外窜出,俗称"倒火",量越大表明内胆的破裂越严重;二是火烧得很旺但烤房内温度不上升;三是关闭炉门时,有火从炉门缝隙,或鼓风机内窜出。一旦出现以上任何一种情况则表明散热器内胆破裂,必须及时维修,维修方法(图7-12):关闭设备,停止烧火,打开维修门,取下金属罩,用长木条将所有散热管上的灰刮下一些,然后站在远处,将风机以最高转速开启,观察有哪根散热管被吹出灰烬,则可判断该散热管故障,及时取出更换,并用防火泥密封。

图7-12　烤房散热器的维修

2)鼓风机的维修。鼓风机出现问题主要有两方面问题:一是鼓风机本身坏掉不能运转;二是烤烟自控仪老化不能实现自动控制。一旦出现问题,首先进行手动控制将鼓风机打开,通过观察室观察鼓风机是否运转,若运转则表明自控仪出现问题,否则便更换鼓风机,若是自控仪出现问题,多半是年久老化所致,最好将自控仪进行更换。

2.动力系统操作注意事项及问题解决措施

密集烤房动力系统主要指的是循环风机,当前密集烤房普遍采用的是三相7号轴流风机。风机出现问题有两种情况:一是自控仪老化,表现有语音提示风机缺相且自控仪显示面板由绿色变为红色闪烁,同时风机停止运作,解决方式有更换自控仪和点击"确认"按钮两种方式(图7-13),但一旦自控仪过度老化,点击"确认"按钮只能短时间内保障风机运转。二是风机损坏,风机损坏的标志是自控仪不提示且风机不运转,一旦风机损坏则需要及时更换风机,更换风机时需注意将风机固定牢固,以防有松动引起事故。

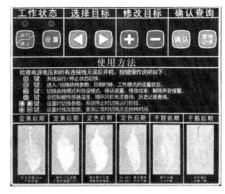

图7-13 密集烤房循环风机与自控仪

3.进风、回风、排湿系统操作注意事项及问题解决措施

进风、回风、排湿系统由冷风门、强制排湿器及排湿百叶窗构成,三者的协同运行共同决定了烤房内是湿空气的性质,因此三者的操作对烘烤人员的技术要求较高。就目前的生产而言,冷风门的故障率最高,强制排湿器及排湿百叶窗结构简单、故障率较低。

(1)冷风门的操作要求与故障维修。烤烟烘烤过程中只有在冷风门开启时,烤房外界相对干燥的空气才能进入烤房来置换烤房内湿热空气,在大气压的作用下,烤房内的湿热空气排出烤房,实现烤房的排湿。冷风门的开启由自控仪控制,冷风门电子阀负责执行命令,一旦出现故障会表现为:自控仪报警提示湿球温度过高或过低,但冷风门开关不能自动开启或关闭。出现问题后的解决方案是:检查冷风门电磁阀是否有问题,拔掉传输线,用手推旋转上方有机器运转的声音均匀而连续;检查自控仪接口处是否有故障,将自控仪上的风门插头拔下,用棉签将里边的灰尘清理干净。若电磁阀出现问题则需要及时更换电磁阀,更换方法是:用十字螺丝刀将电磁阀护罩打开,将坏损的陶瓷卡扣更换(图7-14)。

(2)强制排湿器的操作要求。强制排湿器在当前的高密度装烟方式中有着广泛应用,尤其是在散叶烘烤中,总体的操作原则是:能不用则尽量不用。因为开启后,烤房内的风速增加,烟叶的烘烤时间缩短,大分子物质降解不充分,烤烟的香气质与香气量会有所下降。强制排湿器每开启一个挡位旋转30°,因此为了保障烤烟质量,东南烟区下部叶烘烤时最高放置3挡,一般2挡即可。中上部叶可以根据实际情况或用或开至2挡即可。

图 7-14　冷风门的维修

（3）排湿百叶窗的操作要求。烤烟烘烤前需要对排湿百叶窗进行检测,检测方法如下:将冷风门关闭,打开烤房门再将烤房门快速关紧,听百叶窗声音是否整齐清脆无杂音。烘烤过程中不同烘烤阶段烤房需要排湿的量不同,因此百叶窗的摆动频率与摆动幅度大不相同,一般情况下表现为:烘烤的 1~2 d 百叶窗起落角度约为 15°,每秒 1~1.5 次;3~4 d 百叶窗起落角度为 60°~70°,每秒 2~3 次;5 d 百叶窗起落角度约为 30°~40°,每秒 1~2 次;6~7 d 百叶窗起落角度约为 15°,每秒 1~1.5 次(图 7-15);但须注意的是在大排湿阶段,百叶窗呈 90° 打开的时间不能过长,或不要出现,以防排湿过快出现"掉温"进而出现挂灰烟,影响烤烟质量,而这种状态的外部操作主要是冷风门与强制排湿器完全打开。

图 7-15　烤房排湿百叶窗

4.控制系统的操作事项与维修

烤房的控制系统主要由烤房自控仪与温湿度传感器组成,其中烤房自控仪是烘烤操作命令的主要来源,自控仪的正常运行与灵敏度是保障烘烤顺利进行的重要前提;而温湿度传感器是烤房内温湿度的重要参考依据。

（1）烤房自控仪维修。自控仪作为整个烘烤行为的"司令部",由于使用环境处在风吹日晒、尘土飞扬之中,因此多数自控仪的使用年限一般为 2~3 年,据统计,2 年后会陆续出现间歇性故障。3 年后只能维持温湿度的显示与风机的运转等基本功能,目前产区普遍采用的自控仪多为三相自控仪,外接电源的顺序为"火-火-火-零"。常见的故障多为风机缺相与过载、鼓风机自动运转失败、传感器数据乱码及冷风门不自控,一旦出现以上情况需要及时检查是所控制的设备问题还是自控仪本身问题,若确定为自控仪问题,需要第一时间进行更换,更换前需要明确各设备的插接位置,尤其是三相风机的导线接口,从左往右为"火-火-火-零",接错后会出现风机逆转的情况,若未及时发现会对风机造成一些不可逆转的破坏。

(2)传感器的操作事项。传感器(图 7-16)是烤房内温湿度的重要参考,在烤烟的烘烤过程中传感器会出现两方面的问题:一是传感器与自控仪的插接口无误,但自控仪显示面板乱码而不显示温湿度数据,这表明传感器本身故障,解决方法是更换传感器,在烟夹或挂杆烤房中,需进入烤房将传感器水壶固定在烤烟内,传感器接口有空洞穿出,后插接到自控仪上;若是在散叶烤房中,需趴在烤房地面上,匍匐前进找到坏旧传感器的位置,旋转身体面对分封板,将分封板移开一个缝,用手将传感器固定在烤烟内,传感器接口端的穿出,需要爬到烤房尽头,将分封板拿开,慢慢站立将传感器穿出烤房,后连接到传感器之上。二是高温层显示温度比低温层显示温度低,出现此问题的原因是上棚传感器与下棚传感器挂装反向,此时需调整传感器棚次控制开关,以温度高的传感器作为高温层温度参考进行烘烤。三是自控仪面板显示干球温度与湿球温度同步或自控仪报警提示湿球温度过高,引发此问题的原因主要有两个:①传感器水壶里边的水蒸发完全,此时只需携带一瓶矿泉水进入烤房将水壶取下,装满水后再将水壶安装在传感器上;②水壶挂置颠倒,此时需要进入烤房将水壶传感器向下,水壶低端向上挂在烤烟之中。注意,在整个传感器的维修过程中,需要准备一条毛巾,浸满水后不要拧干水分,将毛巾勒紧在面部遮住口鼻,然后进入烤房,在烤房内呆的时间不要超过 20 min。

图 7-16 密集烤房自控仪与温湿度传感器

第三节 烤烟实操技术与烘烤思维形成

思维最初是人脑借助于语言对客观事物的概括和间接的反映过程。思维以感知为基础又超越感知的界限。通常意义上的思维,涉及所有的认知或智力活动。它探索与发现事物的内部本质联系和规律性,是认识过程的高级阶段。思维对事物的间接反映,是指它通过其他媒介作用认识客观事物,及借助于已有的知识和经验、已知的条件推测未知的事物。思维的概括性表现在它对一类事物非本质属性的摒弃和对其共同本质特征的反映。随着研究的深入,人们发现,除了逻辑思维之外,还有形象思维、直觉思维、顿悟等思维形式的存在。烤烟烘烤作为人类的一项行为活动,在烘烤过程中面对一房烤烟总会有不同的想法理念,而这些想法理念的来源多数是源于经验,总结起来是一些只可意会难以言传的东西,不利于技术的推广与传播。为此本节就结合自身在烘烤过程中的思维理念进行分析,以期对专业技术人员的技术水平的提高与新技术的推广提供参考。

一、烘烤思维依据来源

烤烟的生产作为一种农事操作,面对的对象是农民,在实际生产中我们不可能将烤烟烘烤过程中的化学变化、酶活性变化这些肉眼看不到的方面作为他们烘烤调控的依据,因此作为专业技术人员需要转换方法,采用一种更加宏观粗放的方式向农民进行技术推广。然而,作为一名烤烟烘烤的技术人员,我们不仅需要掌握烤烟烘烤过程中微观世界转化降解,更需要将对烤烟微观世界的讲解转化转变成一种自己可以理解掌控的方式,而这种可以理解掌控的方式便是一个人思维,而这种思维的形成需要寻找一种思想来源依据,只有如此才能更加有效、科学地进行烤烟的烘烤,那如何养成"科学化思维"呢?笔者觉得哲学是一种不错的选择,由于哲学的诞生就是思维升华的结果。所谓"万物皆有法,有法皆可依",烤烟既然作为一种植物,一种生命体存在于世界上,那么它必定会依照自然的法则去运行,这种自然法则便是"生老病死";而烤烟的烘烤目标便是在烤烟衰老之初将烤烟的生命价值体现出来。经过近十年的烘烤实操与理论研究,关于烤烟的烘烤逐渐形成一些自己的思维方式,而这些思维的来源主要是中国哲学、马克思主义哲学及量子理论等3个方面。

1.中国哲学

中国哲学源远流长,博大精深。其独特的思想价值观远远走在历史的前沿。中国哲学经历了春秋百家争鸣,再到汉唐儒道三玄,后到宋代儒学,最后到近代中西融合四个阶段。而在这诸多哲学思想之中首推道家思想与毛泽东思想,其中道家思想比较推崇"清虚自守,卑弱自持,反璞归真""难易相成,长短相形,高下相倾"与"天之道损有余而补不足,人道则不然,损不足,奉有余"三项至理;而毛泽东思想则推崇"实事求是"的方针。其中"难易相成,长短相形,高下相倾"则表明烤烟的现状,由于生长环境的影响,烤烟的生长优劣不一,再者表明完全完美的烤烟是不存在的,烤烟在表现优秀品质的同时,一定会有某种相应的制约因素存在,如质量好的烤烟烘烤难度大,烘烤容易的烤烟则质量不佳,如 K326 品种与南疆 3号。"实事求是"则是对烘烤人员对待烤烟态度的规范,烤烟一旦采收,是否达到的要求的烤烟,不会随人的意志有任何改变,面对烤烟素质不佳的烤烟,需要无条件接受,针对这些素质不佳的烤烟,采取相对应的解决办法。"清虚自守,卑弱自持,反璞归真"则规范了烘烤人员自身的行为,在从事烤烟烘烤的过程中,工作环境不可避免的脏乱差,工作强度大、风餐露宿,在面对这些状况之需要耐得住孤独与困苦,专心致志投身烘烤之中。"天之道损有余而补不足,人道则不然,损不足,奉有余"则规范烤烟与烘烤人员的地位,面对烤烟烘烤时,烤烟与人的地位是平等的,或高于人的;整个行为烤烟才是主角,人只是配角而已。

2.马克思主义哲学

马克思主义哲学从实践出发解决哲学基本问题,即思维和存在的关系问题是对人与世界的关系的最高抽象。马克思主义哲学深刻地指出人与世界的关系实质上是以实践为中介的人对世界的认识和改造关系。从实践出发解决人与世界的关系问题是马克思主义哲学实现伟大哲学变革的实质和关键,是实践为人提供了认知对象。因此,在实践中,人不仅认识了世界,还改造了世界,在天然、自然的自在世界的基础上创造了人类的属人世界。实践不仅具有认识论意义,而且具有世界观意义。马克思主义的实践论正是规范了烤烟人员的实践与理论升华统一,没有了理论的支撑,烤烟的烘烤会有很大的局限性,只能对某几个品种、某些部位、某些特定素质的烤烟进行烘烤,一旦外界条件发生改变,则只能采用其他旧的烘烤方法生搬硬套进行烘烤,结果只会造成重大的经济损失;若没有实操,理论只是一种理想的烤烟状态,获取烤烟烘烤理论的途径多半是教材,而在实际生产中烤烟的状况是复杂多变且不随人的意志为转移的,而这种理论状态多半是不存在的,更多只是纸上谈兵,对烤烟的烘烤不仅没有起到丝毫作用,还增加了产区农民的不信任感。作为一名烤烟烘烤的专业技术人员,需要将理论与实操并驾齐驱,在从事烤烟的烘烤过程中将理论运用于实操,更加自信有依据地去指导实操,帮助自己去判断烤烟烘烤状态;在实操中检验并完善烤烟烘烤理论,进而促进烤烟理论研究的发展进步。

3.量子纠缠

量子纠缠或称量子缠结,是一种量子力学现象,是 1935 年由爱因斯坦、波多尔斯基和罗森提出的一种波。它描述了两个粒子互相纠缠,即使相距遥远距离,一个粒子的行为也会影响另一个粒子的状态。当其中一颗被操作而状态发生变化,另一颗也会即刻发生相应的状态变化。这一理论表明人与烤烟的关系密切性,换言之就是所说的"天赋"或"第六感",在生活中我们会看到,面对同样的事务、处在同样的条件下,不同的人对事务的敏感程度是不同的;烤烟的烘烤亦是如此,有的人很快渐入佳境,而有的人苦苦不得其法。这便需要专业技术人员从事烤烟烘烤时需要千方百计找到烤烟烘烤的感觉,与烤烟建立牢固不破的关系,能够在烘烤过程中感知到烤烟水分与生理的变化,虽然这些变化不一定准确,但有助于自己进行下一步的操作。笔者总结了 9 个字"多实践、多思考、多反省",只有在实践中我们才能发现问题,进而思考引发问题的原因,最后反思自己在何种环节出现不足,才能认识烤烟,了解烤烟,懂得烤烟,最终与烤烟建立联系,感知到烤烟的变化与对温度的诉求,并对烤烟的不同状态及时给予相适宜的温湿度与风量。

二、哲学思想在烤烟烘烤实操中的应用

烤烟的烘烤不是在一瞬间完成的,从起火到停火一般需要 6~9 d 的时间,因此我们有足够的时间去思考如何烤烟。再者在烘烤期间,烤烟的变化是复杂多样的,尤其是在烘烤进行24 h 后,烤烟的颜色与干燥状态变化会相对迅速,这便需要烘烤人员及时有效地捕捉到信息,调控烘烤环境;在这漫长而又短暂的烘烤过程中,我们需要思考的问题是:烤烟现在处于什么状态,水分含量有多少,颜色变化有多少,大分子物质的降解有多少,烘烤的危险系数有多高,接下来烤烟需要什么样的环境,以上思考的依据是什么……一系列的问题都要我们去思索,而在思索的过程中,为了更加坚定自己思路的正确性,需要哲学理论与科学理论为我们的思路做支撑。然而烘烤过程中烤烟大分子物质的降解、水分的转化,是不能可视化的,为此我们需要一种科学的经验去量化这些指标。

1.烤烟烘烤的准备工作

"兵马未动,粮草先行"是用兵之道,同样适用于烟叶的烘烤。在烘烤开始前,烘烤人员需要对烤烟烘烤理论与烤烟素质、不同素质烤烟占比与装放位置及装烟方式与装烟密度均需要有全方位的掌握和了解,与此同时,在掌握烤烟一系列情况的前提下,制动相应的烘烤

工艺。

(1)充分掌握烤烟颜色与内含物质变化理论。在烘烤实操前,烘烤技术人员需要充分掌握烤烟烘烤过程中颜色变化与内含物质的变化,才能保障烤烟烘烤的顺利完成。

1)颜色变化。烘烤过程中烤烟颜色的变化主要包括叶片颜色变化与叶脉颜色变化两方面。叶片颜色的变化规律是绿色(起火)→黄绿色(预热)→绿黄色(变黄前期)→浅黄色(主变黄结束)→柠黄色(定色前期)→橘黄色(定色后期)→浅褐色(烤坏烟前期)→褐色(烤坏烟后期),烤烟颜色达到浅黄色需在烘烤的前48 h完成,越早变黄越有利于烘烤的进行,再者为了保障橘色烟的比例需要拉长定色后期时间,并提高湿球温度;而主脉的变化规律是淡绿色(主变黄结束)→白色(定色前期)→浅黄色(定色后期)→褐色(干筋期)。

2)水分的变化。从大的方面讲烤烟内含物的变化主要是水分、淀粉与蛋白质的变化,其中烤烟叶片水分变化的外在表现是:鲜烟(起火,含水量约75%)→勾尖卷边(主变黄中期,含水量约65%)→软卷筒(变黄后期,含水量约55%)→小卷筒(定色中期,含水量约40%)→大卷筒(定色后期,含水量约15%);主脉水分变化规律的外在表现是:叶脉膨硬(起火,含水量约90%)→支脉脉尖发软(变黄中期,含水量约85%)→支脉脉中与脉基部发软(变黄后期,含水量约75%)→主脉出现鳞片状(定色前期,含水量约70%)→支脉脉尖干燥1 cm(定色后期,含水量约60%)→主脉尖部开始干燥(定色后期,含水量约60%)→支脉全干(干筋前期,含水量约45%)→主脉全干(干筋后期,含水量约15%)。烤烟烘烤过程中发现高温层烤烟在风力的作用随风飘起,是烤烟危险解除的重要标志,一旦发现此种情况,则以表明烤烟失水顺利,烤坏烟的概率下降,可以着力解决下一个烘烤问题。

3)淀粉和蛋白质的变化。烤烟淀粉和蛋白质的降解主要发生在变黄期,进入定色期后烤烟淀粉与蛋白质的降解基本停滞,这主要是由于进入定色期后烤烟的细胞破裂,活力降低,温度升高,烤烟淀粉酶与蛋白酶的活力降低,故此在保障烤烟顺利烘烤的前提下,应适当拉长变黄温度,促进淀粉与蛋白质的降解,提高烤烟的吃味品质。

(2)充分把控烤烟的成熟度。

烤烟移栽后约60 d,叶片开始自下而上逐渐成熟。烟叶成熟时,其外观特征和生理特性,表现出不同的特点。不同成熟度烤烟如图7-17所示。一般根据叶色、主脉、茸毛、叶尖、成熟斑等变化特征来判断烟叶成熟与否,具体来说有以下几种判断特征:

图7-17 不同成熟度烤烟

1)叶色落黄。随着烟叶逐渐成熟,烟叶绿色减少,变为深浅不同的黄色。烟叶正常成熟落黄,叶片组织疏松,水分含量适中,干物质积累较多,黄色分布较为均匀,其烟叶正反两面均产生一定程度的落黄,光泽饱满、柔和,通常不出现钩尖卷边现象。正常成熟落黄的烟叶,成熟度的内容变化几乎与烟叶的黄色显现程度同步推进,两者相关系数较大。在这种情况下,通过烟叶颜色的变化来判断烟叶成熟度的方法,是基本正确的。从烤烟生产实践看,正常成熟落黄与假象成熟落黄的年份或烟叶数量,大概各占一半。因此,烟叶黄色的显现及变化程度,对判断烟叶成熟度是重要的参考标准之一,但并非决定性标准。

2)主脉变白发亮,支脉退青转白。对主脉、支脉变白发亮程度的观察,主脉起主导作用,其次是支脉。要正确认识主脉、支脉的变化过程,才能准确地判断烟叶的成熟程度和档次。主脉的变化过程是:绿色(未熟)→变白(初熟)→发亮(适熟)→寡白(过熟)。支脉的变化过程是:青色(未熟)→绿色(初熟)→变白(适熟)→发亮(过熟)。在判断烟叶成熟度的实践过程中,在一些特殊的气候条件下,烟叶主、支脉颜色的变化程度比烟叶叶肉部分的颜色变化程度更能代表烟叶的成熟度。比如,阴雨连绵气候条件成熟的烟叶,叶色淡绿,主脉变白发亮,支脉退青转白,这样的烟叶实际上已经成熟。烟叶主脉变白发亮,支脉退青转白,是烟叶进入生理衰老过程的标志之一。无论是正常成熟的烟叶,还是假象成熟的烟叶,只要烟叶进入衰老过程,主脉都变白发亮,支脉都退青转白。从这一概念上说,烟叶主、支脉颜色的变化程度与人们所要求的成熟度,仅仅保持着一定程度的相关性。因此,烟叶主、支脉颜色的变化程度,仍然是判断烟叶成熟度的参考标准之一。

3)茸毛少数至大部分脱落。对茸毛脱落的观察,要根据烟叶的着生部位和气候条件,灵活掌握应用。正常气候条件下,下部烟叶成熟,茸毛几乎不脱落;中部烟叶成熟,茸毛部分脱落;上部叶成熟,茸毛大部份脱落。烟叶成熟期,天气干旱少雨,烟叶成熟,茸毛少数至大部分脱落。烟叶成熟期,天气阴雨连绵,烟叶成熟,茸毛几乎不脱落。烟叶成熟期,雨水调匀,晴转多云,多云间晴,烟叶成熟,茸毛部分脱落。在判断烟叶成熟度的实践过程中,因茸毛较小,不易分辨,加之对烟叶成熟度的代表性又较低,采收烟叶时,很少作为参考标准。

4)叶基部产生分离层,容易摘下。采摘时有略带沉闷的的响声,采后断面整齐,呈马蹄形。对烟叶采摘的声音及采后的形状,要结合气候和烟叶含水量来掌握。烟叶成熟期,天气阴雨连绵,烟叶含水量较大,容易采摘。采摘的沉闷声较为突出,采后形状呈较大的马蹄形。烟叶成熟期,天气干旱少雨,烟叶含水量较少,较难采摘。采摘的沉闷声较短,不突出,采后烟叶形状马蹄形不明显。正常气候条件下成熟的烟叶,含水量适中,采摘时声音正常,采后烟叶柄端呈马蹄形。在判断烟叶成熟度的实践过程中,叶基部产生的分离层,肉眼看不到;采摘的响声,听得到;采后的马蹄形,看得到。这条标准本质上是烟叶进入衰老期的性状表现,也是成熟烟叶在采摘过程中物理特性的外在反映,对判断烟叶是否成熟,仅仅作为验证参考标准使用,作用不是很大。

5)叶尖下垂,茎叶角度增大。判断叶尖下垂和茎叶角度的大小,要结合品种及水肥条件来灵活掌握。有的品种(品系),烟叶成熟时,叶尖下垂程度较多,茎叶角度较大。有的品种,烟叶成熟时,叶尖下垂程度较少,茎叶角度也较小,如红花大金元品种。水肥条件好的田块,烟叶较宽、较长,成熟时叶尖下垂程度较多,茎叶角度也较大。水肥条件较差的田块,烟叶较窄、较短,成熟时叶尖下垂程度较少,茎叶角度也较小。在判断烟叶成熟度的实践过程中,叶尖下垂,茎叶角度增大,鲜明突出,只要烟叶进入衰老期,这一特征就清晰可见,但对判断烟叶的成熟程度,这一标准仅仅标识大概,不能准确表达烟叶的成熟度档次,是一条有用而又较粗的烟叶成熟参考标准。

6)中上部烟叶或较厚的烟叶,常呈现黄斑。质量好的烟叶,叶面会出现凸凹不平的波状,凸出向上的部分,略呈黄白色,是淀粉积累的表象。黄斑和淀粉粒,上部烟叶较为突出,中部烟叶较少出现。黄斑是烟叶在田间成熟不均匀的表现;淀粉粒是烟叶光合产物积累较多的外在表现形式。黄斑和淀粉粒,伴随着烟叶的成熟而出现,因此其是烟叶的成熟特征。在判断烟叶成熟度的实践过程中,黄斑和淀粉粒,对上部烟叶,特别是顶叶的成熟度,有一定程度的参考价值,但并非是必需的。要把握好烟叶成熟的特征、特性,必须熟悉烟叶的构造部位。烟叶的叶片,从柄端到叶尖,可分为基部、中部、尖部三个部位;其构造分为叶肉、叶脉(主脉、支脉、细脉)、叶尖、叶缘、叶耳。中部叶采收标准烟叶基本色为黄绿色,叶面2/3以上落黄,主脉发白,支脉一半发白,叶尖、叶缘呈黄色,叶面时有黄色成熟斑,茎叶角度增大。叶龄60~70 d。由于施肥或天气原因导致烟叶成熟过程不正常的情况下,参考叶龄采收。上部叶的采收标准为烟叶基本色为黄色,叶面充分落黄、发皱、成熟斑明显,叶尖下垂,叶边缘曲皱,茎叶角度明显增大。叶龄 70~90 d。

(3)做好烘烤前烤烟质量评价。烤烟的等级并非是烤后才能确定的,其实烤前一样可以划分烤烟等级,尤其是专业化烘烤时,不仅是对烤烟烘烤经济效益的有效评估,而且是对烘烤专业技术人员责任归属的一种明确。烘烤的主题思想是将烤烟的质量潜力完全发挥,例如:鲜烟叶是 C3F 等级的烤烟,能烤出来 C3F 等级的烤烟属于高水平发挥,若烤出来是 C3L 等级的烤烟则属于烘烤水平的正常发挥,若烤出来时是 C4F 等级的烤烟则属于烘烤水平失常发挥。因此在烘烤前需要掌控烤烟的素质水平,全面评价烤烟鲜烟叶的各等级比例,制定有针对性的烘烤工艺,预测烘烤过程中可能出现的问题,并做好紧急预案,做到游刃有余,确保烤烟烘烤的顺利进行。

(4)充分掌握的装烟情况。

1)不同装烟方式烘烤分析。当前烤烟的装烟方式大体上分为两类:一是顺重力装烟(叶尖向下,叶基向上),二是逆重力装烟(叶尖向上,叶基向下)(图 7-18)。其中顺重力装烟主要包括挂竿与烟夹烘烤,而逆重力的装烟主要包括散叶插钎、散叶堆积与散叶烟筐等装烟等方式,而不同的装烟方式在烘烤过程中的形态表现差异较大。

图 7-18　不同装烟方式的烤房

A.顺重力的装烟方式在烤烟烘烤过程中不仅可以观察到叶尖部的变化,而且可以观察到叶基部的变化,由于挂竿烘烤是中国开始进行烤烟烘烤以来,烟农最先接触的装烟方式,烘烤过程中的一些烤烟状态变化早已深入人心,而当前挂竿或烟夹等密集烤房对他们而言只是装烟量与装烟密度的增加,判断烤烟烘烤状态的指标依旧是勾尖卷边、软卷筒、小卷筒、大卷筒等,这在一定程度上更符合烤烟烘烤者的传统观察习惯,对他们而言技术难度相对较低,更易于掌握。但是由于密集烤房的装烟量与装烟密度较大,因此在烘烤过程中每次升温前最好调低湿球温度,保持 20~30 min,排出多余的水分后再另行升温。但编烟、夹烟工作量相对较大,且装烟成本相对较高。

B.不同逆重力装烟方式共同特点是烘烤过程中只能看到叶尖部 10 cm 左右的烤烟变化,而叶基部的变化只能依据叶尖部的变化进行推断,且烘烤过程中不同装烟方式的判断指标则差异较大。其中由于有铁钎的原因,散叶插钎与散叶烟筐两种装烟方式的烤烟变化有类似之处,主要有叶尖弯曲、叶尖完全倒伏、叶尖部回勾、叶尖部完全固化壳形成等判断指标,分别对应顺重力烘烤的勾尖卷边、软卷筒、小卷筒、大卷筒等指标。而散叶堆积烘烤的烟叶状态判断指标主要有倒伏 45 ℃、平铺、叶尖上翘、鱼鳞状固化壳完全形成等 4 个判断指标,也分别对应顺重力烘烤的勾尖卷边、软卷筒、小卷筒、大卷筒等指标。但由于逆重力烘烤叶片对风速的阻力较大，烟叶内部的水分散失比较缓慢，一旦出现以上指标，为了保障烤烟烘烤的成功，建议不要急于升温，正确的操作是将湿球温度拉低 1~2 ℃，保持高风速，将烤烟内的多余的水分排出后再缓慢升温。但需要注意的是逆重力装烟虽然省去了编烟、夹烟的工作流程，但对装烟的要求较高，需要装烟尽量均匀一致。此外建议逆重力装烟烘烤时，温湿球传感器安装在中温层与低温层，烘烤时以控制中温层温湿度的变化作为烘烤的主控温湿度，此外烘烤由于风速降低，需实时关注变黄期与定色期温层烤烟的温度，两个棚次的温差最好控制在 1~2 ℃，这样可以实现全房烤烟的统一控制，一旦变黄期温差过大，需要将循环风机由低风速挡位转换至高风速挡位，待低温层温度上升至适宜范围，后再将循环风机转换至低风速运行，如此反复，便可保障低温层的温度与高温层相差较小；一旦定色期温差过大，则需要将冷风门关闭一些，或强制排湿器的打开一些，保障低温层温度保持在较高水平。

2）装烟素质与装烟位置确定。在烤烟烘烤前，烘烤人员需要对烤房内所装烟叶的素质进行评估，重点是哪种成熟度的烤烟占据多数，在保障这些烤烟烘烤成功的基础上，还能保障哪些成熟度的烤烟可以烘烤成功？这些都需要烘烤人员进行评估，结合自己的烘烤经验而言，烘烤中保障80%的烤烟顺利烘烤，可以作为烤烟素质不佳或不统一的烤烟烘烤成功的标准。此外针对这些不同素质的烤烟，其烘烤难点在哪里，需要采取什么样的措施去解决这一难题？

烤烟的烘烤是烤烟吸收热量释放水分的过程，由于现行密集烤房的装烟是分层装烟，一般是 3 层或 4 层，因此在烘烤过程中装烟室的温湿度，每经过一个棚次均会有较大幅度的变化。再者实现不同素质烤烟变化的最适烘烤环境差异较大，因此为了保障不同素质的烤烟能最大限度地烘烤成功，需要在编烟、夹烟或装烟时进行分类处理，后将成熟度较高的烤烟装放在高温层，将成熟度较低的烤烟装放至低温层。

（5）烘烤工艺的制定。"知己知彼，百战不殆"，战略方案的制定不仅需要充分了解对方将领的作战习惯与军队规模，还需要掌握战场的地理环境及敌我双方士兵的士气、作战体力及装备精良程度。烤烟的烘烤也一样，烘烤时，所面临的每一房烤烟的情况差异较大，因此每一房的烘烤工艺便不尽相同，制定烘烤工艺则需要做到"因地制宜，活学活用"。然而针对性烘烤工艺的制定，除了做好以上烤前工作外，还需要充分掌握烤烟品种、烤烟部位、烘烤特性与成熟期的生态环境。

1）烤烟品种。烤烟品种归根结底是一种内源性因素，其特性是不以人的意志为转移的。在烘烤过程中同一部位不同品种的变黄失水差异较大，当前就全国范围内而言，K326 与云烟系列的种植面积较大，而 K326 与云烟系列的宏观差异主要体现在叶型上，而微观差异则主要体现在表皮厚度上。此外还有诸如红花大金元、G80 及中烟 100 等品种均有着区域性大面积种植，其中红花大金元主要种植在云南产区，G80 主要种植在湖南长沙地区，而中烟 100 主要种植在河南产区。三者之间的差异主要体现在叶片厚度与叶表皮厚度方面。

A. K326 为柳叶型烤烟（图 7-19），与云烟系列相比叶面积较小，进而每烤房的装烟数量增加，烘烤过程中单片烤烟叶中部的叶间隙较小，使烘烤过程中每经过一棚烤烟的热量吸收量增加，热空气的含湿量增加，使烘烤前期烤烟的变黄困难，中后期失水困难。再者 K326 的叶表皮厚度较大，水分由细胞传输到外界的阻力较大，且细胞吸收热量的阻力也增加，因此 K326 烘烤过程中变黄与失水难度增加，烘烤的危险系数较大，再加上细胞水分较足，细胞比较脆弱，定色期的操作则需更加小心，一旦叶表面受到摩擦，则很快发生膜脂过氧化反应，轻则出现

图 7-19 K326 烤烟品种

挂灰,重则出现烤糟。

B.云烟系列的为榆叶型烤烟(图7-20),且叶面积较大,每房烟的叶片数量较少,使叶中部的叶间隙较大,热风经过烟层时阻力较小,叶间隙风速较大,烤烟内部与外界的水分交换速率较大,且烤烟吸收的热量更加均匀,烤烟叶基部与中部的变黄更加协调一致。烘烤特性主要表现为变黄迅速,失水顺畅。再加上云烟系列的叶表皮厚度较小,烤烟内部的水分散失效率高于 K326,因此危险系数相对较小。

图 7-20 云烟系列烤烟品种

C.G80 的烘烤季节一般是每年 6 月 10 日至 8 月 10 日左右,此时期正是北半球夏季,烤烟生长期的温度足够高,前期降雨量足够大,后期稍显不足(图7-21)。因此烤烟中下部的叶片厚度较薄,烤烟的含水量高但失水速率也高,因此烤烟的变黄速率高,据统计烘烤 20 h 可以实现全房烤烟的变黄,由于含水量高,再加上 G80 本身多酚含量较高,烤烟耐烤性较差,膜脂过氧化反应更

图 7-21 G80 烤烟品种

易于发生,且易发生支脉泅筋现象。因此需要在烘烤变黄期,相应降低湿球温度,实现变黄期的少量排湿,为定色期降低排湿压力。但烤烟的上部叶由于成熟期温度过高,呼吸作用较强,昼夜温差不大,淀粉积累较少,且降雨量减少,因此出现"高温逼熟烟",实质是一种假熟烟,由于成熟度不达标,蛋白质含量较高,烘烤过程的表现为变黄容易,但耐烤性较差,往往在变黄期已经发生膜脂过氧化反应,为此采取的措施是起火后,在 5~6 h 将干球温度提高至 43~44 ℃,湿球温度提高至 40 ℃,待烤烟细胞保持较高的生命活性的前提下,促进烤烟的失水,当烤烟变黄至七八成时,保持干球温度不变,将湿球温度下降至 35~36 ℃,待全房烟叶达到软卷筒时再将湿球温度升高至 38 ℃,后进行正常烘烤。

D.红花大金元叶片长椭圆形,叶尖渐尖,叶面略皱,叶缘波浪状,叶色绿色,叶耳大,主脉较粗,叶片稍厚,叶肉组织细致,茎叶角度小(图7-22)。红花大金元品种由于种植在云贵高原,生长海拔高度 1000~2000 m,昼热夜寒,淀粉等糖类物质的积累较多,白天紫外线异常强烈,多酚类物质的积累较多,烘烤中易发生膜脂过氧化反应,再者红花大金元叶片落黄慢,充分成熟采收,严防采青,烘烤中变黄速度慢,而失水速度又快,较难定色,难烘烤。变黄阶段温

图 7-22 红花大金元烤烟品种

度 38~40 ℃,变黄七八成,注意通风排湿,40 ℃后烤房湿球温度应控制在 36~38 ℃,43 ℃烟叶变黄九成,45 ℃保温使烟叶全部变黄。定色前期慢升温,加强通风排湿,烟筋变黄后升温转入定色后期,干筋阶段温度不超过 68 ℃。

E.中烟 100 植株筒形,田间前期长势中等,中期转强,生长整齐一致。北方烟区宜重施基肥,上部叶开片好,应视田间长势和营养状况确定打顶时期,以平顶后株式呈筒形较好(图7-23)。由于河南豫中产区特殊的地理环境,烤烟生长期光照强度与温度足以满足烤烟的生长,再者中下部烤烟由于成熟期

图 7-23 中烟 100 烤烟品种

昼夜温差较小,烤烟的淀粉含量较高;然而豫中烟区为平原地理环境,土层厚度深,土壤的保水保肥能力强,在生育期内肥料的流失较少,烤烟对氮肥等肥料的吸收量较大,造成烤烟的蛋白质含量较高,使烤烟的厚度与叶面积均较大,田间落黄困难,生育期较长,在烘烤过程中变黄时间过长(一般为 3~4 d),定色难度较大,变黄特征与南方烟区烤烟的区域状变黄差异较大,表现为块状变黄,变黄均匀度较差。由于单叶重且较大,烟叶绝对含水量较大,定色期烤房的排湿压力较大,因此生产建议为:①控施肥;②采烤前一周灌溉水;③烘烤手段为温湿度同步促进变黄,提前排湿,缓升温,快定色。再者上部叶烘烤时间偏晚(9 月中下旬至 10 月

上中旬),此生育期内豫中烟区的气温表现为昼热夜寒,上部叶的积累再一次达到高峰,烤烟的成熟采收更加推迟,再加上烤烟的生命活性已步入衰老期,上部叶由草本植物特征向木本植物特征的转化越发明显,由于烤烟木质化的程度逐渐加深,烘烤过程中变黄更加困难。因此建议烘烤采取的措施是:保持较低温度时变黄,温湿球同步保水变黄,早排湿,缓排湿,勤升温,慢升温,快定色。

2)烤烟部位。不同部位烤烟因其生态环境与烤烟生命活性的差异,形成了不同烘烤特性(图7-24)。就变黄特性而言,下部叶变黄时间<中部叶变黄时间<上部叶变黄时间,但下部叶由于出现较早,但光照条件较差,总体表现叶片厚度较薄,内含物质较贫乏,因此在烘烤时宜采取早排湿定色的烘烤方式。

图 7-24 不同部位烤烟

中部叶不论是易烤性与耐烤性均表现较好,烘烤时只需采取稳扎稳打、按部就班的烘烤方式即可。上部叶由于受到光照强度与烟株衰老的双重因素影响,淀粉与蛋白质的含量较高,成熟落黄较缓慢,因此采取上部4~6片充分成熟一次采收的方式进行采收,烘烤时多表现为易烤性较差,耐烤性较差,由于上部叶表皮厚度较厚,烘烤时的装烟密度尽量大一些,充分利用烤烟的呼吸作用促进烤烟的变黄与干燥;针对上部叶易烤性与耐烤性均较差的特点,烘烤时变黄期宜采取温湿同步,低温促变黄的方式,争取烤烟在高湿环境下完成尽早变黄的目的,在变黄后需采用温干球降失球的方式,等到烤烟达到软卷筒目标后,再进行升温操作,升温时,湿球温度保持在 36 ℃左右,将干球温度以0.5 ℃/h 的升温速度升至目标温度。

3)生态环境。生态环境(图7-25)不仅是烤烟质量风格形成的重要外部影响因素,而且是烘烤特性形成的重要前提,更是烤烟烘烤预热温度与主变黄温度确定的重要参考因素。对烤烟影响较大主要有光照、温度及降雨 3 个因素,他们对烤烟叶绿素的积累,多酚物质的积累及水分属性的形成都有着不同程度的影响,进而形成了不同烘烤特性的烤烟。

图 7-25 烤烟生态环境

A.光照主要影响烤烟的光合作用与多酚类物质的积累,光合作用的场所是叶绿体,而起作用的是叶绿素,烤烟在生长过程中尤其是在成熟期,光照强度较强,烤烟尤其是上部叶接触光照最多,为了适应生态环境与满足自身生长的发展需求,因此叶绿素的含量不断增加,光合效率越来越高;同时光合作用产物——淀粉等糖类物质的积累不断增加,便造成烤烟成熟落黄的不断延迟,烘烤过程中变黄时间较长。阳光中紫外线是一种有害射线,促进烤烟的衰老,对烤烟的生长发育是不利的,尤其是上部叶接受的光照多为直射光,而中部叶与下部叶由于受到上部叶的遮挡接受的光照多为漫射光,受到的伤害相对较少,上部叶为抵抗紫外线照射,延缓衰老,提高自身的适应能力,多酚等次级产物的产量不断增加,表皮厚度不断增加,束缚水的比例不断增加,这些造成了烤烟烘烤过程中水分的散失困难,膜脂过氧化的作用越来越强,定色期挂灰现象越来越严重,为此需要烘烤时在膜脂过氧化作用发生前解决烤烟的变黄与失水难题,降低烤烟定色期的压力。

B.温度主要影响烤烟内部淀粉等多糖物质的消耗与大分子物质的降解,除东南烟区外,其他烟区上部叶的成熟期生长温度多为昼热夜寒,这便造成上部叶淀粉的消耗大于生产,使上部叶淀粉含量不断增加,烤后烟淀粉烧焦色比较明显,不利于烤烟的分级定产;同时上部叶为了适应温度环境与延长自身的寿命,在温度的作用下大分子物质的积累量不断增加,尤其是蛋白质含量不断增加,各种降解酶的数量与活性不断增强,又由于细胞壁的不断木质化,细胞膜的选择透过性不断减弱;再者水分在散失过程中不仅其表皮角质层的阻力不断增强,而且束缚水向自由水转化效率不断降低,形成了"细胞内部生理生化反应剧烈,外部反应效率低下"的不协调局面,烘烤过程中膜脂过氧化发生的时间不断提前,烘烤的危险性不断提高。因此需要严格控制烤烟的成熟采收期,经过多年的产区实践,上部叶成熟采收的最迟时间应控制在秋分到中秋节期间,超过中秋节后,烤烟基本没有采烤价值。综合以上分析在烤烟烘烤时需要把握两个温度:预热温度与主变黄温度,其中预热温度的确定应参考烤烟成熟期的平均温度,而主变黄温度的确定应参考烤烟成熟期的最高温度,参考理由是烤烟在大田期已经充分适应这两个温度,在烘烤过程中不会因为温度改变而发生过于激烈的应激反应,使烟叶在相对温和与熟悉的温度条件下,实现变黄与失水。

C.降雨主要影响烤烟内部自由水与束缚水的比例,烘烤过程中自由水的含量越高越利于烤烟的变黄与失水,尤其是上部叶的采烤最好是在降雨后的一周再进行采烤,有灌溉条件的产区可以在采烤前进行一次灌溉,促进上部叶自由水含量的增加,降低烘烤难度。

2.烘烤实操技术

(1)对待烤烟的态度。烤烟是一种生命体,有着独立于其他生命体特有的属性,它虽然没有像动物一样的神经系统去规范自己的行为,更没有向人类一样有自己的思维方式,但植物界也存在应激反应(例如含羞草),烟草也一样,面对外界不利的环境也会及时调整自我,适应不利的环境,尽可能保护自我不受伤害。采收后的烟不意味着烤烟生命活动的终结,其内部依旧有条不紊地进行着新陈代谢,作为一名烤烟者,不应把人与烟区分的那么明显,"自己是主,烤烟是奴"这种思想万不可有,正确对待烟的态度应该是"烟为主,人为客",所谓客随主便便是如此,烤烟的目的是实现生命的价值,而我们的使命是帮助烤烟实现生命价值,而在这实现生命价值的过程中,人与烟必须互相信任,配合默契。在烘烤中烤烟人员必须按照烤烟的思路去调控环境,而非按照自己的意志去调控环境,让烤烟的变化按照人的意志去变化。自始至终需要对烤烟心存敬畏,给予烤烟亲人般的关怀。这就需要我们在烤烟烘烤过程中尽自己所能去观察烤烟的变化,思考烤烟的变化,将自己的烘烤理论运用到烘烤之中。

"万变不离其宗",变的是烤烟的品种、部位、生态环境,不变的是烤烟本身,其烘烤过程的变化机制总会或多或少被烘烤人员获取,在个性中寻求共性,并充分利用这些共性。其中烤烟的共性主要体现在:①烘烤过程中烤烟总会由绿色变成黄色;②烤烟总会失水干燥;③烤烟总会有细胞衰老与死亡;④烤烟大分子物质总会降解转化。基于以上四点共性,在烘烤过程中总会找到烤烟变化的关键点,并在关键点及时调控环境,进入下一个阶段的烘烤,最终实现烤烟烘烤的成功。

（2）烟与人的角色互换。在烤烟的烘烤过程中不仅要了解自己办事风格、优缺点、长处与不足，做到"欲行事，先正己"，后再去观察烤烟，了解烤烟，懂得烤烟，依据量子纠缠理论，最终达到与烤烟之间某种外物不可改变的联系，形成密切的合作关系，同时烘烤人员在烘烤时应设身处地地为烤烟着想，当前烤烟的状态是什么，他需要多久的时间与什么样的环境才能到下一步的目的。自己若是烟，自己想要达到某种目的，自己的内心是怎样的，自己的身体机能是什么样的状态；若想达到目的，自己需要什么样的条件，下一步的行动计划是什么？只有如此我们才能更加充分地感受到烤烟内部的变化，将烤烟内部一系列不可视的变化了如指掌，从而建立与烤烟的某种联系，这便需要我们在烘烤过程中全身心的投入，不计任何劳累困顿的付出，目标只有一个，即帮助烤烟实现其生命价值。

（3）理清烤烟烘烤主要矛盾。烘烤的本质是促进烤烟变黄与干燥的协调统一，而在生产中需要解决的矛盾是两者之间主与次的矛盾，而且矛盾的主次是随着烤烟品种、烤烟部位、成熟度及烘烤进程而转变的，一些烤烟在烘烤中变黄期的主要矛盾是变黄，次要矛盾是失水，定色期的主要矛盾则是干燥，即耐烤不易烤的烟；而另一些烟在变黄期的主要矛盾是失水，次要矛盾是变黄，即易烤不耐烤的烟；更有一些烟变黄期的主要矛盾既是变黄又是失水，也就是既不易烤又不耐烤的烤烟。针对不同烤烟的烘烤特性，首要任务便是明确主要矛盾，提出有针对性的解决方案，当前烘烤过程变黄与干燥的主次矛盾主要有品种、部位及成熟度之间的矛盾。

1）品种矛盾。不同的烤烟品种具有不同的烘烤特性，就目前的烤烟品种而言，云烟系列尤其云烟87与南江3号属于既易烤又耐烤的烤烟品种；K326与G80属于易烤不耐烤的烤烟品种；中烟100与红花大金元属于既不易烤又不耐烤的烤烟品种。针对这些烤烟品种，应采取不同的烘烤方式进行烘烤，如云烟87与南江3号可以按部就班、稳扎稳打地烘烤；K326与G80可以采取边变黄边失水的烘烤方式进行烘烤。具体操作为：起火后先保持8～12 h的预热温度，待烤烟叶尖发软后，再将干球温度升高至37～38 ℃，在此过程中每隔3～5 h，将湿球温度调低，促进烤房排湿，直至烤烟达至软卷筒后，停止此操作，等待烤烟完全变黄，而中烟100与红花大金元可以采取高温高湿促变黄、稳温低湿早定色的方式进行烘烤。具体操作为：起火后在3～5 h内将干球温度与湿球温度同时升高至38～40 ℃，待烤烟变黄七八成时将保持干球温度不变，将湿球温度降低至35 ℃，待烤烟达至软卷筒时（或有烤烟随风飘现象出现时），再缓慢升温，湿球温度保持不变。

2）部位矛盾。就同一株烤烟的烘烤特性而言，下部叶属于易烤不耐烤的烤烟部位，中部叶属于既易烤又耐烤的烤烟部位，上部叶属于既不易烤又不耐烤烤烟部位，其中下部叶宜采用边变黄边失水的烘烤方式进行烘烤。中部叶宜采用正常的烘烤方式进行烘烤。而东南烟区的上部叶宜采用高温高湿促变黄、高温低湿稳定色的烘烤方式进行烘烤，具体操作为：起火后，在5～6 h将干球温度提高至43～44 ℃，湿球温度提高至40 ℃，待烤烟细胞保持较高的生命活性的前提下，促进烤烟的失水；当烤烟变黄至七八成时，保持干球温度不变，将湿球温度下降至35～36 ℃；待全房烟叶达到软卷筒时再将湿球温度升高至38 ℃，后进行正常烘烤。其他产区的烤烟宜采用低温高湿保变黄的方式进行烘烤，具体操作为：起火后将干球温度与湿球温度均保持在34～35 ℃；待烤烟叶尖部完全发软后，将干球温度以0.5 h/℃的升温速度升温至38～39 ℃，湿球温度升至36 ℃；待高温层烤烟变黄后，风机调至高速挡，将湿球温度降低至34～35 ℃；待全房烟叶软卷筒后，再将干球温度升高至42～43 ℃，湿球温度升高至35～36 ℃，保障全房烟叶变黄七八成，高温层烟叶，叶尖部干燥1～2 cm，后进入定色期。

3）成熟度矛盾。成熟度是影响烤烟成功与否的重要因素，生产中由于气候因素多会出现特殊烟叶,而特殊烟叶的烘烤特性多表现为既不易烤又不耐烤,因此需要采取相应的生产与烘烤措施进行调控。

A.返青烟。烟叶成熟期如遇降雨或长期阴雨寡照,则容易导致返青烟。一方面,烟叶成熟期要求较少的降雨、适宜的光照和适宜的土壤含水量,如果此时降雨则田间土壤水分增大,土壤中剩余的肥料得以充分吸收利用,烟叶表现出返青现象。另一方面,由于烟叶的自身保护机制所造成的,在阴雨天气阳光不足以使烟叶叶绿素合成其生命所需的干物质时,就会形成较多的叶绿素,以提高光合作用,积累更多的能量,因此,烟叶表现出"返青"现象。对于返青烟要从栽培措施、采收时机和烘烤工艺3个方面预防和补救:①栽培措施。阴雨前及时提前安排排水措施,雨中和雨后做好排水工作,及时排除烟田的多余水分。②把握合理的采收时机。对于雨前发育正常,成熟良好的返青烟,如果雨过天晴,一般需要等待5~7 d烟叶重新表现出成熟特征时再采收;对于本来水分就大且容易烤坏的烟叶应在雨后及时采收;短时大雨以后天气看好,应等待2~3 d后再采收,除非确实没有晴好的天气;如果是长期阴雨连绵,则应结合移栽时间、打顶时间和烟叶部位等情况及时采收。③烘烤工艺。应采取高温变黄、低温定色的烘烤策略进行烘烤。

B.旱黄烟。烟叶旺长至成熟过程中遭遇严重的空气干旱和土壤干旱双重胁迫,不能正常吸收营养和水分,"未老先衰",提早表现落黄现象的假熟烟。这类烟在丘陵旱薄地最为常见。假熟烟营养不良,发育不全,成熟不够,内含物质欠充实,化学组成不合理,含水量较少,叶片结构密,保水能力强,脱水较困难。烘烤中变黄较困难,甚至先出现回青(烟叶在烤房内的含青度大于大田)再变黄,变黄速度较慢,容易烤青。定色过程容易挂灰,也容易出现大小花片。烤前管理旱黄烟的实质是干旱造成的假熟,如能解除干旱,烟叶仍能恢复生长,所以不可盲目提前采收。但若持续干旱,会造成烘坏,失去烘烤价值。当烟叶出现枯尖焦边时应及时采收。采"露水烟",装炕应稀编竿、装满炕(十成炕),以利于保湿变黄。但是,由于旱黄烟耐烤性较低且脱水较困难,因而装炕也不宜过稠,以防"闷炕"。

C.后发烟。由于烟田施肥欠合理,而且烟叶生长前期干旱,中后期降雨相对较多情况下形成的。其内含组分不协调,叶龄往往较长,干物质积累较多,身份较厚,叶片组织结构紧实,保水能力强,难以真正成熟,有时叶面落黄极不均匀,或尖部黄、基部青,反差过大,或叶片黄、叶脉绿,差异过大,或泡斑处落黄(甚至发白)而凹陷处却浓绿不落黄,极不协调,使成熟度和调制时变黄程度也难以准确判断。在烘烤时,极容易表现变黄困难而烤青,也会因脱水困难、难定色而烤黑,烤后烟叶常出现不同程度挂灰、红棕、杂色、僵硬等。针对上述情况应采取以下措施:一是要加强田间管理。清除烟杈和田间杂草,提高鲜烟素质;后发烟容易流行烟草赤星病,采取措施综合防治。二是要适时采收。要根据烟叶熟相和叶龄综合分析,在熟相上要尽可能使其能表现成熟特征,叶龄达到或略多于营养水平正常烟叶即可采收。三是要合理装炕。编竿宜略稀,装烟竿距视烟叶水分而定,不宜过稀。

D.秋后烟。由于栽培耕作或气候方面的原因,在不利于烘烤的秋后气候条件下采烤的烟叶叫作秋后烟。这类烟叶最突出的问题是容易烤青和挂灰。秋后,日平均气温显著下降、大气相对湿度显著降低、昼夜温差增大等不良的气候条件,使烟叶成熟更迟缓,烘烤特性变差。

a.烘烤特性。秋后烟叶多是在干燥凉爽的秋季气候条件下发育而成的上部烟叶,叶内含水量尤其是自由水含量少,叶片厚实,叶组织细胞排列紧实,内含物质充实。由于外界湿度小,若烤房的保湿能力变差,烘烤前期湿度不容易达到要求,特别是高温区烟叶由于湿度低变黄更加困难,导致烤青,甚至未完全变黄就出现挂灰。再加上凌晨气温低,排湿时烧大火也很难升温,甚至常出现降温,使烟叶变化过度,极可能出现猛升温或大幅度降温引起挂灰,或烤后烟叶又黑又青。

b.烤前要求。在采收烘烤前首先要整修烤房,使其严密保温保湿。采收时以叶龄为主,适当早采,趁露采烟增加炕内水分。绑竿要适中,一般每竿120片左右;装烟要稠,以便于增加烤房湿度。

E.多雨寡日照烟叶。在长期阴雨寡日照环境中生长达到成熟的烟叶,含水较多,干物质积累相对亏缺,蛋白质、叶绿素等含氮组分较正常烟叶含量高得多。若烟田管理水平较高,主要化学成分还比较协调,内含物质还算丰富,耐烤性较好,易烤性稍差。烟叶所含水分以自由水较多,排除比较容易,这类烟叶只要管理精细,烘烤措施得当,仍有较多的上等烟。但若烘烤工艺和技术指标调整不当,容易烤出青烟或蒸片等。烤前处理有:①及时抹除杈芽,增加叶内干物质积累水平,改善烟叶的耐烤性。②适熟采收,防止过熟。阴雨天烟叶不容易显现叶面落黄的成熟特征,要根据叶脉的白亮程度和叶龄等确定烟叶成熟度及时采收,勿使过熟。采收时机最好在午间或下午。③稀编竿稀装烟,以减小排湿压力。

(4)对烤烟烘烤人员而言的烘烤实质。对烤烟自身而言烘烤的实质是在适宜的烘烤环境内实现变黄与干燥的协调统一,而对烘烤人员而言,烘烤的实质对烤烟状态的预判,而烘烤状态的预判是烤烟者必须具备的一项基本烘烤技能。在烤烟的烘烤中,烘烤人员不能实时观察烤烟的变化,由于不同的烤烟品种、不同的烘烤阶段,烤烟在颜色与干燥状态上的变化是有着较大差异的,针对这些差异预判的时间长短自然有所差异。

对于变黄快、且失水快的烤烟,在变黄前期一般预判6~8 h,变黄中后期一般需要准确预判4~6 h后的烟叶状态,在定色前期一般预判4~5 h,定色中期一般预判8~10 h,定色后期一般预判12~20 h,并依据预判状态提前设定好温湿度。

对于变黄快、失水慢的烤烟,在变黄前期一般预判6~8 h,变黄中后期一般需要准确预判4~6 h后的烟叶状态,在定色前期一般预判3~4 h,定色中期一般预判4~6 h,定色后期一般预判10~15 h。

对于变黄慢、失水快的烤烟,在变黄前期一般预判10~12 h,变黄中后期一般需要准确预判4~6 h后的烟叶状态,在定色前期一般预判6~8 h,定色中期一般预判8~10 h,定色后期一般预判10~15 h。但这种烟基本很少见。

对于变黄慢、失水慢的烤烟,在变黄前期一般预判10~12 h,变黄中后期一般需要准确预判4~6 h后的烟叶状态,在定色前期一般预判3~4 h,定色中期一般预判6~8 h,定色后期一般预判8~10 h。

当然这些预判时间会因烘烤人员的技术水平而异。技术水平越高,预测的时间越长,烘烤越轻松,最高水平的预判便是开烤后便能将烤烟的整个烘烤过程烟叶的变化预判出来,只需保障设备的正常运作,供热能及时满足便可达到烘烤目的。但这些技能的掌握均是建立在对烤烟的品种特性、成熟度、装放位置、生理生化变化等全面了解的基础上的,因此若想将一房烤烟烘烤成功,需要付出很多的努力,这些努力不仅包括勤学苦练,更包括时时反思改进,所谓烤烟烘烤的"活学活用"虽然仅有简单的4个字,但若要达到这4个字,何其不易,这便需要烘烤人员无论是在实操上还是理论上都有更多的付出,真正达到让烤烟的变化跟着烘烤思想走。

(5)烘烤环境控制的选择依据。

1)烘烤各阶段的控制。烤烟烘烤过程中各阶段烘烤环境的控制都需要目标明确化,每次的调控都要有理有据,由于烤烟像人一样,处在一个陌生的环境下,总会有抵触情绪,因此为了打消烤烟的这种"抵触情绪",烘烤人员需要在烤烟生命活动正常运行时,充分考虑烘烤处理方式,尽量让烤烟在相对熟悉的环境条件下实现变黄与干燥。

A.预热期。烘烤的前期主要是预热,目的是完成烤烟大田生长环境接续工作,让烤烟充分适应环境,不会因环境的改变而开启自保机制,发生抗逆反应,关闭气孔,拒绝与外界进行物质能量交换,为顺利变黄提供有利条件。具体操作为:风机低风速运转,干球温度设定为成熟期平均温度,湿球温度为成熟期平均温度−1 ℃,时间一般为 10~15 h,目标为叶尖发软。这一操作对于烤烟的烘烤非常有利,然而在生产中往往被忽视。

B.主变黄期。主变黄期的目的是保障烤烟细胞活力,色素在相对温和的环境中得到降解,且淀粉与蛋白质的降解也主要发生在此阶段,为了保障烘烤环境的延续性,待烟叶达到预热期的要求后,干球温度以 0.5 ℃/h 升至成熟度期最高气温+(1~2) ℃,湿球温度升至成熟期的最高气温,循环风机低速运转,稳温 30~35 h,稳温至中温层烤烟变黄六七成,低温层变黄三四成,全房烤烟叶片发软,高温层达到软卷筒,淀粉与蛋白质得到较大程度降解。

C.后变黄期。后变黄期的目的是促进全房烤烟的变黄,淀粉与蛋白质得到进一步的降解。由于此时细胞的生命活动依旧保持较高水平,因此待烟叶达到主变黄阶段的要求后,干球温度以 0.5 ℃/h 升至成熟度期最高气温+(4~5) ℃,湿球温度升至成熟期最高气温+(1~2) ℃,循环风机高速运转,稳温 10~12 h,稳温至低温层变黄六七成;后保持干球温度不变,湿球温度降至成熟期最高气温−(1~2) ℃,稳温 10~15 h,稳温至高温层干燥6~8 cm,中温层干燥4~5 cm,低温层黄片青筋,干燥2~3 cm。

D.干叶期I(定色前期)。干叶期I(定色前期)的目的是促进高温层烟叶叶片的干燥,由于测温阶段烤烟细胞的活性已经较低,因此待烟叶达到后变黄阶段的要求后,干球温度以 0.5 ℃/h 升至成熟期最高气温+(7~9) ℃,湿球温度升至成熟期的最高气温,循环风机高速运转,稳温15~20 h,稳温至高温层叶片全部干燥,中温层叶片干燥7~9 cm,低温层干燥5~6 cm。

E.干叶期II(定色中期)。干叶期II(定色中期)的烘烤目的是促进中温层叶片的完全干燥,高温层主脉的部分干燥,由于此阶段烤烟细胞基本死亡,因此待烟叶达到干叶期I(定色前期)的要求后,干球温度以 0.5 ℃/h 升至47~48 ℃,湿球温度升38~40 ℃,循环风机低速运转,稳温15~20 h,中温层叶片完全干燥,高温层主脉 1/2 干燥。

F.干叶期III(定色后期)。干叶期III(定色后期)的烘烤目的是促进低温层叶片的完全干燥,待烟叶达到干叶期II(定色中期)的要求后,干球温度以 1 ℃/h 升至54~55 ℃,湿球温度升38~40 ℃,循环风机低速运转,稳温 15~20 h,低温层叶片完全干燥,高温层主脉几乎完全干燥。同时为了保障橘色烟比例,需要在此阶段延长 8~10 h,促进致香物质前提物的降解转化与绿色素更大程度的降解。

G.干筋期。干筋期的目的是促进全房烟叶的主脉干燥,待烟叶达到干叶期III(定色后期)的要求后,干球温度以 0.5 ℃/h 升至68~70 ℃,湿球温度升41~42 ℃,循环风机低速运转,稳温25~30 h,稳温至全房烤烟主脉完全干燥。

2)不同棚次烤烟的控制。烘烤过程中由于不同棚次烤烟所处的环境差异,因此变化也有较大差异,据自身的烘烤经验而言,烘烤过程中容易出问题的是低温层烤烟。由于低温层烤烟所处的环境是低温高湿环境,即使想要变黄失水也不具备条件,因此在烘烤过程中要时时关注高温层与低温层的温差,越早处理越好,尤其是在变黄后期,高温层烤烟已完全变黄需要升温干燥,低温层烤烟尚未达到变黄要求需要稳温变黄,出现进退维谷的情况,因此在烤烟细胞生命活性保持较高水平前,尽量减少高温层与低温层温差,最好控制在 1~1.5 ℃以内,保障低温层烤烟的变化与高温层差异较小。具体的操作为：起火后，在预热期一旦发现高温层与低温层烤烟温差过大，则需要将循环风机调至高速挡，待低温层温度上升至适宜范围后，再将风机调至低速挡，变黄前期此方法依旧适应，变黄后期发生此类情况应适当降低排湿速率，减少外界空气的流入。

（6）全方位观察烤烟变化。烤烟烘烤不仅需要眼看心想两种方式，更需要眼观、耳听、鼻嗅、手感、心想五者相互协调、通力合作。

1）眼观。眼观便是观察烤烟颜色与干燥状态的变化（图7-26）。烘烤过程中烤烟颜色与形态变化主要有叶片与叶脉两个方面，变黄期主要是叶片的变黄，定色期主要观察叶片的干燥与叶脉的颜色变化，干筋期则主要观察叶脉的干燥，无论是颜色的变化还是叶脉的变化，不同的阶段都有要达到的目标，其中变黄阶段需要达到的目标是黄片青筋，定色阶段需要达到的目标是干片褐筋，干筋期达到的目标是片香筋干。

图7-26 各烘烤阶段烤烟的变化

2）耳听。耳听，一是听排湿窗摆动的声音，变黄前期偶尔会听到声音；变黄中期会间断听到声音，且声音波动频率较小；变黄后期会持续听到声音，但声音波动频率较小；定色前期会一直听到声音，且声音波动频率较大；定色中期会高频次间歇听到声音，且声音波动频率较大；定色后期会低频次间歇听到声音，且声音波动频率较小，干筋期会偶尔听到声音，且声音波动频率较小。二是听循环风机运转声音，在实际烘烤中由于外界声音比较嘈杂，循环风机低速运转时，若距离10 m之外基本听不到声音；风机高速运转时可以明显听到声音，且声响较大。

3）鼻嗅。

A.嗅排湿窗排出空气的气味。不同的烘烤阶段烤房气味差异较大，具体表现为：①预热期，由于起火不久，烤房内散发出的气味为青草味+烟油味，但空气湿度与外界无异，基本感觉不到；②主变黄期，散发的气味为湿气很大+青草味+烟油味；③后变黄期，散发的气味为湿气很大+烟油味+烂红薯味；④干叶期Ⅰ（定色前期），散发的气味为湿气很大+烂红薯味；⑤干叶期Ⅱ（定色中期），散发的气味为湿气很大+烂红薯味+淡淡的烟香味；⑥干叶期Ⅲ（定色后期），散发的气味为湿气略大+浓浓的烟香味；⑦干筋期散发的气味为干燥的浓浓的烟香味。

通过对烤烟散发气味的识别不仅可以判断内部看不到的烤烟烘烤状态变化，而且一旦发生烤坏烟可以通过气味获悉，例如变黄后期烤房中的青杂气很明显，则可判断烤房内部烤烟的变黄不是很充分，则需要继续稳温等待，若定色期后期青杂气依旧很明显，则表明烤青烟的风险极大，需要在烘烤后，采取相应措施进行堆捂保存。再者在变黄后期与定色前期闻到有植物叶片腐烂的味道，则需要尽快高效率排湿，减少烘烤损失。

B.嗅煤燃烧的气味。其目的主要用来判断烤房燃烧炉中的火势，若闻到刺鼻的SO_2的味道，则表明刚烧煤不久，则不用急着去加煤烧火；若闻到很浓木材燃烧的味道，则表明火势很旺；若闻到很浓的木材燃烧的味道同时伴随头晕不舒服感，则表明煤没有充分燃烧，有以下两方面的因素：一是可能煤质较差，二是可能炉膛内结渣比较严重，需要及时清理炉渣。

4）手感。通过用手可以感知到烤房温湿度的变化与烤烟干燥状态的变化。

A.感知温度的变化。用手背分别放在烤房前后观察窗上面（图7-27），放松身心，集中精神，预热期感觉凉凉的，很舒服（32～34 ℃）；主变黄期基本感知不到温度的存在（37～39 ℃），也就是和人的体表温度相差无几；后变黄期感觉到淡淡的温暖（42～43 ℃）；干叶期Ⅰ（定色前期）有暖和感（45～46 ℃）；干叶期Ⅱ（定色中期）暖和感更加强烈

(47~48 ℃)；干叶期Ⅲ(定色中期)感觉到明显的热(54~55 ℃)，且在人可以适应的范围内；干筋期有明显的烫灼感(68~70 ℃)。用手感知烤房内的温度，不仅可以了解烤房内的温度情况，还可以感知烤房内前后温差，由于传感器所显示的温湿度只是其周围的温湿度，很多情况下装烟是不均匀的，因此并不能代表其他装烟位置的温湿度，如果一旦前后温差过大，可及时在烤房内安放导流板，促进同一棚次温度的均匀分布，这一操作在散叶烘烤中非常实用。

图 7-27　烘烤过程中用手感知温度的手势

　　B.感知湿度的变化。用手背放在排湿窗前方 3~5 cm，停 1~3 s(图 7-28)。不仅可以感知到烤房内的温度，而且可以感知到烤房内的湿度，由于外界空气的温度保持相对稳定，因此可以用相对湿度来表征内部热空气含水量水平。预热期基本感觉水分的存在(相对湿度 50%~60%)；主变黄期有湿润感，手背发黏(相对湿度 85%~90%)；后变黄期湿润感强烈，可以观察到手背汗毛上有细小水珠凝结(相对湿度 90%~95%)；干叶期Ⅰ(定色前期)手背瞬间变湿，长时间有水珠滴下(相对湿度 95%~99%)；干叶期Ⅱ手背变湿，可以观察到明显的液态水(相对湿度 90~95%)；干叶期Ⅲ手背有干燥感(相对湿度 60%~70%)；干筋期有明显的干燥感(20%~30%)。

图 7-28　烘烤过程中用手感知湿度的手势

　　C.感知烟叶干燥状态的变化。用手感知烤烟的干燥状态是最直接有效的方式，将烤房门缓缓打开，只要人能伸进手即可，用手摸一下烤烟的叶面与主脉，观察一下烤烟是否发软或干燥，注意在变黄后期至定色中期，触摸烤烟时切不可直接用手去摸，需要将手用肥皂洗干净后再去触摸，以防人手上的汗液中的蛋白质等物质粘在烤烟上，引发烤烟膜脂过氧化作用,进而出现挂灰烟,此外更不能用手用力抓握烤烟,以防破坏烤烟细胞,出现烤坏烟。

5)思想。烘烤过程中想的不是某一片烤烟的变化,更不是某一区域烤烟的变化,而是整房烟的变化,因此烤烟的烘烤需要有大局观,不要计较一片一区域烤烟的得失,而是着眼于整房烤烟烘烤的成功。在实际的生产中某些烤烟已经需要升温排湿,但是大多数的烤烟还需要稳温变黄,此时需要果断舍弃已经完全变黄的烤烟,任其烤糟变坏;如若大多数的烤烟已经变黄完成,则需及时升温排湿,在下一个烘烤阶段让其变黄干燥,如果不能完成,则需舍弃任其烤青。

(7)烤烟烘烤的注意事项与应急处理。

1)停电。停电在烤烟的烘烤过程中是一件非常棘手的问题,因为一旦停电,需电设备停止运转,首要问题便是循环风机的运转停止,烤房内的热空气便不再流动,烤烟中的水分不能及时有效排出,增加烤坏烟的风险。具体的解决方案是:①与供电部门沟通,及时通电,然而在实际生产中尤其是高山地区,停电的原因往往不是用电超负荷引起的,而是由于降雨引发的山体滑坡或泥石流对供电的线路的破坏引起的,因此想要在短期内实现供电几乎是不现实的;②配备发电机或柴油机,这或许是相当现实且有效的解决途径,然而一旦使用发电机或柴油机会造成烤烟烘烤成本的升高,这是烟农不愿接受的;再者多数产区发电机或柴油机的配备与烤房的需求量是不匹配的,但在一定程度上能降低烤坏烟的风险。

如果不具备上述条件也可以采用一些应急措施进行应对,在不同的烘烤阶段,停电对烤烟来说有不同程度的危险性(表7-3),由于烤烟的烘烤过程像人的一生会经历成长与衰老,而这一过程中伴随着对外界不良环境的抵抗力,而且随着年龄的增长这种抵抗力是逐渐下降的,正是由于这种抵抗力的存在,因此烤烟的烘烤是相对粗放的,不需要过于精准的环境控制,但外界环境一旦超过了烤烟的抵御能力,便会有烤坏烟风险的发生,基于此,具体做法如下。

A.预热期。由于烤房内烤烟的细胞活性较强,抗逆性较强,再加上环境温度较低,危险系数较低,因此不需要进行任何操作,只需等待便好,一般情况下再次供电的时间会赶在危险发生前。

表7-3　烘烤过程停电的危险系数及处理办法

烘烤阶段	危险系数	允许最长停电时间/h	超过最长允许停电时间的应急处理方法
预热期	0.05	30	不需要进行任何操作
主变黄期	0.20	20	进风门打开45°并将排湿窗叶片完全卸掉,保持一定通风量
后变黄期	0.80	6	进风门完全打开,并将排湿窗叶片完全卸掉,保持更多的通风量
干叶期Ⅰ	0.90	3	冷风门完全打开,强制排湿气完全打开,排湿窗叶片完全卸掉,如果排湿量依旧达不到要求,需将风机维修门打开5°~10°,烤房门其中的一扇打开10°~30°,甚至更大
干叶期Ⅱ	0.80	5	将冷风门完全打开,强制排湿气完全打开60°,甚至完全打开,排湿窗叶片完全卸掉,如果排湿量依旧达不到要求,此时需要将风机维修门打开5°~10°,烤房门其中的一扇打开5°~10°,甚至更大

续表 7-3

烘烤阶段	危险系数	允许最长停电时间/h	超过最长允许停电时间的应急处理方法
干叶期Ⅲ	0.60	8	将冷风门完全打开,强制排湿气打开 30°~60°,排湿窗叶片完全卸掉,如果排湿量依旧达不到要求,此时需要将风机维修门打开 5°~10°,甚至更大
干筋期	0.50	12	将冷风门完全打开,强制排湿气打开 30°~60°,排湿窗叶片完全卸掉一半,如果排湿量依旧达不到要求,将风机维修门打开 5°~10°,甚至更大

B.主变黄期。烤烟细胞依旧相对完整,对外界环境的抗逆性依旧较强,但由于呼吸作用,烤烟间隙会集聚较多的水分,因此还需要一定量的热湿交换,需要将进风门打开 45°,并将排湿窗叶片卸掉一半,保持一定的量通风。

C.后变黄期。烤烟细胞依旧有一定的活性,对外界环境有一定的抗逆性,还有较弱的呼吸作用,烤烟间隙会集聚更多的水分,因此还需要较多的热湿交换,因此需要将进风门完全打开,并将排湿窗叶片完全卸掉,保持一定的通风量。

D.干叶期Ⅰ。烤烟细胞活性基本丧失,细胞膜不再是选择透过膜,为了抑制膜脂过氧化作用,需要将烤烟细胞内大量的水分排出,此时,一旦发生停电,有极高的危险性,为了及时排出水分,需要将冷风门完全打开,强制排湿气完全打开,排湿窗叶片完全卸掉,如果排湿量依旧达不到要求,此时需要冒着烤烟挂灰的危险,将风机维修门打开 5°~10°,烤房门其中的一扇打开 10°~30°,甚至更大。

E.干叶期Ⅱ。烤烟细胞活性完全丧失,为了抑制膜脂过氧化作用,需要将烤烟细胞内大量的水分排出,此时,一旦发生停电,仍然有极高的危险性,为了及时排出水分,需要将冷风门打开,强制排湿气,完全打开 60°,甚至完全打开,排湿窗叶片完全卸掉,如果排湿量依旧达不到要求,此时需要冒着烤烟挂灰的危险,将风机维修门打开 5°~10°,烤房门其中的一扇打开 5°~10°,甚至更大。

F.干叶期Ⅲ。为了抑制膜脂过氧化作用,需要将烤烟细胞内较大量的水分和主脉内大量水分排出,一旦发生停电,仍然有一定的危险性,为了及时排出水分,需要将冷风门完全打开,强制排湿气打开 30°~60°,排湿窗叶片完全卸掉,如果排湿量依旧达不到要求,此时需要冒着烤烟挂灰和主脉洇筋的危险,将风机维修门打开 5°~10°,甚至更大。

G.干筋期。为了防止洇筋现象的发生,需要将烤烟主脉细胞内较大量的水分排出,一旦发生停电,仍然有一定的危险性,为了及时排出水分,需要将冷风门完全打开,强制排湿气打开 30°~60°,排湿窗叶片完全卸掉一半,如果排湿量依旧达不到要求,此时需要冒着烤烟洇筋的危险,将风机维修门打开 5°~10°,甚至更大。

2)设备故障。烤烟烘烤过程中设备的故障对于某些交通不便的山区而言也是致命的,由于烘烤设备物资的保障几乎是不可能的,换言之,不能及时有效地更换设备,尤其是温湿度传感器,一旦发生问题,除循环风机外的一切设备都将停滞,最有效的处理方式便是更换设备,然而当前的生产现状是不允许的,为此需要另寻他法。当前相对有效的方法有两种:①在烤房观察窗位置放置传统干湿球温度计,以此作为参考,手动控制冷风门的开关角度与鼓风机的运停。②如果连传统干湿球温度计都没有储备,只能用手感知烤房内的湿度,则将烤房门打开一定的角度,将手伸进烤房,去感知不同位置烤房温湿度的多少,并依据感知到的温湿度合理手动控制冷风门的开关角度与鼓风机的运停,当然这需要丰富的烘烤经验和对温湿度有较高的敏感性,这些都需要在烤烟烘烤中不断积累、不断反思。再者若经验再更加丰富些,可以也通过烘烤时间与烤烟外观变化而不借助于干湿球温度计进行烘烤。

3)烤坏烟。烤烟烘烤过程中烤坏烟的发生多在定色前期,在此时期一旦观察到有烤坏烟的迹象发生(此时抑制烤坏烟的发生成为烘烤所要解决的主要问题,冷挂灰与主、支脉烤青已经成为次要矛盾),此时操作为:①烧大火,能烧多大便烧多大;②将冷风进风门完全打开,并将连接线拔掉;③将强制排湿器完全打开,使排湿器百叶窗达到90°开启且不落下的程度,一直到用手放在排湿器感觉不到湿度为止,此后再进行正常烘烤。在此操作过程中,烤房的温度难免下降,烤烟因受到降温影响多会出现冷挂灰现象,然而这种现象是不需要考虑的。为此在正常的烤烟烘烤过程中这种操作是不提倡的,不仅会降低烤烟的香味物质的产生,而且会出现叶片僵硬油分不足的现象,最好的烘烤办法还是要给烤烟一种相对温和协调的环境,让烤烟在这种环境下物质得到最大程度的降解转化。

三、烤烟专业烘烤人员的培养

烤烟的烘烤是一门基于实操技术的学科,所面临的对象是老少边穷地区的农民,在培养烘烤专业人才方面,不仅要在理论创新方面加以教导,更需要在实战经验方面加以培养。尤其是烟草专业的大学生、研究生的培养更需要增强实战经验,烤烟烘烤方向的在校大学生、研究生,作为国家投入数十年人力、物力、财力所培养的专业性人才,无论是在理论创新方面还是在烘烤实操方面,都要有真本事,真正能够为行业的发展贡献一己之力,近年来在河南农业大学、云南农业大学及山东农业大学等较早开设的烟草专业外,贵州大学、湖南大学及西南大学等更多高校加入烟草教育的行列,然而当前各高校所培养的人才由于实战经验缺乏,无法满足各地烟草公司的需要,更无法满足烤烟生产的需要。理论创新固然重要,而培养烘烤专业人员、加强理论创新也非常有必要,其不仅决定了他们的思考问题的高度与深度,更决定他们在烤烟烘烤领域的高度,然而烘烤人才的培养最终还要落脚到烘烤实操,换言之烘烤实操是一切烤烟烘烤教育的基石和落脚点,不能具备丰富的实战经验,再多的理论创新不过是空中楼阁。一切烤烟烘烤理论创新,需要建立在烘烤成功的基础之上,烤烟烘烤不成功,理论创新只能宣告失败,再者给农民一种不信任感,不利于烘烤试验的开展。基于以上分析,烘烤人才的培养应先讲授烘烤理论,再培养其实战经验,最后培养其理论创新,经过实战经验的验证,所获得的理论创新才能更加有效解决生产问题。

四、总结

烤烟的烘烤看似一种简单的农事操作,然而如果深究就会发现其中的无穷的奥妙与挑战,想要满足农民与工业生产的需求是一件非常困难的事情,他不仅需要烘烤人员拥有较深的烘烤理论,还需要丰富的烘烤经验,更需要面临挑战沉着冷静的心态,烤烟烘烤是讲究人、烟、烤房三者的协调统一,使三者真正的成为一种系统。作为一名烤烟烘烤人员在面对烤烟的烘烤时,需要不断地强化自己的烘烤经验与理论水平。烘烤工艺在自己看来,只是一种外在表现,真正的烘烤工艺是没有工艺,是一种与烤烟的交流与思考的结果。

烘烤大师之路道阻且长,在漫长的烘烤实战中,我们在思想上会对烤烟有不同的变化,会由一个只会模仿的初学者,成长为活学活用的烘烤专业人士,真正做到了"看烟是烟,看烟不是烟,看烟又是烟"的蜕变。

在近十年的烤烟烘烤学习与实战中,自己总结以下烘烤经验,以供参考:

采烟素质严把控,烟叶烘烤易成功。

装烟方式分逆正,烟叶变化大不同。

逆式装烟尖易软,间隙前小后均大。

变黄排湿要提前,排湿缓慢降温差。

正式装烟叶收快,间隙尖大基部小。

变黄程度要略高,首先塌架后排湿。

烟叶部位分上下,烘烤难度顶最大。

变黄慢且失水少,变黄虽好定色糟。

发软需比变黄先,束缚水向自由转。

缓缓升温稳排湿,步步目标心自知。

参考文献

[1]冰火，建利，江洪东. 论烟叶精益生产[J]. 中国烟草学报，2014，20(1)：1-8.

[2]DONG C, ZHANG J, LI Z, et al. Delineation of management zones using an active canopy sensor for a tobacco field [J]. Computers and Electronics in Agriculture, 2014, 109：172-178.

[3]黄景文. 信息安全风险因素分析的模糊群决策方法研究[J].山东大学学报：(理学版)，2012,47(11)：45-49.

[4]谢晖，段万春，孙永河，等. 基于直觉模糊偏好信息的群组 DEMATEL 决策方法[J]. 计算机工程与应用，2014,50(11)：33-38.

[5]SERLCAN A, TURLCAY D. A novel approach based on DEMATEL method and patent citation analysis for prioritizing a portfolio of investment projects [J]. Expert Systems with Applications,2015, 42(3)：1003-1012.

[6]ZHOU J L, BAI Z H, SUN Z Y. A hybrid approach for safety assessment in high-risk hydro-power-construction-project work systems [J]. Safety Science, 2014, 64：163-172.

[7]TSAI W H, CHOU W C, LEU J D. An effectiveness evaluation model for the web-based marketing of the airline industry[J]. Expert Systems with Applications, 2011, 38：15499-15516.

[8]TSAIA Y C, CHENG Y T. Analyzing key performance indicators (KPIs) for E-commerce and Internet marketing of elderly products：A review [J].Archives of Gerontology and Geriatrics, 2012,55(1)：126-132.

[9]SERLCAN A, TURLCAY D. A novel approach based on DEMATEL method and patent citation4analysis for prioritizing a portfolio of investment projects [J]. Expert Systems with Applications, 2015, 42(3)：1003-1012.

[10]金卫健，胡汉辉. 模糊 DEMATEL 方法的拓展应用[J]. 统计与决策，2011,27(23)：170-171.

[11]王建伟，张艳玲，李海江，等. 田间不同成熟度烤烟上部叶的高光谱特征分析[J]. 烟草科技，2013,46(5)：64-67.

[12]KAUKOA K, PALMROOS P. The Delphi method in forecasting financial markets An experimental study [J]. International Journal of Forecasting, 2014, 30(2)：313-327.

[13]LIN R J. Using fuzzy DEMATEL to evaluate the green supply chain management practices [J]. Journal of Cleaner Production, 2013,40：32-39.

[14]WU W, TANG X P, YANG C, et al. Investigation of ecological factors controlling quality of flue-cured tobacco (*Nicotiana tabacum* L.) using classification methods[J]. Ecological Informatics, 2013, 16：53-61.

[15]高林，董建新，武可峰，等. 土壤类型对烟草生长发育的影响研究进展[J]. 中国烟草科学，2012, 33(1)：98-101.

[16]CUI G M, WANG B J, LI R C, et al. Effects of different flue-curing technologies on submicroscopic structure of flue-cured tobacco leaves [J]. Agricultural Biotechnology, 2014, 3

（1）：43-49.

[17]韩彦东，程晓兵.烟叶生产十六年持续发展简析[J].中国烟草，2014（19）：34-36.

[18]浦秀平，徐世峰，任杰，等.不同装烟方式对密集烘烤效率及烟叶质量的影响[J].中国烟草科学，2013，34（4）：98-102.

[19]罗勇.贵州烟草商业主持制定行业标准实现"零的突破"[EB/OL].2013-01-17.http：//www.tobacco.gov.cn/html/30/3005/4259278_n.html.

[20]卢贤仁，谢已书，李国彬，等.不同装烟密度对散叶密集烘烤烟叶品质及能耗的影响[J].贵州农业科学，2011，39（6）：55-57.

[21]姜成康.2013年全国烟草工作会议报告[EB/OL].2013-01-17].http：//www.echinatobacco.com/zxzx/2013-01/17/content_381409.html.

[22]宫长荣，陈江华，吴洪田，等.密集烤房[M].北京：科学出版社，2010.

[23]关志强，王秀芝，李敏，等.荔枝果肉热风干燥薄层模型[J].农业机械学报，2012，43，（2）：151-158，191.

[24]胡志忠，詹军，周芳芳，等.叠层装烟下变频调速对烤后烟叶香气物质含量和感官评吸质量的影响[J].河南农业科学，2014，43（1）：154-159.

[25]艾复清，许齐，刘洋州，等.不同变频风速对南江3号上部烟叶烤后质量的影响[J].贵州农业科学，2012，40（1）：75-78.

[26]刘闯.变频调速对密集烤房流场及烟叶烘烤质量的影响[D].郑州：河南农业大学，2011.

[27]刘剑君，杨铁钊，朱宝川，等.基于数字图像数据的烤烟成熟度指数研究[J].中国烟草学报，2013，19（3）：61-66.

[28]赵维一，若愚，曾建，等.基于线阵CCD数字图像处理技术的叶丝宽度测量装置[J].烟草科技，2013，46（10）：12-16.

[29]刘双喜，李伟，王金星，等.双行智能烟草打顶抑芽机检测控制系统设计与试验[J].农业机械学报，2016，47（6）：47-52.

[30]潘治利，祁萌，魏春阳，等.基于图像处理和支持向量机的初烤烟叶颜色特征区域分类[J].作物学报，2012，38（2）：374-379.

[31]段史江，宋朝鹏，马力，等.基于图像处理的烘烤过程中烟叶含水量检测[J].西北农林科技大学学报（自然科学版），2012，40（5）：74-80.

[32]张丽英，鲜兴明，杨杰，等.烘烤过程中烟叶颜色特征参数与色素含量的关系[J].烟草科技，2013，46（8）：85-90.

[33]赵会纳，雷波，丁福章，等.干燥方式对烟叶样品干物质量、颜色和化学成分的影响[J].中国烟草学报，2014，20（4）：28-32，36.

[34]路晓崇，李昊，苏家恩，等.基于烤烟颜色特征构建烤烟感官质量预测模型[J].河南农业大学学报，2016，50（4）：500-505.

[35]席元肖，宋纪真，杨军，等.不同颜色及成熟度烤烟香气前体物及降解产物含量的差异分析[J].中国烟草学报，2011，17（4）：23-30.

[36]梁太波，张艳玲，尹启生，等.山东烤烟烟叶颜色量化分析及与多酚和类胡萝卜素含量的关系[J].烟草科技，2012，45（4）：67-71.

[37]贺帆，王涛，王梅，等.烘烤过程中烟叶颜色变化与主要化学成分的关系[J].中国烟

草学报，2014，20(6):97-102.

[38]丁根胜，张庆明，巴金莎，等. 烟叶颜色色度学指标与烤烟品质的关系分析[J]. 中国烟草科学，2011,32(4):14-18.

[39]胡彦婷，赵平，牛俊峰，等. 三种植被恢复树种的冠层气孔导度特征及其对环境因子的敏感性[J]. 应用生态学报，2015, 26(9):2623-2631.

[40]倪广艳，赵平，朱丽薇，等. 荷木整树蒸腾对干湿季土壤水分的水力响应[J]. 生态学报，2015, 35(3):652-662.

[41]魏新光，王铁良，刘守阳，等. 种植年限对黄土丘陵半干旱区山地枣树蒸腾的影响[J]. 农业机械学报，2015, 46(7):171-180.

[42]陈宝强，张建军，张艳婷，等. 晋西黄土区辽东栎和山杨树干液流对环境因子的响应[J]. 应用生态学报，2016, 27(3):746-754.

[43]韩路，王海珍，徐雅丽，等. 灰胡杨蒸腾速率对气孔导度和水汽压差的响应[J]. 干旱区资源与环境，2016, 30(8):193-197.

[44]朱英华，周可金，吴社兰，等. 硫肥对烤烟农艺性状及光合特性的影响[J]. 西北农林科技大学学报(自然科学版)，2013, 41 (10):105-111.

[45]冰火，建利，江洪东. 论烟叶精益生产[J]. 中国烟草学报，2014,20(1):1-8.

[46]吴开成，王暖春，刘中庆. 山东烟叶精益生产的探索与思考[J]. 中国烟草科学，2014, 35(3):104-108.

[47]王传义，孙福山，王廷晓，等. 不同成熟度烟叶烘烤过程中生理生化变化研究[J]. 中国烟草科学，2009,30(3):49-53.

[48]王能如，徐增汉，何明雄，等. 不同气流运动方向密集烤房烟叶烘烤质量差异研究[J]. 中国烟草科学，2011,32 (2): 81-85.

[49]武圣江，饶陈，陈波，等. 我国烤烟散叶密集烘烤的研究进展[J]. 贵州农业科学，2014, 42(2): 69-72.

[50]韦建玉，聂荣邦，金亚波，等. 密集烘烤烟叶变黄程度对烟叶工业可用性质量的影响[J]. 广东农业科学，2012,39(21):33-36.

[51]诸爱士，夏凯. 瓠瓜薄层热风干燥动力学研究[J]. 农业工程学报，2011,27(1):365-369.

[52]张黎骅，徐中明，夏磊，等. 银杏果热风干燥工艺参数响应面法优化[J]. 农业机械学报，2012,43(3):140-145,156.

[53]路晓崇，黄元炯，宋朝鹏，等. 基于模糊 DEMATEL 的烤烟烘烤影响因素分析[J]. 烟草科技，2015,48(9):21-26.

[54]吴海娟，彭增起，沈明霞，等. 机器视觉技术在牛肉大理石花纹识别中的应用[J]. 食品科学，2011, 32(3):10-13.

[55]张勇，董吉文，陈月辉. 基于视觉的复杂工业生产过程智能控制系统[J]. 控制工程，2004, 11(3):203-205.

[56]刘朝营，许自成，闫铁军. 机器视觉技术在烟草行业的应用状况[J]. 中国农业科技导报，2011, 13 (4):79-84.

[57]向金海，杨申，樊恒，等. 基于稀疏表示的烤烟烟叶品质分级研究[J]. 农业机械学报，2013,44(11): 287-292.

[58]董浩,荆熠,王锦平,等.基于机器视觉技术的烟用包装膜磨损程度测定方法[J].烟草科技,2012,45(7):9-12.

[59]霍开玲,宋朝鹏,武圣江,等.不同成熟度烟叶烘烤中颜色值和色素含量的变化[J].中国农业科学,2011,44(10):2013-2021.

[60]宋朝鹏,全琳,武圣江,等.烘烤过程中烟叶苹果酸含量及相关代谢酶活性的变化[J].西北农林科技大学学报(自然科学版),2011,39(7):49-54,63.

[61]王程栋,王树声,胡庆辉.干旱胁迫对烤烟叶肉细胞超微结构的影响[J].中国农学通报,2012,28(7):104-108.

[62]崔翠,李君可,周清元,等.温度胁迫下烤烟幼苗的生理生态响应研究[J].农机化研究,2012,34(1):185-189.

[63]刘明虎,辛智鸣,徐军,等.干旱区植物叶片大小对叶表面蒸腾及叶温的影响[J].植物生态学报,2013,37(5):436-442.

[64]王松峰,王爱华,王金亮,等.密集烘烤定色期升温速度对烤烟生理生化特性及品质的影响[J].中国烟草科学,2012,33(6):48-53.

[65]孙帅帅,孙福山,王爱华,等.变筋温度对烤烟新品种 NC55 生理指标及烟叶质量的影响[J].中国烟草科学,2012,33(3):72-76.

[66]王志英,吴晓君,刘启东,等.环境相对湿度对高疏水性 PVDF 膜结构与性能的影响[J].功能材料,2013,44(16):2320-2323,2328.

[67]熊程程,向飞,吕清刚,等.温度和相对湿度对褐煤干燥动力学特性的影响[J].化工学报,2011,62(10):2898-2904.

[68]宋小勇,常志娟,苏树强,等.远红外辅助热泵干燥装置性能试验[J].农业机械学报,2012,43(5):136-141.

[69]陈东,孔德雨,谢继红,等.内加热式热泵干燥装置的结构与性能分析[J].化工装备技术,2012,33(3):1-5.

[70]裴晓东,路晓崇,李帆,等.烘烤过程中烟叶不同叶片结构含水量变化的研究[J].安徽农业科学,2013,41(25):10425-10426.

[71]詹军,贺帆,宋朝鹏,等.密集烘烤定色和干筋期风机转速对上部烟叶外观质量和内在品质的影响[J].河南农业大学学报,2011,45(6):617-623.

[72]王松峰,王爱华,王先伟,等.密集烘烤工艺对烟叶多酚类物质含量及 PPO 活性的影响[J].中国烟草学报,2013,19(5):58-61.

[73]武圣江,宋朝鹏,贺帆,等.密集烘烤过程中烟叶生理指标和物理特性及细胞超微结构变化[J].中国农业科学,2011,44(1):125-132.

[74]赵华武,贺帆,石盼盼,等.密集烘烤过程中不同前处理烟叶生理生化变化研究[J].中国农业大学学报,2012,17(3):101-106.

[75]赵会纳,雷波,丁福章,等.干燥方式对烟叶样品干物质量、颜色和化学成分的影响[J].中国烟草学报,2014,20(4):28-32,36.

[76]张丽英,鲜兴明,杨杰,等.烘烤过程中烟叶颜色特征参数与色素含量的关系[J].烟草科技,2013,46(08):85-90.

[77]贺帆,王涛,武圣江,等.密集烘烤烤烟不同品种烟叶质地和颜色变化[J].核农学报,2014,28(9):1647-1655.

[78]张军刚,王永利,吕国新.烤烟成熟过程中鲜烟颜色值与色素含量变化及相关分析
[J].中国烟草科学,2014,35(1):54-60.

[79]魏春阳,李锋,祁萌,等.基于分光光谱仪测量的不同产区烤烟表面颜色分析[J].烟
草科技,2011,44(4):67-73.

[80]武圣江,谢已书,潘文杰等.不同湿度条件下不同成熟度烤烟散叶密集烘烤生理变化研
究[J].云南农业大学学报(自然科学),2012,27(5):733-739.

[81]张清明,叶建如,靖军领,等.翠碧1号烟叶烘烤过程中色素降解及化学成分变化[J].中
国烟草科学,2014,35(2):122-125.

[82]张潇骏,王万能,谭兰兰,等.不同烘烤工艺对烟叶淀粉含量及淀粉酶活性的影响[J].烟
草科技,2015,48(5):57-60,79.

[83]武圣江,潘文杰,宫长荣,等.不同装烟方式对烤烟烘烤烟叶品质和安全性的影响[J].中
国农业科学,2013,46(17):3659-3668.

[84]卢贤仁,谢已书,李国彬,等.不同装烟密度对散叶密集烘烤烟叶品质及能耗的影响
[J].贵州农业科学,2011,39(6):55-57.

[85]王程栋,王树声,胡庆辉.干旱胁迫对烤烟叶肉细胞超微结构的影响[J].中国农学通报,
2012,28(7):104-108.

[86]崔翠,李君可,周清元,等.温度胁迫下烤烟幼苗的生理生态响应研究[J].农机化研究,
2012,34(1):185-189.

[87]宋朝鹏,全琳,武圣江,等.烘烤过程中烟叶苹果酸含量及相关代谢酶活性的变化
[J].西北农林科技大学学报:(自然科学版),2011,39(7):49-54,63.